电气控制入门：电动机实战自学笔记

主　编　杨德印　刘慧荣　杨电功
参　编　张文生　杨永江
王　贺　张志强　王道川　贺国强
刘晋峰　杨盼红　崔　靖　李运良
杨月红　卫秀峰

本书面向电气控制入门的读者，以学以致用、基础知识和实践经验结合为宗旨，较系统地介绍高压和低压三相异步电动机、同步电动机的结构与工作原理和起动与控制原理。本书还介绍了采用数字电路、单片机等电子技术研发生产的新型控制用器件、部件。此外，本书设立了“自学模块”，将重要的知识点和实践经验进行讲述，这个模块也鼓励读者在学习的同时记录下心得与笔记，为读者的学习提供方便。将传统理论技术及新型器件、部件的原理应用知识一并介绍给读者，也是本书的一大亮点。

本书可供工矿企业及农村机电运行维护人员阅读，也可供相关专业的大中专院校师生参考。

图书在版编目（CIP）数据

电气控制入门．电动机实战自学笔记/杨德印，刘慧荣，杨电功主编．—北京：机械工业出版社，2019.9

ISBN 978-7-111-63570-3

Ⅰ.①电…　Ⅱ.①杨…　②刘…　③杨…　Ⅲ.①电动机－基本知识　Ⅳ.①TM571.2②TM32

中国版本图书馆 CIP 数据核字（2019）第 185963 号

机械工业出版社（北京市百万庄大街 22 号　邮政编码 100037）
策划编辑：吕　潇　责任编辑：吕　潇
责任校对：杜雨霏　封面设计：马精明
责任印制：张　博
三河市国英印务有限公司印刷
2019 年 10 月第 1 版第 1 次印刷
184mm×240mm・17.25 印张・351 千字
0 001—3 000 册
标准书号：ISBN 978-7-111-63570-3
定价：59.00 元

电话服务　　网络服务
客服电话：010-88361066　机　工　官　网：www.cmpbook.com
　　　　　010-88379833　机　工　官　博：weibo.com/cmp1952
　　　　　010-68326294　金　　书　　网：www.golden-book.com
封底无防伪标均为盗版　机工教育服务网：www.cmpedu.com

前言

本书面向电气控制入门的读者，以学以致用、基础知识和实践经验结合为宗旨，从介绍三相异步电动机和同步电动机的结构、原理和特点出发，系统地介绍了高压（6kV、10kV）和低压（380V、660V、1140V）三相异步电动机的起动控制与调速原理，同时也对高压同步电动机的励磁装置、起动控制电路进行了较为详尽的描述。书中用了较大的篇幅介绍了电动机用软起动器以及采用数字电路、单片机等电子技术研发生产的新型控制用器件、部件。这些新型器件、部件近年来已经大量应用于电动机的起动、控制、测量、保护装置中，为提高电动机的控制与保护水平，以及电动机的节能运行发挥了巨大作用。技术和产品的发展日新月异，而相关的技术信息却分别存在于各自产品的说明书或专著中，本书将电动机的控制电路原理以及采用新型控制器件、部件的应用资料汇集整理成一册，方便相关技术人员查阅与参考。

本书结合编者多年的教学和培训经验，结合学生存在疑问最多的知识点以及实践经验，特别设立了“自学模块”，将这些内容放在这个模块里进行了解释说明，俗话说“好记性不如烂笔头”，这个模块也鼓励读者在学习的同时记录下心得与笔记，以达到更好的学习效果。此外，将传统理论技术及新型器件、部件的原理应用知识一并介绍给读者，也是本书的一大亮点。

本书分5章：

第1章简要介绍三相交流异步电动机和同步电动机的结构、原理和运行特点，电动机整体结构防护等级的国家标准 GB/T 4942.1—2006《旋转电机整体结构的防护等级（IP代码） 分级》的内容摘录，给出了相关的测试数据和测试方法，并给以必要的说明，供电动机运行和维护人员参考。

第2章介绍电动机起动控制常用电器的基本知识，包括低压电器的分类、型号命名；各种低压电器的名称、结构、主要参数、适用范围以及故障排除等；高压电器部分，对真空断路器、隔离开关和真空接触器等产品的结构原理、主要规格及技术参数进行了介绍。这些都是电动机起动与控制电路的基础知识。

第3章介绍采用电子技术研发生产的新型控制保护用器件、部件，包括 JD-6 型、XJ11 型电动机保护器，这些保护器的性能优于热继电器，而价格与热继电器却相差无几。微机综合保护器和多回路巡回检测显示报警仪通常用于较贵重或较重要的电动机的实时监测与保护，它们保护功能完善，性能可靠，可显示、远传监测数据，实现电动机的遥控、遥测、遥调和遥信。本章内容有利于上述新技术、新产品的推广应用，提高行业的整体技术水平。

第 4 章介绍低压电动机的各种起动控制电路，包括软起动和变频起动电路，以及电动机的调速、制动原理与电路。

第 5 章介绍高压电动机的各种起动控制电路，包含一次电路和二次电路。文中对高压电动机的直接起动和减压起动都有详尽的描述，尤其是对二次电路的分合闸、测量、保护与信号电路进行了精辟准确的原理分析。

本书还提供了内容丰富的附录，以便读者查阅。由于本书的技术信息来源广泛，原产品的图纸资料使用了不同的图形符号和文字符号，考虑到读者维修某些设备时对照参考，所以保留了部分原有符号。

电动机的变频调速控制技术发展很快，本书的姊妹篇《电气控制入门：变频器实战自学笔记》一书，对变频器的结构原理、主电路、控制电路乃至全部参数含义均进行了较为详尽的介绍。感兴趣的朋友可以去阅读这本书。

本书由杨德印、刘慧荣、杨电功主编。参加本书编写的还有张文生、杨永江、王贺、张志强、王道川、贺国强、刘晋峰、杨盼红、崔靖、李运良、杨月红、卫秀峰。

张文生、杨永江两位老师在编写中起到了重要建设性作用，在此表示衷心的感谢。

本书可供工矿企业及农村机电运行维护人员阅读，也可供相关专业的大中专院校师生参考。

由于编者水平有限，书中难免有错误和不足之处，恳请读者批评指正。

编 者

2019 年 7 月

目　录

第1章 Chapter 1 三相交流电动机基本知识

电动机是将电能转换为机械能的电气设备。

在电力拖动系统中，电动机按使用的电源分类，有直流电动机和交流电动机两种。

在交流电动机中，又有同步电动机和异步电动机之分。同步电动机的运行转速与旋转磁场的转速相同，而异步电动机的运行转速则略低于旋转磁场的转速。

交流电动机按使用的电源相数分为单相交流电动机和三相交流电动机。本章介绍三相交流电动机的基本知识。

1.1 三相交流异步电动机

1.1.1 三相异步电动机的基本结构

三相异步电动机按结构可分为三相笼型（俗称鼠笼式）异步电动机和三相绕线转子异步电动机。图1-1所示为三相笼型异步电动机结构图。三相交流异步电动机一般由两个基本部分组成，一是固定不动的部分，称为定子；一是旋转部分，称为转子。

> 三相异步电动机有三相笼型异步电动机和三相绕线转子异步电动机两个类型。其中前者的基本结构包括定子和转子两部分，后者绕线转子异步电动机与笼型异步电动机的差别在于转子绕组，绕线式转子的铁心槽内放置着与定子绕组相类似的三相对称绕组，这三相绕组的末端在内部联结成星形，三相绕组的首端由转子轴中心引出接到集电环，经过集电环和电刷与外部电路连接。

1. 三相笼型异步电动机的基本结构

（1）定子部分：定子部分（见图1-1）由定子铁心7、定子绕组5和机座4等组成。机座通常由铸铁制成，机座内装有用0.5mm厚的硅钢片叠制而成的定子铁心。为了减小涡流损耗，叠片间需要进行绝缘处理。一般小容量的电动机由硅钢片表面的氧化膜绝缘，大容量电动机的硅钢片间则涂有绝缘漆。定子铁心的内圆周上具有均匀分布的定子槽，槽内嵌放三相定子绕组。定子绕组与铁心之间垫有足够绝缘强度的绝缘材料。中小功率的电动机定子绕组一般采用漆包圆铜线或铝线绕制，大型异步电动机的导线截面积较大，采

用矩形截面的表面绝缘的铜线或铝线绕制，定子绕组分为三组，作为三相绕组嵌放在定子铁心槽内，三相绕组在定子铁心内整个圆周空间彼此相隔120°放置，构成对称的三相绕组，是电动机的电路部分。三相绕组的6个出线端引出后接在置于电动机外壳上的接线盒（见图1-1中的“9”）内。三相绕组的首端分别叫做U1、V1和W1，其对应的末端分别叫做U2、V2和W2。将接线盒中的6个接线端子进行适当连接，可以得到三相绕组的星形（Y）联结或三角形（△）联结，如图1-2所示。

笼型异步电动机的三相绕组在电动机外壳的接线盒内有6个接线端子，通过对接线端子的不同连接，可使电动机成为星形接法或三角形接法。

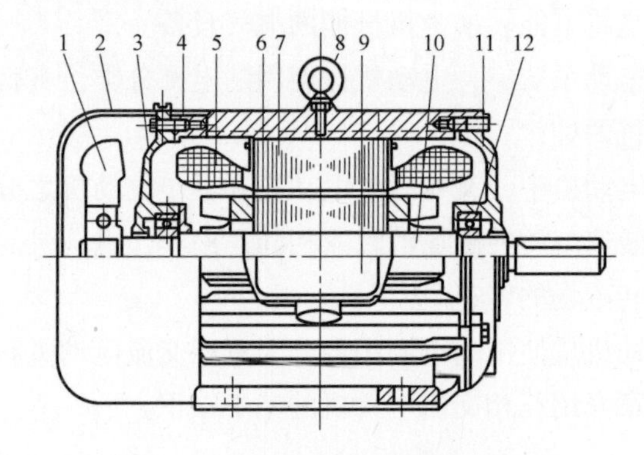

图1-1　三相笼型异步电动机结构图

1—风扇　2—风罩　3—后端盖　4—机座　5—定子绕组　6—转子铁心
7—定子铁心　8—吊环　9—接线盒　10—转轴　11—前端盖　12—轴承

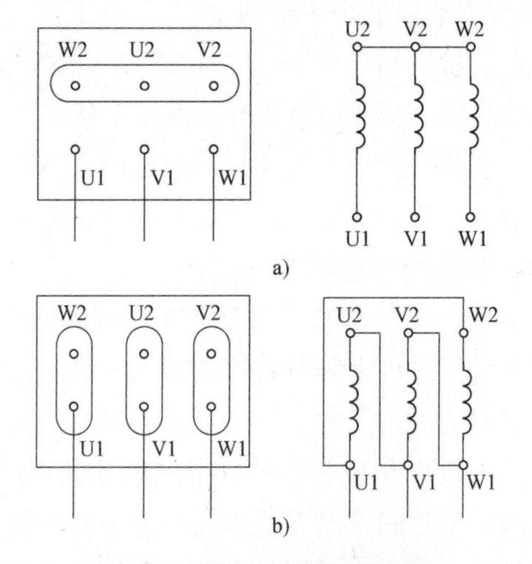

图1-2　三相定子绕组的连接

a）星形联结　b）三角形联结

（2）转子部分：转子部分（见图 1-1）由转子铁心 6、转子绕组、转轴 10、风扇 1 等部分组成。

转轴一般由中碳钢材料制造，它起到支撑、固定转子铁心和传递功率的作用。转子铁心由 0.5mm 厚的圆形硅钢片叠制而成，是电动机磁路的一部分。叠压成整体的圆柱形转子铁心套装在转轴上。

转子铁心外圆的槽内放置转子绕组。笼型电动机的转子绕组如图 1-3 所示。图 1-3a 是忽略了铁心时的绕组样式，它用铜条或铝条作转子导体（导条），在导条的两端用短路环（也称端环）短接，整个绕组的外形就像一个笼子，所以具有这种结构转子绕组的电动机称作笼型电动机。

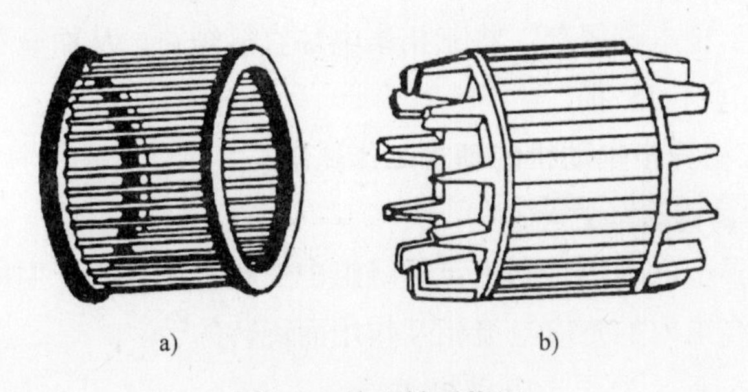

a)　　　　b)

图 1-3　笼型转子绕组

a）笼型转子绕组　b）铸铝笼型转子

小型异步电动机的笼型绕组用铝材铸造而成。制造时，叠好的转子铁心外圆周刻有沟槽，将转子铁心放在铸铝的模具内，通过铸造工艺一次铸造成笼型绕组和端部的内风扇。铸造好的笼型转子外形如图 1-3b 所示。

除了上述结构部件外，异步电动机还有前端盖、后端盖、轴承、风扇、风罩、吊环等，如图 1-1 所示。

2. 三相绕线转子异步电动机的基本结构

绕线转子异步电动机与笼型异步电动机的差别在于转子绕组，绕线式转子的铁心槽内放置着与定子绕组相类似的三相对称绕组，这三相绕组的末端在内部接成星形，三相绕组的首端由转子轴中心引出接到集电环，经过集电环和电刷在外部串入电阻（起动、调速时）或经过开关器件短接（正常运行时），如图 1-4 所示。

有的绕线转子异步电动机还有提刷装置，在串入外接电阻起

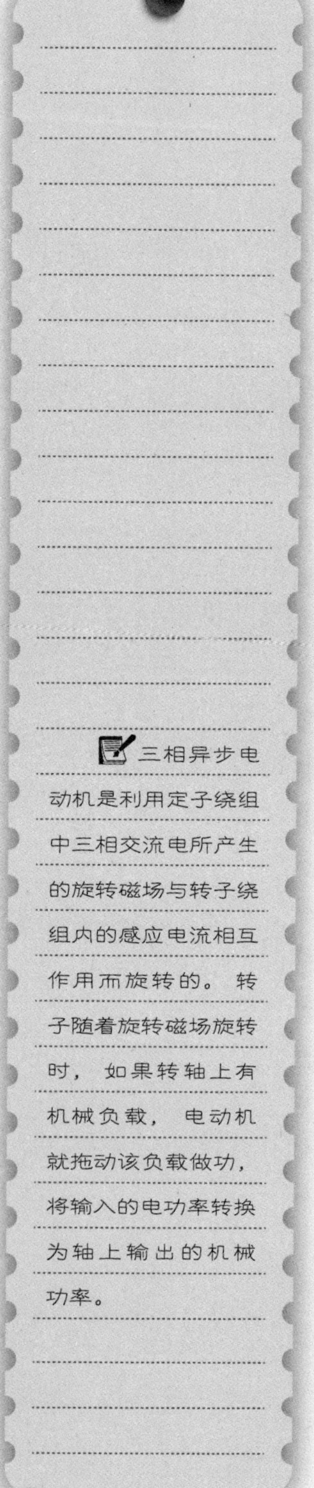

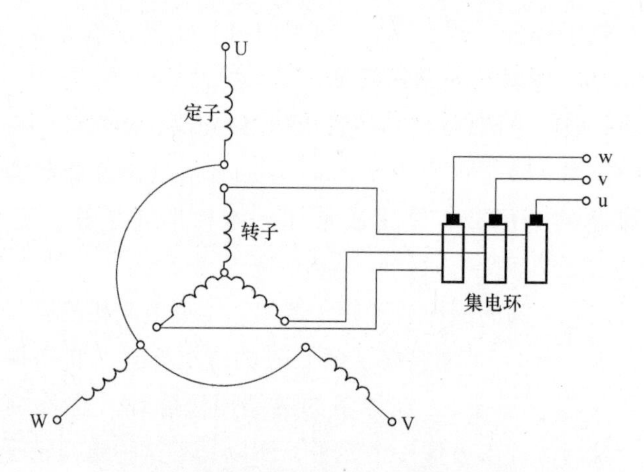

图 1-4　绕线转子异步电动机接线示意图

动完毕后，把电刷提起，将三相集电环直接短路，从而减小运行中集电环与电刷的磨损。

1.1.2　三相异步电动机的基本工作原理

1. 旋转磁场的产生

三相异步电动机是利用定子绕组中三相交流电所产生的旋转磁场与转子绕组内的感应电流相互作用而旋转的。

图 1-5 所示为异步电动机工作原理示意图。它由定子和转子两部分组成。定子和转子之间有一个很小的空气隙。定子的铁心槽内对称放置三相绕组，转子绕组则形成闭合回路。定子对称三相绕组接入交流电源，流过对称的三相交流电流。建立起定子三相合成旋转磁动势并产生定子旋转磁场。

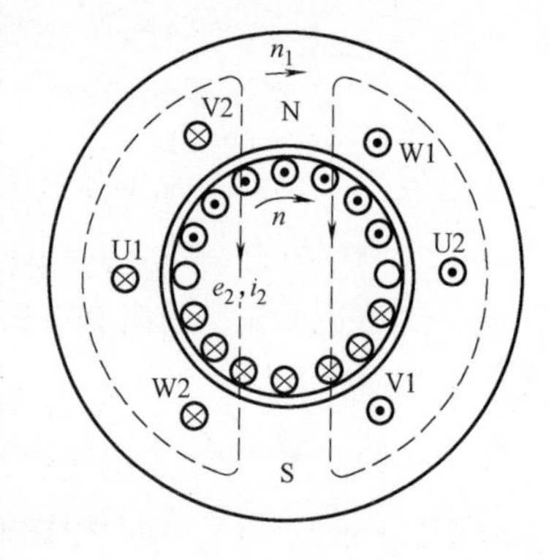

图 1-5　异步电动机工作原理示意图

图 1-5 中的虚线表示某一瞬间定子旋转磁场的磁通，它以同步转速 n_1 沿顺时针方向旋转，转子导体切割磁场感应电动势，该电动势的方向可用右手定则确定，它在闭路的转子绕组中产生有功分量与电动势同相位的电流。载流的转子绕组在旋转磁场中将受到电磁力的作用，可用左手定则确定此时转子绕组受到一个顺时针方向的电磁力和电磁转矩作用，使转子以转速 n 随着定子旋转磁场转向

旋转。

转子随着旋转磁场旋转时如果转轴上有机械负载，电动机就拖动该负载做功，将输入的电功率转换为轴上输出的机械功率。

既然旋转磁场是电动机转子旋转的基础，那么三相旋转磁场产生的条件就是应该讨论的问题，这就是：

1）三相绕组必须对称，而且在定子铁心上按空间互差120°电角度分布。

2）通入三相对称绕组的电流也必须对称，即大小、频率相同，相位互差120°电角度。

为了实现三相绕组对称，三相绕组在定子铁心上的分布应遵循以下原则：

1）各相绕组在每个磁极下应均匀分布，以达到磁场对称的目的。为此，先将定子槽数按极数均匀分配，称为分极，每极为180°电角度。每极下又分为三相，称为分相，即分为3个相带，每个相带60°电角度。相带也叫极相组。三相绕组在每极下按U相、V相、W相相带顺时针方向均匀分布。

2）各相绕组的电源引出线应彼此相隔120°电角度。

3）同相绕组中相带线圈之间应顺着电流参考方向连接。

4）同一相绕组的各有效边在同性磁极下，电流参考方向应相同，而在异性磁极下的电流参考方向应相反。

2. 旋转磁场的转速

三相异步电动机旋转磁场的转速与异步电动机的极数有关，即电动机的极数就是旋转磁场的极数，因此旋转磁场的极数与三相绕组的安排有关。如果每相绕组只有一个线圈，各相绕组的始端之间相差120°，则产生的旋转磁场具有一对磁极，若用p表示磁极对数，则此时$p=1$。如果定子绕组每相有两个线圈串联，各相绕组的始端之间相差60°，则产生的旋转磁场具有两对磁极，即$p=2$。同理，若要产生三对磁极，即$p=3$的旋转磁场，则每相绕组必须有均匀安排在空间的串联的三个线圈，线圈的始端之间相差40°。

当旋转磁场具有p对磁极时，旋转磁场转速为

$$n_1=60f_1/p$$

式中　n_1——旋转磁场转速（r/min）；

f_1——交流电源频率（Hz）；

p——电动机定子极对数。

旋转磁场的转速决定于磁场的极数。对于2极电动机，即一对磁极的电动机，在50Hz的电源频率下运行，旋转磁场每秒将在空间旋转50周，其每分钟的旋转磁场转速为50×60=3000r/min。而具有两对磁极的电动机，则电流变化一周，旋转磁场只转过0.5周，所以旋转磁场的转速只有一对磁极时的1/2，即1500r/min。

对于更多极对数的电动机，其旋转磁场的转速为

$$n_1=60f_1/p$$

旋转磁场的转速 n_1 又称同步转速，它决定于电源频率 f_1 和旋转磁场的极对数 p。当电源频率 $f_1=50\text{Hz}$ 时，三相异步电动机同步转速 n_1 与磁极对数 p 的关系见表 1-1。

表 1-1　$f_1=50\text{Hz}$ 时的旋转磁场转速

磁极对数 p	1	2	3	4	5
同步转速 n_1/(r/min)	3000	1500	1000	750	600

3. 电动机转子的转动方向、转速 n 和转差率 s

异步电动机转子旋转的方向与旋转磁场的方向一致，而旋转磁场在空间的旋转方向是由三相电流的相序决定的。虽然两者的旋转方向相同，但转速却有差异，即转子的转速 n 始终低于旋转磁场的转速 n_1，这是因为产生电磁转矩需要转子中存在感应电动势和感应电流，如果转子转速与旋转磁场转速相等，两者之间就没有相对运动，转子导体将不切割磁力线，则转子感应电动势、转子电流均不能产生，也就不能产生推动转子转动的电磁转矩。所以，异步电动机运行的必要条件是转子转速和定子旋转磁场转速之间存在差异，“异步”之名，由此而来。另外，因为产生转子电流的感应电动势是由电磁感应产生的，所以异步电动机也叫做感应电动机。

异步电动机转子旋转的方向与旋转磁场的方向一致，但两者的转速却有差异，即转子的转速始终低于旋转磁场的转速，这就是异步电动机名称中之“异步”的来由。

异步电动机的转子转速 n 与定子旋转磁场的转速 n_1 之间存在着转速差，此转速差正是定子旋转磁场切割转子导体的速度，它的大小决定着转子电动势及其频率的大小，直接影响到异步电动机的工作状态。该转速差与同步转速的比值称为转差率，用 s 表示，即

$$s=(n_1-n)/n_1$$

转差率是分析异步电动机运行情况的一个重要参数，例如异步电动机起动瞬间 $n=0$，$s=1$，转差率最大；空载时 n 接近 n_1，s 很小，在 0.005 以下；若 $n=n_1$，则 $s=0$，称为理想空载状态，这种状态实际运行中并不存在。异步电动机工作时，转差率在 1～0 之间变化。额定负载时，其额定转差率 $s=0.01\sim0.07$。

由以上分析可知，异步电动机的转动方向总是与旋转磁场的转向一致，因此，只要把定子绕组与三相电源连接的三条导线对调其中任意两条，就可以改变旋转磁场的转向，从而变换电动机的旋转方向。

1.1.3　变频电动机简介

由于近些年来变频器产品和变频调速技术的日益普及，国内的电动机生产厂家研制出了许多型号的变频电动机，这些更适合于与变频器配套使用的变频调速三相异步电动机已经广泛应用于各种传动机械，例如机床、冶金、石油、化工、医药、纺织、橡胶、压铸、注塑、印刷、包装、食品等行业。

与普通电动机不同，变频电动机采用轴流风机强制通风冷却，保证电动机在任何转速下具有良好的散热，可实现高速或低速运行状态下均可长期安全运行。因此，变频电动机的应用日益普及。

变频电动机可以采用基“频”制代替基“极”，基准频率可选定 25Hz、33.3Hz、50Hz、87Hz，代替传统的 8、6、4、2 极 50Hz 定频电动机。

1.1.4　三相异步电动机的铭牌及主要系列

1. 铭牌标记的技术信息

每一台三相异步电动机机座上都嵌有一块铭牌，上面标注有电动机的型号、额定值等，见表 1-2。

1）型号：型号是表示电动机主要技术条件、名称、规格的一种产品代号。用大写字母和阿拉伯数字的组合表示，如图 1-6 所示。

表 1-2　三相异步电动机的铭牌数据

型　　号	Y200L2-6	额定电压	380V	额定电流	45A
额定功率	22kW	频率	50Hz	工作方式	连续
转速	970r/min	功率因数	0.83	接法	△
绝缘等级	B	温升	80℃	重量	××kg
防护等级	IP44	产品编号	××××	出厂时间	××年××月
×××电机厂					

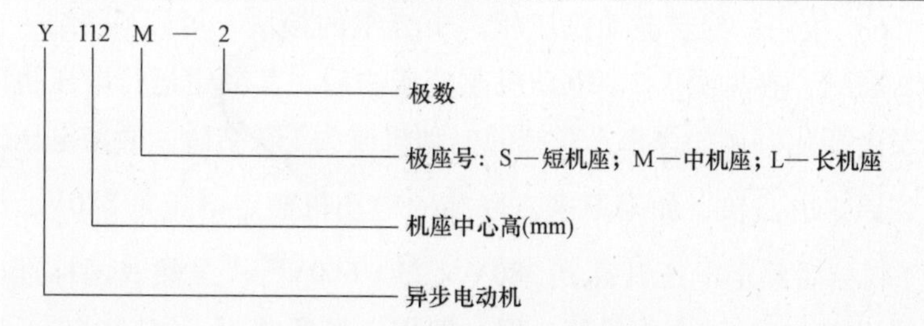

图 1-6　异步电动机型号组成

图 1-7a 所示为中小型异步电动机的型号示例；图 1-7b 所示为大型异步电动机的型号示例。

2）额定功率 P_N：异步电动机在额定运行状态下由转轴端输出

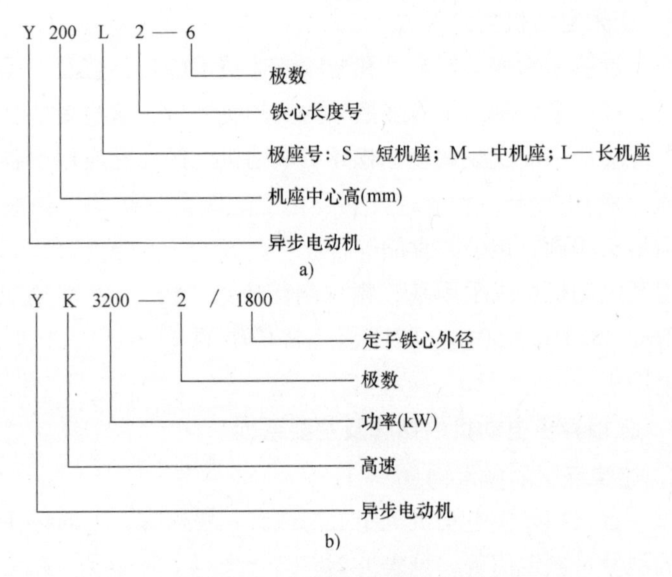

图 1-7 异步电动机型号示例

a）中小型异步电动机型号示例 b）大型异步电动机型号示例

一台△联结的电动机，如果将其改接成Y联结，则其额定电压将被提升到原来的$\sqrt{3}$倍，而我国的电压等级标准规定，相邻的两种低压电压等级的比值刚好是$\sqrt{3}$，例如220V、380V、660V、1140V。这样，任何一台电动机，都可正常工作在相邻的两种额定电压之下，增强了电动机对电网电压的适应性。

的机械功率（kW）。

3）额定电压 U_N：异步电动机在额定运行状态下定子绕组施加的线电压（V）。

4）额定电流 I_N：异步电动机在额定运行状态下定子绕组流过的线电流（A）。

5）额定功率因数 $\cos\phi_N$：异步电动机在输出额定功率运行时的功率因数，中小型异步电动机的 $\cos\phi_N$ 一般为 0.8 左右。

6）接法：异步电动机三相定子绕组的接法，可以Y联结，也可△联结，参见图 1-2。电动机改变接法后，其额定运行电压也随之发生变化。例如原来△联结的电动机改为Y联结后，额定电压升高到原来的$\sqrt{3}$倍，如果原来△联结的电动机额定电压是 380V，改为Y联结后额定电压升高到 $380V \times \sqrt{3} = 660V$。虽然我国标准电压值里有 660V 这个规格值，但一般用电场所并不一定同时具备这两种电压规格。这在具体应用时必须引起注意。

7）额定转速 n_N：异步电动机在额定运行状态下的转速 n_N（r/min）。

$$n_N = (1 - s) n_1$$

式中　n_1——旋转磁场转速（r/min）；

s——转差率。

8）运行方式：电动机运行的持续时间，分为“连续”、“短时”、“断续”等几种。其中后两种运行方式电动机只能短时、间歇地使用。

9）防护等级：国际电工委员会和我国国家标准 GB/T 4942.1—2006 规定的电动机整体结构防护等级，是电动机依其防尘、防止外物侵入、防湿气之特性进行的分级。防护等级的标志由表征字母“IP”及附加在其后的两位表征数字组成，表征数字中的第一位数字表示电动机防止外物侵入的等级，第二位数字表示电动机防湿气、防水侵入的密闭程度，数字越大表示其防护等级越高。当只需用一位表征数字表示某一防护等级时，被省略的数字应以字母“X”代替，例如 IPX5、IP2X。

表示电动机防护等级的表征字母和数字应标在电动机的铭牌上，若有困难，可标在外壳上。

关于电动机整体结构防护等级的系统知识，可参阅本章 1.3 节的内容。

另外，电动机的铭牌上还标明了绝缘等级、温升、重量等数据。

绕线转子电动机的铭牌，还会标注转子电压（定子施加额定电压时的转子开路电压）和转子电流等数据。

2. 三相异步电动机的主要系列

Y 系列三相异步电动机是 20 世纪 70 年代末全国联合设计，80 年代后逐渐开始替代 J2、JO2 系列的一种较新型的节能电动机。常用的 Y 系列三相异步电动机有 Y（IP44）封闭式、Y（IP23）防护式小型三相异步电动机；YR（IP44）封闭式、YR（IP23）防护式绕线转子三相异步电动机；YD 变极多速三相异步电动机；YX 高效率三相异步电动机；YH 高转差率三相异步电动机；YB 隔爆型三相异步电动机；YCT 电磁调速三相异步电动机；YEJ 制动三相异步电动机；YTD 电梯用三相异步电动机；YQ 高起动转矩三相异步电动机等几十种产品。

另外，随着近些年来变频器产品和变频调速技术的日益普及，国内的电动机生产厂家研制出了许多型号的变频电动机。

电动机铭牌上的一个重要参数是“防护等级”，它往往被人忽视，其实该参数对电动机的选型、安装运行具有重要的参考价值。

电动机有时会运行在露天情况下，有时会运行在雨雪风霜甚至水中（例如潜水泵电动机），为了保证电动机在任何运行环境中都能安全无故障，应该按照国家标准 GB/T4942.1—2006《旋转电机整体结构的防护等级（IP 代码）分级》的规定，选择具有适当整体结构防护等级的电动机。

1.2　三相交流同步电动机

1.2.1　同步电动机简介

同步电动机是由直流供电的励磁磁场与电枢的旋转磁场相互作用而产生转矩，以同步转速旋转的交流电动机。同步电动机的转子转速与定子旋转磁场的转速相同，其转子每分钟转速 n 与磁极对数 p、电源频率 f 之间满足如下关系，即 $n=60f/p$。电源频率 f 与电动机的转速 n 成一定的比例关系，故电源频率一定时，转速不变，且与负载无关。

同步电动机具有运行稳定性高和过载能力大等特点，常用于恒速大功率拖动的场合，例如用来驱动大型水泵、球磨机、鼓风机、空气压缩机和轧钢机等。

同步电动机可以运行在过励状态下。其过载能力比相应的异步电动机大。异步电动机的转矩与定子电源电压二次方成正比，而同步电动机的转矩决定于定子电源电压和电动机励磁电流所产生的内电动势的乘积，即仅与定子电源电压的一次方成比例。当电网电压突然下降到额定值的 80% 左右时，异步电动机转矩往往下降为额定转矩的 64% 左右，并可能因带不动负载而停止运转；而同步电动机的转矩却下降不多，还可以通过自动强励来保证电动机的稳定运行。

同步电动机定子绕组与异步电动机相同，但是转子结构不同于异步电动机，同步电动机的转子上除了装有起动绕组外，还在磁极上绕有线圈，各个磁极的线圈串联起来构成励磁绕组，励磁绕组的两端接线通过转子轴上的集电环与电刷跟直流励磁电源连接。也有无刷同步电动机结构与此略有差异。同步电动机的转子旋转速度与定子绕组所产生的旋转磁场的速度是一样的，所以称为同步电动机。

当在定子绕组通上三相交流电源时，电动机内就产生一个旋转磁场，转子上的起动绕组切割磁力线而产生感应电流，从而电动机旋转起来。在转子旋转的速度达到定子绕组产生的旋转磁场速度的 95% 左右时，给转子励磁线圈通入直流励磁电流，这时转子绕组产生极性恒定的静止磁场，转子磁场受定子磁场作用而随定子旋转磁场同步旋转。

定子旋转磁场或转子的旋转方向决定于通入定子绕组的三相电流相序，改变其相序即可改变同步电动机的旋转方向。

1.2.2　同步电动机的调相功能

同步电机无论用作发电机、电动机或调相机，其基本原理及结构是相同的，只是运行方式不同而已。

同步电动机不带任何机械负荷空载运行时，调节电动机的励磁电流可使电动机向电网发出容性或感性的无功功率，用以维持电网电压的稳定和改善电力系统功率因数。运行在上述状态的同步电动机称为同步调相机，而维持电动机空转和补偿各种损耗的功率则须由电力系统提供。调相机一般安装在负载中心的变电所中。

电力系统中的同步调相机，只从电网吸收少量的有功功率以维持电动机空载的有功损耗。如果不计损耗的话，同步调相机是在零电磁功率和零功率因数的情况下运行的。其电枢电流是无功性质的。

同步调相机过励运行时可以看做是电力系统的一个容性无功负荷。换句话说，若欲使同步调相机向电力系统提供容性无功时，则须使其过励磁。

同步调相机欠励运行时可以看做是电力系统的一个感性无功负荷。换句话说，若欲使同步调相机向电力系统提供感性无功时，则须使其欠励磁。

作为无功负载的同步调相机，其发出无功容量的大小及性质（感性或容性），可以通过调节励磁电流来实现。

同步电动机作调相运行时，称其为电力系统的无功负荷，或者说向电力系统提供无功容量，其实质含义是一致的。

1.2.3　同步电动机的常用起动方式

同步电动机仅在同步转速下才能产生平均的转矩。如在起动时将定子绕组接入电网且转子绕组同时加入直流励磁，则定子旋转磁场立即以同步转速旋转，而转子磁场因转子有惯性而暂时静止不动，此时所产生的电磁转矩将正负交变而其平均值为零，故同步电动机不能带励起动。同步电动机的起动通常采用辅助电动机起动法、异步起动法或变频起动法等。

1. 辅助电动机起动法

通常选用与同步电动机同极数的感应电动机（容量约为主机的10%～15%）作为辅助电动机，拖动主机到接近同步转速，再将电源切换到主机定子，并使励磁电流通入励磁绕组，将主机牵入

> 同步电机也可用作发电机或者调相机，所谓调相机，实际上就是向电力系统发送无功功率。例如在感性负荷集中应用的场合，系统感性无功功率较大，通过调整同步电动机的运行方式，使其运行在欠励状态，调相机就从电网吸收电感性无功功率，或者说发出电容性无功功率，用以进行无功补偿。
>
> 同步电动机的起动通常采用辅助电动机起动法、异步起动法，或变频起动法等。各种起动方法各有千秋。
>
> 辅助电动机起动法需采用辅助电动机，将主机拖动至接近同步转速，再将电源切换到主机定子，并使励磁电流通入励磁绕组，将主机牵入同步转速。

同步转速。

2. 异步起动法

在电动机主磁极极靴上装设笼型起动绕组。起动时，先使励磁绕组通过电阻短接，而后将定子绕组接入电网。依靠起动绕组的异步电磁转矩使电动机升速到接近同步转速，再将励磁电流通入励磁绕组，建立主极磁场，即可依靠同步电磁转矩，将电动机转子牵入同步转速。

异步起动法则是在电动机主磁极极靴上装设笼型起动绕组。

3. 变频起动法

变频起动得到了越来越广泛的应用，起动时，先在转子绕组中通入直流励磁电流，利用变频器逐步升高加在定子上的电源频率 f，使转子磁极在开始起动时就与旋转磁场建立起稳定的磁场吸引力而同步旋转，在起动过程中频率与转速同步增加，定子频率达到额定值后，转子的旋转速度也达到额定的转速，起动完成。

变频起动法是在起动时，先在转子绕组中通入直流励磁电流。

1.3 电动机整体结构的防护等级

本节是国家标准 GB/T 4942.1—2006《旋转电机整体结构的防护等级（IP 代码）分级》的内容摘录（摘编），并给以必要的说明，供电动机运行和维护人员参考。

电动机整体结构的防护等级是我国依据 IEC（国际电工委员会）名称为《旋转电机整体结构的防护等级（IP 代码）分级》、标准号为 IEC60034 - 5：2000 的国际标准靠拢制定的国家标准。该标准的最新版本是 2006 年版，标准号为 GB/T4942.1—2006，准确名称是《旋转电机整体结构的防护等级（IP 代码）分级》。

电动机整体结构的防护等级在上述标准中称作 IP 防护等级，该标准是由 IEC（国际电工委员会）起草的，结合国内国情，我国等同采用了 IEC 的标准，并于 2006 年公布了最新修订版的、标准号为 GB/T 4942.1—2006 的国家标准。标准将电动机依其防尘、防止外物侵入、防湿气之特性加以分级。IP 防护等级的标志由表征字母“IP”及附加在其后的两位表征数字组成，表征数字中的第一位数字表示电动机防止外物侵入的等级，第二位数字表示电动机防湿气、防水侵入的密闭程度，数字越大表示其防护等级越高。这里所指的外物含工具，人的手指等，外物均不可接触到电动机内之带电部分，以免触电。

当只需用一位表征数字表示某一防护等级时，被省略的数字应以字母“X”代替，例如 IPX5，IP2X。

表示电动机防护等级的表征字母和数字应标在电动机的铭牌上，若有困难，可标在外壳上。

1.3.1　防护等级中第一位表征数字的具体含义

第一位表征数字的具体含义见表1-3。表中使用的术语“防止”表示能防止人体某一部分、手持的工具或导体进入外壳，即使进入，也能与带电或危险的转动部件（光滑的旋转轴和类似的部件除外）之间保持足够的间隙。

表1-3　第一位表征数字表示的防护等级

第一位表征数字	防护等级		试验条件
	简述	含义	
0	无防护电机	无专门防护	不做试验
1	防护大于50mm固体的电机	能防止大面积的人体（如手）偶然或意外地触及、接近壳内带电或转动部件（但不能防止故意接触） 能防止直径大于50mm的固体异物进入壳内	见表1-5
2	防护大于12mm固体的电机	能防止手指或长度不超过80mm的类似物体触及或接近壳内带电或转动部件 能防止直径大于12mm的固体异物进入壳内	
3	防护大于2.5 mm固体的电机	能防止直径大于2.5mm的工具或导线触及或接近壳内带电或转动部件 能防止直径大于2.5mm的固体异物进入壳内	
4	防护大于1mm固体的电机	能防止直径或厚度大于1mm的导线或片条触及或接近壳内带电或转动部件 能防止直径大于1mm的固体异物进入壳内	
5	防尘电机	能防止触及或接近壳内带电或转动部件 虽不能完全防止灰尘进入，但进尘量不足以影响电机的正常运行	
6	尘密电机	完全防止尘埃进入	

注：1. 第一位表征数字为1、2、3、4的电机所能防止的异物系包括形状规则或不规则的物体，其三个相互垂直的尺寸均超过“含义”栏中相应规定的数值。
2. 表中的防尘等级是一般的防尘，当尘的颗粒大小、属性如纤维状或颗粒已做规定时，试验条件按制造厂和用户协议。

1.3.2　防护等级中第二位表征数字的具体含义

第二位表征数字的具体含义见表1-4。

国家标准

GB/T　4942.1—2006《旋转电机整体结构的防护等级（IP代码）分级》，在“IP”两个字母后边跟随的第二位数字表示电动机对液体物质的防护。

国家标准

GB/T 4942. 1— 2006《旋转电机整体结构的防护等级（IP 代码）分级》中，对固体异物的防护共有 6 级。

表 1-4　第二位表征数字表示的防护等级

第二位表征数字	防护等级		试验条件
	简述	含义	
0	无防护电机	无专门防护	不做试验
1	防滴电机	垂直滴水应无有害影响	见表 1-6
2	15°防滴电机	当电机从正常位置向任何方向倾斜至 15°以内任一角度时，垂直滴水应无有害影响	
3	防淋水电机	与铅垂线成 60°角范围内的淋水应无有害影响	
4	防溅水电机	承受任何方向的溅水应无有害影响	
5	防喷水电机	承受任何方向的喷水应无有害影响	
6	防海浪电机	承受猛烈的海浪冲击或强烈喷水时，电机的进水量应不达到有害的程度	
7	防浸水电机	当电机浸入规定压力的水中经规定时间后，电机的进水量应不达到有害的程度	
8	持续潜水电机	电机在制造厂规定的条件下能长期潜水	

注：电机一般为水密型，但对某些类型电机也可允许水进入，但应不达到有害的程度。

1.3.3　第一位表征数字的试验

第一位表征数字的试验和认可条件按表 1-5 的规定执行。

表 1-5　第一位表征数字的试验和认可条件

第一位表征数字	试验和认可条件
0	无需试验
1	用直径为 $50^{+0.05}_{0}$mm 的刚性试球对外壳各开启部分施加 45 ~ 55N 的力做实验 如试球未能穿过任一开启部分并与电机内运行时带电部件或转动部件保持足够的间隙，则认为符合防护要求

（续）

第一位 表征数字	试验和认可条件
2	a）试指试验 用图1-8所示的金属试指做实验。试指的两个关节可绕其轴线向同一方向弯曲90°，用不大于10N的力将试指推向外壳各开启部分，如能进入外壳，应注意活动至各个可能的位置 如试指与壳内带电或转动部件保持足够的间隙，则认为符合防护要求。但允许试指与光滑旋转轴及类似的非危险部件接触 试验时，如可能，可使壳内转动部件缓慢地转动 试验低压电机时，可在试指和壳内带电部件之间接入一个串接有适当指示灯的低压电源（不低于40V）。对仅用清漆、油漆、氧化物及类似方法涂覆的导电部件，应用金属箔包覆，并将金属箔与运行时带电的部件连接。试验时如指示灯不亮，则认为符合防护要求 试验高压电机时，用耐电压试验来检验足够的间隙或测量间隙尺寸 b）试球试验 用直径为$12.5^{+0.05}_{0}$mm的刚性试球对外壳各开启部分施加27～33N的力做实验 如试球未能穿过任一开启部分，且进入的一部分与电机内带电或转动部件保持足够的间隙，则认为符合防护要求
3	用直径为$2.5^{+0.05}_{0}$mm直的硬钢丝或棒施加2.7～3.3N的力做实验。钢丝或棒的端面应无毛刺，并与轴线垂直 如钢丝或棒不能进入壳内，则认为符合防护要求
4	用直径为$1^{+0.05}_{0}$mm直的硬钢丝施加0.9～1.1N的力做实验。钢丝的端面应无毛刺，并与轴线垂直 如钢丝不能进入壳内，则认为符合防护要求
5	a）防尘试验 用基本原理如图1-9所示的设备做试验，在一适当密封的试验箱内盛有悬浮状态的滑石粉，滑石粉应能通过筛丝间名义宽度为75μm、筛丝名义直径为50μm金属方孔筛。滑石粉的用量按每立方米试验箱内体积为2kg，使用次数应不超过20次 电机的外壳属于第一种类型的外壳，即经正常工作循环会使壳内的气压低于周围大气压，这种压力差可能是由于热循环效应引起的 试验时，电机支承于试验箱内，用真空泵抽气使电机壳内气压低于环境气压。如外壳只有一个泄水孔，则抽气管应接在专为试验而开的孔上，但对在运行地点封闭的泄水孔除外 试验是利用适当的压差将箱内空气抽入电机，如有可能，抽气量至少为80倍壳内空气体积，抽气速度应不超过每小时60倍壳内空气体积。在任何情况下，压力计上的压差应不超过2kPa（20mbar），如图1-9所示

图1-8所示的设备是标准试指。可对防护等级第一位表征数字中的“2”进行试验。

试指试验

试指的两个关节可绕其轴线向同一方向弯曲90°，用不大于10N的力将试指推向外壳各开启部分，如能进入外壳，应注意活动至各个可能的位置。

如试指与壳内带电或转动部件保持足够的间隙，则认为符合防护要求。但允许试指与光滑旋转轴及类似的非危险部件接触。

试球试验

用直径为$12.5^{+0.05}_{0}$mm的刚性试球对外壳各开启部分施加27～33N的力做实验。

如试球未能穿过任一开启部分，且进入的一部分与电机内带电或转动部件保持足够的间隙，则认为符合防护要求。

图1-10所示为滴水试验设备。可对防护等级第二位表征数字中的"1"或"2"进行试验。

对防护等级第二位表征数字中的"1"进行试验：

设备整个面积的滴水应均匀分布并应产生每分钟为3～5mm的降水量。

被试电机按正常运行位置放在滴水设备下面，滴水区域应大于被试电机。除预定为墙上安装或倒置安装的电机外，被试电机的支撑物表面应小于电机的底部尺寸。

对墙上安装或倒置安装电机，应按正常使用位置安装在木板上，木板的尺寸应等于电机在正常使用时与墙或顶板的接触面积。

试验时间为10min。

对防护等级第二位表征数字中的"2"进行试验：

滴水设备和降水量与第二位表征数字为"1"所示的相同。

在电机四个固定的倾斜状态各试验2.5min，这四个状态在两个相互垂直的平面上与铅垂线各倾斜15°。

全部试验时间为10min。

（续）

第一位表征数字	试验和认可条件
5	如抽气速度达到每小时40～60倍壳内空气体积，则试验进行至2h为止 如抽气速度低于每小时40倍壳内空气体积且压差已达2kPa(20mbar)，则试验应持续到抽满80倍壳内空气体积或试满8h为止 如不能将整台电机置于试验箱内做实验，可采用下述任一种方法代替： ——用电机各封闭的独立部件，如接线盒、集电环罩壳等做实验 ——用有代表性的电机部件，其中包括如盖板、通风孔、垫片以及轴封等构件做实验。试验时，这些部件上密封薄弱部位所装的零件，如端子、集电环等均应安装就位 ——用与被试电机有相同结构比例的较小电机做实验 ——按制造商与用户协议规定的条件做实验 对上述第2和第3两种方法，试验时抽入电机的空气体积应为原电机所规定的数值 试验后，如滑石粉积聚的量和部位如同一般尘埃（如不导电、不易燃、不易爆或无化学腐蚀的尘埃）集聚的情况一样不足以影响电机的正常运行，则认为符合防护要求 b）钢丝试验 如电机运行中泄水孔是开启的，则应按第一位表征数字为4的试验方法，用直径为1mm的钢丝做实验
6	按本表5a）的方法试验 试验后经检查，如无滑石粉进入，则认为符合防护要求

1.3.4 第二位表征数字的试验条件与认可条件

1. 试验条件

第二位表征数字的试验条件按表1-6的规定执行。

表1-6 第二位表征数字的试验条件

第二位表征数字	试验条件
0	无需试验
1	用滴水设备进行试验，其原理如图1-10所示。设备整个面积的滴水应均匀分布并应产生每分钟为3～5mm的降水量（如用图1-10的设备，即每分钟水位降低3～5mm） 被试电机按正常运行位置放在滴水设备下面，滴水区域应大于被试电机除预定为墙上安装或倒置安装的电机外，被试电机的支撑物表面应小于电机的底部尺寸 对墙上安装或倒置安装电机，应按正常使用位置安装在木板上，木板的尺寸应等于电机在正常使用时与墙或顶板的接触面积 试验时间为10min

（续）

第二位表征数字	试验条件
2	滴水设备和降水量与第二位表征数字为1所示的相同 在电机四个固定的倾斜状态各试验2.5min，这四个状态在两个相互垂直的平面上与铅垂线各倾斜15° 全部试验时间为10min
3	当被试电机的尺寸和轮廓能容纳于图1-11所示的半径不超过1m的摆管下时，则用此设备做实验，如不可能，则用图1-12的手持式淋水器做实验 a）用图1-11设备时的试验条件： 总流量应调整至每孔平均0.067～0.074L/min乘以孔数，总流量应以流量计测量 摆管在中心点两边各60°角的弧段内布有喷水孔，并固定在垂直位置上。被试电机置于具有垂直轴的回转台上并靠近半圆摆管的中心 试验时间至少为10min b）用图1-12设备时的试验条件： 试验时应装上活动挡板 水压调整到水流量为10L/min±0.5L/min，压力为80～100kPa（0.8～1.0bar） 试验时间按被试电机计算的表面积（不包括任何安装表面和散热片）每平方米为1min，但至少为5min
4	采用图1-11或图1-12设备的条件与第二位表征数字为3所示的相同 a）用图1-11设备时的试验条件： 摆管在180°的半圆内应布满喷水孔。试验时间及总水流量与第三级相同 被试电机的支承物应开孔，以免挡住水流。摆管以60°/s的速度向每边摆动至最大限度，使电机在各个方向均受到喷水 b）用图1-12设备时的试验条件： 拆去淋水器上的活动挡板，使电机在各个方向均受到喷水 喷水率与每单位面积的喷水时间与第三级相同
5	用图1-13所示的标准喷嘴做实验。自喷嘴中喷出的水流从各个可能的方向喷射电机，应遵守的条件如下： ——喷嘴内径：6.3mm ——水流量：11.9～13.2L/min ——喷嘴水压：约30kPa（0.3bar） ——被试电机表面积每平方米试验时间：1min ——最短试验时间：3min ——喷嘴距被试电机表面距离：约3m（如有必要，当向上喷射电机时，为保证适当的喷射量，此距离可缩短）

图1-11所示为淋水和溅水试验设备。用该设备可对防护等级中第二位表征数字中的“3”或者“4”进行试验。当对第二位表征数字中的“3”进行试验时，试验条件如下：

总流量应调整至每孔平均0.067～0.074L/min乘以孔数，总流量应以流量计测量。

摆管在中心点两边各60°角的弧段内布有喷水孔，并固定在垂直位置上。被试电机置于具有垂直轴的回转台上并靠近半圆摆管的中心。

试验时间至少为10min。

当对第二位表征数字中的“4”进行试验时，试验条件如下：

摆管在180°的半圆内应布满喷水孔。试验时间及总水流量与第二位表征数字为“3”时相同。

被试电机的支承物应开孔，以免挡住水流。摆管以60°/s的速度向每边摆动至最大限度，使电机在各个方向均受到喷水。

图1-12所示为手持式淋水和溅水试验设备。该设备同样可对防护等级中第二位表征数字中的“3”或者“4”进行试验。

当被试电机的尺寸和轮廓不能容纳于图1-11所示的半径不超过1m的摆管下时，则用图1-12的手持式淋水器做实验。

当对第二位表征数字中的“3”进行试验时，应装上活动挡板，水压调整到水流量为（10±0.5）L/min，压力约为80～100kPa（0.8～1.0bar）。

试验时间按被试电机计算的表面积每平方米为1min，但至少为5min。

当对第二位表征数字中的“4”进行试验时，拆去淋水器上的活动挡板，使电机在各个方向均受到喷水。喷水率与每单位面积的喷水时间与第二位表征数字中的“3”时相同。

（续）

第二位表征数字	试验条件
6	用图1-13所示的标准喷嘴做实验。自喷嘴中喷出的水流从各个可能的方向喷射电机，应遵守的条件如下 ——喷嘴内径：12.5mm ——水流量：95～105L/min ——喷嘴水压：约100kPa（1bar） ——被试电机表面积每平方米试验时间：1min ——最短试验时间：3min ——喷嘴距被试电机表面距离：约3m
7	将电机完全浸入水中做实验，并满足下列条件： a）水面应高出电机顶点至少为150mm b）电机底部应低于水面至少为1m c）试验时间应至少为30min d）水与电机的温差应不大于5K 如生产商与用户达成协议，试验可用下述方法代替： 电机内部充气，使气压比外部高10kPa（0.1bar），试验时间为1min，如试验过程中无空气漏出，则认为符合要求。检查漏气的方法可将电机恰好淹没于水中或用肥皂水涂在电机表面
8	试验条件按生产商与用户的协议，但应不低于第七级的要求

注：水压的测量，可用喷嘴喷出水的高度代替：水压30kPa（0.3bar），高度2.5m；水压100kPa（1bar），高度8m。

试验应用清水进行。在试验过程中，壳内的潮气可能部分凝结，应避免将冷凝的露水误认为进水。按试验要求，表面积计算的误差应不大于10%。

如可能，电机应以额定转速运行，以机械方式和通电方式均可。如在电机通电情况下做实验时，应采取充分的安全措施。

2. 认可条件

第二位表征数字的试验按表1-6的规定试验结束后，应检查电机进水情况并作下述检验和试验。

1）电机的进水量应不足以影响电机的正常运行；不是预定在潮湿状态下运行的绕组和带电部件应不潮湿，且电机内的积水应不浸及这些部件。

电机内部的风扇叶片允许潮湿；同时，如有排水措施，允许水沿轴端漏入。

2）如电机在静止状态下做实验，应在额定电压下空载运转15min后再作耐电压试验，其试验电压应为新电机试验电压的50%，但不应低于额定电压的125%。

如电机在运转状态下做试验，则可直接作上述耐电压试验。

试验后电机能符合GB 755—2008的要求而无损坏，则认为试验合格。

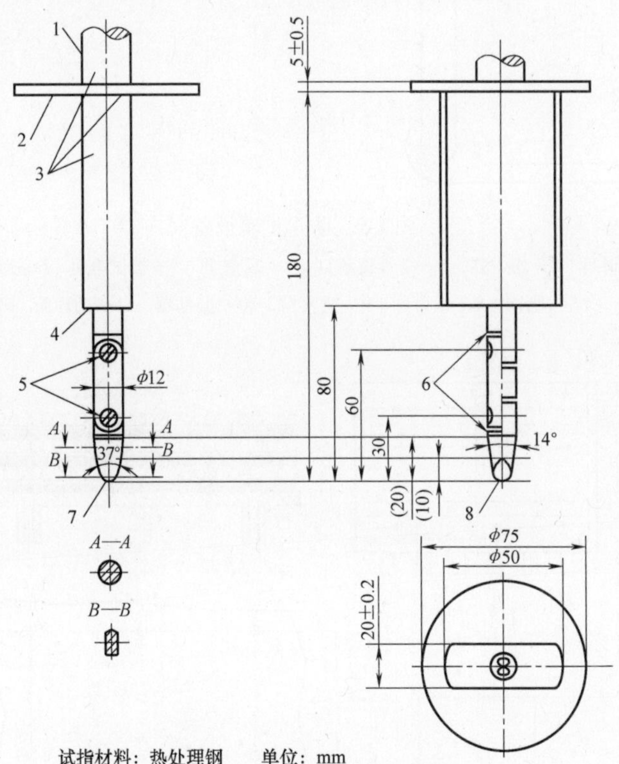

图1-8　标准试指

1—手柄　2—挡板　3—绝缘材料　4—止面　5—铰链　6—所有边缘倒角

7—$R2 \pm 0.05$ 圆柱形　8—$R4 \pm 0.05$ 球形

图 1-13 所示为软管标准喷嘴，用该设备可对防护等级中第二位表征数字中的“5”或者“6”进行试验。当对第二位表征数字中的“5”进行试验时，自喷嘴中喷出的水流从各个可能的方向喷射电机，并遵守如下条件：

喷嘴内径：6.3mm；

水流量：11.9～13.2L/min；

喷嘴水压：约30kPa（0.3bar）；

被试电机表面积每平方米试验时间：1min；

最短试验时间：3min；

喷嘴距被试电机表面距离：约3m。当向上喷射电机时，为保证适当的喷射量，此距离可缩短。

当对第二位表征数字中的“6”进行试验时，

也应使用图1-13所示的标准喷嘴做实

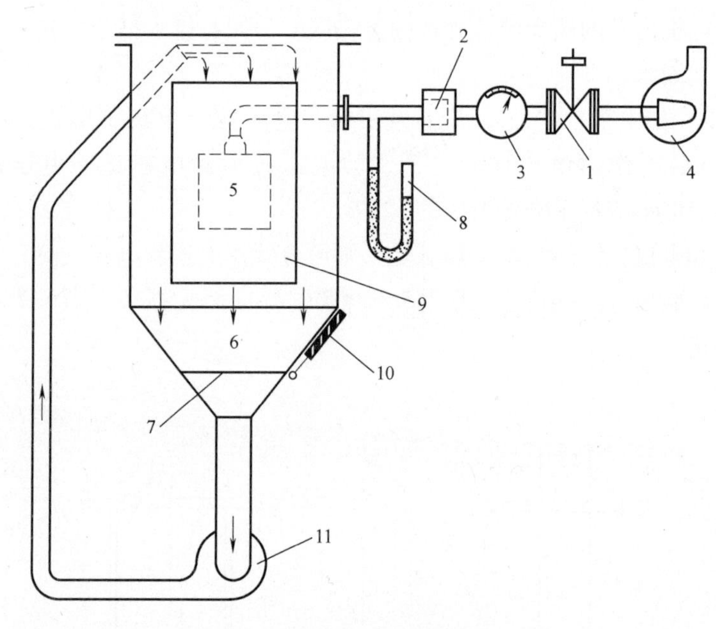

图 1-9　防尘试验设备

1—阀门　2—滤尘器　3—空气流量计　4—真空泵　5—被试电机　6—滑石粉　7—筛网　8—压力计　9—监察窗　10—振动器　11—循环泵

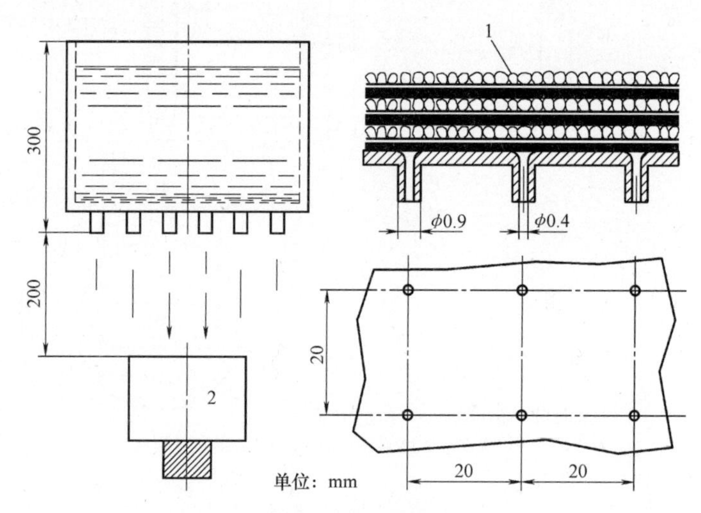

图 1-10　滴水试验设备

1—砂和砂砾层是调节水流量的，层与层之间用金属网和吸水纸隔开

2—被试电机

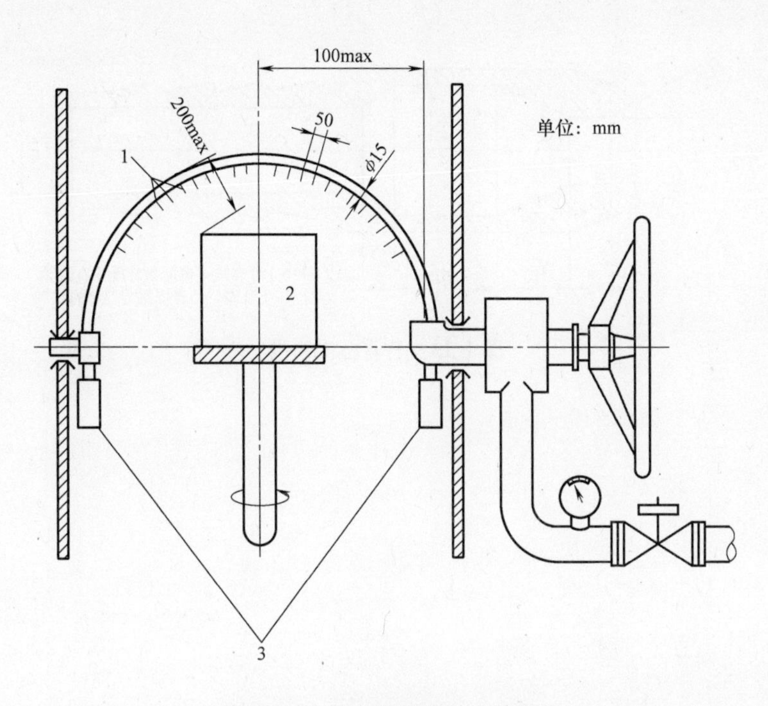

图1-11　淋水和溅水试验设备

1—孔 φ0.4　2—被试电机　3—平衡锤

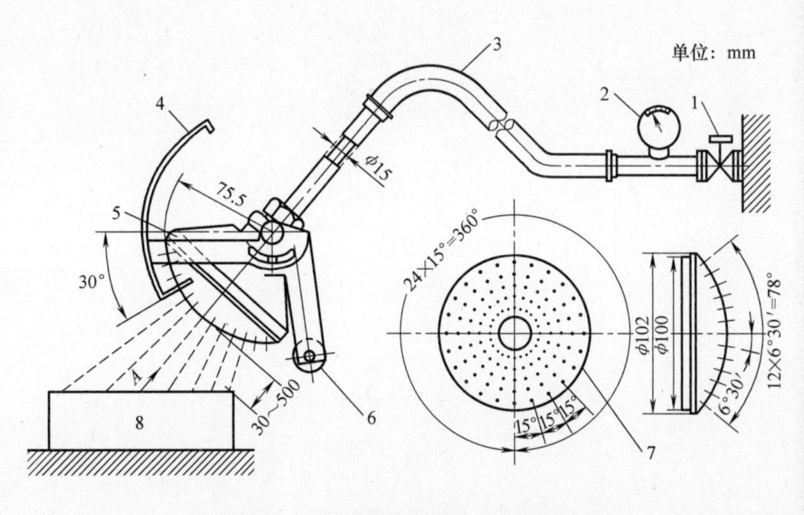

图1-12　手持式淋水和溅水试验设备

1—阀门　2—压力计　3—软管　4—铝质活动挡板　5—喷头　6—平衡锤
7—喷嘴，共有121个孔，每孔 φ0.5　8—被试电机

验。自喷嘴中喷出的水流从各个可能的方向喷射电机，并遵守如下更严厉的条件：

喷嘴内径：12.5mm；

水流量：95～105L/min；

喷嘴水压：约100kPa（1bar）；

被试电机表面积每平方米试验时间：1min；

最短试验时间：3min；

喷嘴距被试电机表面距离：约3m。

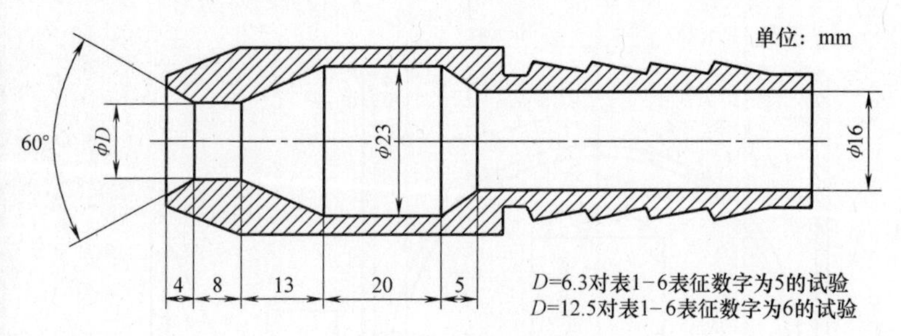
单位：mm
60°
ϕD
ϕ23
ϕ16
4
8
13
20
5
D=6.3对表1－6表征数字为5的试验
D=12.5对表1－6表征数字为6的试验

图 1-13　软管标准喷嘴

第2章 Chapter 2

电动机起动控制常用电器

电动机起动控制常用电器有高压电器和低压电器两大类，分别适用于6kV或10kV的高压电动机以及380V、660V或1140V的低压电动机。也有一些电器元件如按钮、主令开关、转换开关等电器既可用于高压电动机的起动控制，也可用于低压电动机的起动控制。

2.1 低压电器的分类及全型号组成

额定交流电压在1200V及以下、直流电压1500V及以下的电路中使用的电器称作低压电器。低压电器在电路中起通断、控制、保护以及检测或调节作用。在低压电气传动系统和低压配电系统中，大量使用各种类型的低压电器。它广泛应用于发电站、变电所、工矿企业、交通运输、农业以及国防工业等电力输配与电气传动自动控制设备中。

2.1.1 低压电器的分类

低压电器可有多种分类方法，例如可以按应用场合分类，有一般工业用电器、航空用电器、船舶用电器、建筑用电器、化工用电器，矿用电器，农用电器等；按用途分类，有主令电器、控制电器、保护电器和配电电器；按操作方式分类，有手动电器和自动电器；按功能分类，可分为有触点电器和无触点电器等。这里按用途分类对低压电器予以介绍。

1. 低压控制电器

低压控制电器是指用于低压电力传动、自动控制系统和用电设备中，使其达到预期工作状态的电器，包括主令电器、接触器、继电器等。

关于低压电器的定义，国家标准GB 14048.1—2012将额定交流电压在1000V及以下、直流电压1500V及以下定义为低压电器的电压标准。

而有一种额定电压为1140V的低压电动机，如果将额定交流电压在1000V及以下的电器称作低压电器，则1140V的交流三相电动机无法对其归类，既被排除在低压电器之外，显然也不能算作高压电动机。因此也有资料将低压电器的交流电压1000V及以下的限定值修正为1200V及以下。

属于主令电器的有主令开关，按钮，行程开关，转换开关等，这类电器应有一定的电流通断能力、机械和电气寿命，并允许有较高的操作频率。

交流接触器利用电磁原理，通过控制电路实现主电路的通断，主要用于接通和分断电压至1140V、电流630A以下的交流电路。

继电器是一种根据外界输入信号来控制电路接通或断开的自动电器，主要用于控制、线路保护和信号转换。

2. 低压配电电器

低压配电电器是指用于低压配电系统中，对电器及用电设备进行保护和通断、转换电源或负载的电器，如刀开关、熔断器、低压断路器等。

2.1.2 低压电器产品型号表示法及其意义

低压电器产品有各种各样的结构与用途，为了便于使用、制造和管理，对低压电器产品规定了型号，每一个型号代表一种类型的产品。

1. 低压电器产品全型号组成形式

全型号的组成形式及含义如下：

1 2 3—4 5/6 7

其中，“1”是类组代号，使用两位或三位汉语拼音字母，第一位为类别代号，第二、三位为组别代号，代表产品名称，具体产品名称由表2-1确定。

“2”是设计序号，用阿拉伯数字表示，位数不限，其中设计序号为2位及2位以上时，首位“9”表示船用；“8”表示防爆用；“7”表示纺织用；“6”表示农业用；“5”表示化工用。

“3”是系列派生代号，用1位或2位汉语拼音字母表示全系列产品变化的特征，由型号颁发单位根据表2-2统一确定。

“4”是额定等级（规格），用阿拉伯数字表示，位数不限，根据各产品的主要参数确定，一般用电流、电压或容量参数表示。

“5”是品种派生代号，用1位或2位汉语拼音字母表示系列内个别品种的变化特征，由型号颁发单位根据表2-2统一确定。

“6”是其他代号，用阿拉伯数字或汉语拼音字母表示，位数不限，表示除品种以外的需进一步说明的产品特征，如极数、脱扣方式、用途等。

表 2-1　低压电器产品型号类组代号表

类别代号及名称		第一位组别代号及名称																							第二位组别代号及名称									
		A	B	C	D	E	F	G	H	J	K	L	M	N	P	Q	R	S	T	U	W	X	Y	Z	D	G	J	L	R	S	T	X	Z	H
H	空气式开关、隔离器、隔离开关及熔断器组合电器				隔离器			熔断器式隔离器	开关熔断器组（负荷开关）			隔离开关					熔断器式开关	转换隔离器				旋转式开关	其他	组合开关										
R	熔断器								汇流排式			螺旋式	密闭管式					半导体元件保护（快速）	有填料封闭管式			熔断信号器	其他	自复						半导体元件保护（快速）				
D	断路器										真空		灭磁					快速			万能式		其他	塑料外壳式				漏电			可通信	限流		
K	控制器		控制与保护开关电器					鼓形								平面			凸轮				其他				交流				可通信		直流	

（续）

类别代号及名称		第一位组别代号及名称																							第二位组别代号及名称									
		A	B	C	D	E	F	G	H	J	K	L	M	N	P	Q	R	S	T	U	W	X	Y	Z	D	G	J	L	R	S	T	X	Z	H
C	接触器					固态		高压		交流	真空		灭磁		中频			时间					其他	直流		高压	交流							混合式（无弧）
Q	起动器	按钮式		电磁式						减压							软	手动		油浸	无触点	星三角	其他	综合										
J	控制继电器			可编程	漏电							电流			频率		热	时间	通用		温度		其他	中间										
L	主令电器	按钮								接近开关	主令控制器							主令开关	足踏开关	旋钮	万能转换开关	行程开关	超速开关											
Z	电阻器变阻器			旋臂式								励磁			频敏	起动	非线性电力				液体起动	电阻器												
T	自动转换开关电器									接触器式					一体式						万能断路器式			塑壳断路器式							可通信		智能型	

（续）

类别代号及名称		第一位组别代号及名称																							第二位组别代号及名称									
		A	B	C	D	E	F	G	H	J	K	L	M	N	P	Q	R	S	T	U	W	X	Y	Z	D	G	J	L	R	S	T	X	Z	H
B	总线电器																		接口															
M	电磁铁															牵引					起动		液压	制动			交流				推动器		直流	
P	组合电器																							终端										
A	其他		保护器	插座	信号灯			电涌保护器（过电压保护器）	接线盒	交流接触器节电器		电铃							插头			电子消弧器	模数化电压表		多功能电子式		交流	漏电	热		可通信		直流	
F	辅助电器						导线分流器			接线端子排																								

注：1. 本表系按目前已有的低压电器产品编制的，随着新产品的开发，表内所列汉语拼音大写字母将相应增加。

2. 表中第二位组别代号一般不使用，仅在第一位组别代号不能充分表达时才使用。

字母“N”是“逆”字的汉语拼音首字母，具有可逆、逆向的意思。

字母“S”是“锁”、“手”、“水”、“三”、“双”等字的汉语拼音首字母，所以产品的特性与以上汉字相关时，型号中会有字母“S”作为派生字母出现，表示该产品具有某一特性。语拼音首字母，具有可逆、逆向的意思。

“7”是特殊环境产品代号，表示产品的环境适应性特征，由型号颁发单位根据表 2-3 确定。

表 2-2　派生代号表

派生代号	代　表　意　义
C	插入式、抽屉式
E	电子式
J	交流、防溅式、节电型
Z	直流、防震、正向、重任务、自动复位、组合式、中性接线柱式、智能型
W	失电压、无极性、外销用、无灭弧装置、零飞弧
N	可逆、逆向
S	三相、双线圈、防水式、手动复位、三个电源、有锁住机构、塑料熔管式、保持式、外置式通信接口
P	单相、电压的、防滴式、电磁复位、两个电源、电动机操作
K	开启式
H	保护式、带缓冲装置
M	灭磁、母线式、密封式、明装式
Q	防尘式、手车式、柜式
L	电流的、摺板式、剩余电流动作保护、单独安装式
F	高返回、带分励脱扣、多纵缝灭弧结构式、防护盖式
X	限流
T	可通信、内置式通信接口

表 2-3　特殊环境产品代号表

代　号	代号意义	代　号	代号意义
TH	湿热带产品	G	高原型
TA	干热带产品		

2. 型号中汉语拼音字母的选用原则

（1）优先采用所代表对象名称的汉语拼音第一个音节第一个字母。

（2）其次采用所代表对象名称的汉语拼音非第一个音节第一个字母。

（3）确有困难时，可选用与发音不相关的字母。

2.2　低压断路器

低压断路器俗称自动空气开关，是低压配电系统中的主要电器之一。低压断路器的种类很多，按用途分有保护电动机用低压断路器、保护配电线路用低压断路器和保护照明线路用低压断路器；按极数分有单极、双极、三极和四极断路器；按结构型式分有万能式和塑料外壳式两种断路器。

2.2.1　万能式断路器

常用的万能式断路器有DW15系列万能式断路器（以下简称断路器）、DWX15系列万能式限流断路器（以下简称限流断路器）、DW16系列万能式断路器和DW17系列万能式断路器等几个系列。

断路器（限流断路器）除固定式结构外，还具有抽屉式结构，在正常条件下可作为线路的不频繁转换和电动机的不频繁起动之用。由于断路器具有两段或三段保护特性，可以对电网作选择性保护。抽屉式断路器（抽屉式限流断路器）在主电路和控制电路中均采用了插入式结构，省略了固定式断路器所必需的隔离器件（例如刀开关等）做到一机两用，提高了使用的经济性，同时给操作维护带来很大的方便，增加了安全性、可靠性。抽屉式断路器的主电路触刀座，与NT3型熔断器触刀座通用，这样在应急状态下可直接插入熔断器供电。

万能式断路器的型号及其含义如图2-1所示。

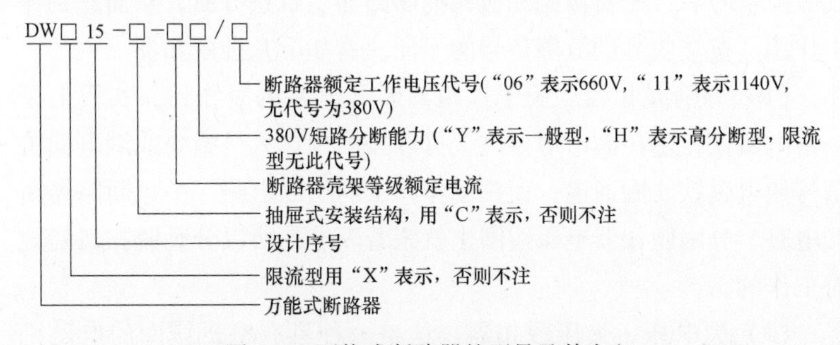

图2-1　万能式断路器的型号及其含义

1. 万能式断路器的分类

（1）按使用类别分，有选择性和非选择性两类，其中前者具

万能低压断路器在低压配电系统中，常用作进线柜中的主开关。它具有较完善的保护功能。抽屉式断路器在主电路和二次电路中均采用了插入式结构，省略了固定式断路器所必须的隔离器件刀开关等，做到一机两用。

有过电流三段保护特性，后者具有过电流两段保护特性。

（2）按用途分，有保护电动机和配电用两类。

（3）按安装方式分，有固定式和抽屉式。

（4）按传动方式分，有手柄直接传动、电磁铁传动和电动机传动等几种方式。

（5）按脱扣器种类分，有如下几种组合：具有过电流脱扣器和分励脱扣器；具有过电流脱扣器和欠电压（瞬时或延时）脱扣器；具有过电流脱扣器、欠电压（瞬时或延时）脱扣器和分励脱扣器。

框架式万能断路器具有过电流脱扣器、分励脱扣器、欠电压瞬时脱扣器、欠电压延时脱扣器等，操作灵活方便，保护功能完善。

（6）按过电流保护种类分，有短路瞬时动作（电磁式），过载长延时及短路瞬时动作（热-电磁式或电子式），过载长延时、短路短延时及特大短路瞬时动作（电子式）。

（7）按欠电压保护种类分，有欠电压瞬时动作和欠电压延时动作两种。

（8）按过电流脱扣器形式分，有电磁式脱扣器，热-电磁式脱扣器和电子式脱扣器。

（9）按主电路进出线方式分，有板前进出线（垂直进出线），板后进出线（水平进出线），板前进线、板后出线（垂直进线、水平出线），板后进线、板前出线（水平进线、垂直出线）等。而抽屉式只有前两种进出线方式。

2. 万能式断路器的脱扣器

脱扣器是断路器的感受元件，当电路出现故障时，脱扣器感测到故障信号后，经自由脱扣机构使断路器主触点分断，从而起到保护作用。按接收到的故障信号的不同，有如下几种脱扣器。

（1）分励脱扣器。用于远距离断开电路的脱扣器，实质上是一个电磁铁，由控制电源供电，可以按照操作人员指令或继电保护信号使电磁铁线圈通电，衔铁动作，从而切断电路。一旦断路器断开电路，分励脱扣器电磁线圈也就跟着断电，所以分励脱扣器是短时工作的。

（2）欠电压、失压脱扣器。这是一种具有电压线圈的电磁机构，其线圈并接在主电路中。当主电路电压消失或降低至一定数值以下时，电磁吸力不足以继续吸持衔铁，在弹簧的反作用力下，衔铁释放，衔铁顶板推动自由脱扣机构，将断路器主触点断开，实现

欠电压与失电压保护。

（3）过电流脱扣器。实质上是一种具有电流线圈的电磁机构。电磁线圈串接在主电路中，流过负载电流。当正常电流通过时，产生的电磁吸力不足以克服反作用力，衔铁不被吸合；当电路出现瞬时过电流或短路电流时，吸力大于反力，衔铁吸合并带动自由脱扣机构使断路器主触点断开，实现过电流与短路电流保护。

（4）热脱扣器。该脱扣器由热元件（双金属片）组成，将热元件串接在主电路中，其工作原理与双金属片式热继电器相同。当过载到一定值时，由于温度升高，双金属片受热弯曲并带动自由脱扣机构，使断路器主触点断开，实现过载保护。

3. 万能式断路器的自由脱扣机构和操作机构

自由脱扣机构是用来联系操作机构和主触点的机构，当操作机构处于闭合位置时，可操作分励脱扣器进行脱扣，将主触点断开。

操作机构是实现断路器闭合、断开的机构，通常电气传动控制系统中的断路器采用手动操作机构，低压配电系统中的断路器有电磁铁操作机构和电动机操作机构两种。

4. 万能式断路器的额定电流

DW15（DW15C 抽屉式）-200、400、630 万能式断路器（以下简称断路器）、DWX15 限流式断路器及 DWX15C 抽屉式限流断路器的额定电流为 100～630A，额定交流电压为 380～1140V（限流断路器至 660V），在交流 50Hz 的配电网络中用来分配电能，防止线路及电源设备的过载、欠电压和短路，也能在交流 50Hz、380V 电网中用来保护电动机的过载、欠电压和短路危害。在正常情况下，断路器可作为线路不频繁转换及电动机的不频繁起动之用。限流断路器由于具有限流特性，特别适用于可能出现大短路电流的网络。断路器的额定电流见表 2-4。

表 2-4 DW15、DW15C、DWX15、DWX15C 型断路器的额定电流

壳架等级额定电流 I_{nm}/A	额定电流 I_n 最大值/A		断路器额定电流 I_n/A
630	200	热-电磁式	100、160、200
	400	热-电磁式	250、315、400
	630	热-电磁式	315、400、630

注：1. 约定发热电流为 I_n，即过电流脱扣器额定电流值。
2. I_n 最大值是指进出母线尺寸一定时，所能装的过电流脱扣器额定电流最大值。

万能式断路器具有多个功能各异的脱扣器，其中分励脱扣器可用于远距离断开电路；欠电压、失压脱扣器可用于欠电压与失压保护；过电流脱扣器能实现过电流与短路电流保护；热脱扣器可以实现过载保护。

万能式断路器的自由脱扣机构是用来联系操作机构和主触点的机构，操作机构是实现断路器闭合、断开的机构。

电力拖动控制系统中通常选用容量相对较小的断路器，采用手动操作机构较多；而低压配电系统中的断路器通常电流规格较大，一般选用电磁铁操作机构和电动机操作机构。

DW15 系列断路器 630A 以上规格的产品，其额定电流为 630～4000A，额定工作电压为交流 50Hz、380V。该断路器主要在配电网络中用来分配电能及防止线路和电源设备的过载、欠电压以及短路。DW15 系列断路器的额定电流值见表 2-5。

表 2-5　DW15 系列断路器的额定电流值

壳架等级额定电流 I_{nm}/A	额定电流 I_n 最大值/A	额定电流 I_n/A
1600	1000	630、800、1000
	1600	1600
2500	2500	1600、2000、2500
4000	4000	2500、3000、4000

DW16 系列万能式断路器主要用于交流 50Hz、额定电流 100～4000A、额定工作电压为 400V 或 690V 的配电网络中，用来分配电能，保护线路和电源设备的过载、欠电压、短路。在正常条件下，可作为线路不频繁转换。1250A 以下的断路器在交流 50Hz、电压 380V 网络中可用来作电动机的过载、短路保护。同时在正常条件下，也可作为电动机的不频繁起动之用。DW16 系列断路器的额定电流值见表 2-6。

DW17 系列断路器的型号规格见表 2-7。它适用于额定工作电压为交流 380V 及 660V、频率为 50Hz 的电路中，作电能分配和线路不频繁转换之用，对线路及电气设备的过载、欠电压和短路进行保护，能直接起动电动机，并保护电动机、发电机和整流装置等免受过载、短路和欠电压等不正常情况的危害。

表 2-6　DW16 系列断路器的额定电流值

壳架等级额定电流 I_{nm}/A	额定电流 I_n 最大值/A	额定电流 I_n/A
630	630	100、160、200、250、315、400、630
2000	2000	800、1000、1600、2000
4000	4000	2500、3200、4000

表 2-7　DW17 系列断路器的型号规格

壳架额定电流等级/A	断路器型号规格	额定电流 I_n/A
1900	DW17-630	630
	DW17-800	800
	DW17-1000	1000
	DW17-1250	1250
	DW17-1600	1600
	DW17-1900	1900

（续）

壳架额定电流等级/A	断路器型号规格	额定电流 I_n/A
2900	DW17-2000	2000
	DW17-2500	2500
	DW17-2900	2900
3900	DW17-3200	3200
	DW17-3900	3900

5. 万能式低压断路器的选用

应根据电气装置的技术要求选择低压断路器的类型，即万能式、塑料外壳式或限流式。万能式断路器和塑料外壳式断路器各有特点，须按给定的用途进行比较，以选用最合适的类型。表2-8是两种断路器的技术经济性能比较，供读者选用时参考。

万能式断路器即框架式断路器。在不同的语言环境中，有习惯叫法和规范叫法的区别。

表2-8　万能式和塑料外壳式断路器技术经济性能比较

对比项目＼结构型式	万能式断路器	塑料外壳式断路器
选择性	有短延时，甚至可调，能满足选择性保护要求	大都无短延时，不能满足选择性保护要求
脱扣器设置情况	可装设各种脱扣器以适应不同的保护要求	多数只有过电流脱扣器，由于体积限制，失电压及分励脱扣器只选择其一
短路分断能力	较高	较低
额定电流	一般为100～4000A，尚有5000～12500A产品	多为600A以下，现已逐步发展800～3000A产品
应用范围	宜作主开关	宜作支路开关
操作方式	变化多，有手柄操作、杠杆操作、非储能式操作、储能式操作、电动机操作、电磁铁操作等形式	变化少，多为手柄操作，也有带电动机传动机构的
价格	较高	较低
适修性	较方便	不方便，多数不考虑维修
接触防护	差	好
安装方式	宜在开关柜内安装，有抽屉式结构	可单独安装，也可装于开关柜内
外形尺寸	较大	较小
飞弧距离	较大	较小
短时耐受电流	较大	较小
隔离性能	较好	较差

6. 万能式断路器的分合闸电路

万能式断路器的合闸方式很多，有手动合闸、电磁铁合闸和电

> 图 2-2 所示的电路图是 DW15－630 型断路器的分合闸控制电路。由于 630 型断路器的电流规格较小，所以可以选用按钮配合合闸电磁铁 CT 实现合闸。

动机合闸等。分闸则可通过分励脱扣器、过电流脱扣器或欠电压脱扣器实现。图 2-2 所示为一种较典型的电磁铁合闸和分励线圈分闸的二次控制电路。断路器选用的是 DW15-630 型万能式，图中点划线框内是断路器自身元件，点划线框边线上带小圆圈的数字是断路器接线端子的编号，各生产厂家生产的断路器其接线端子编号是相同的，因此该图可作为各种电磁铁合闸电路的接线参考。

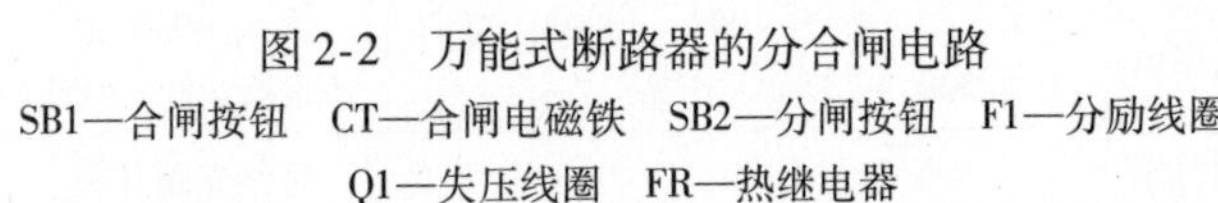

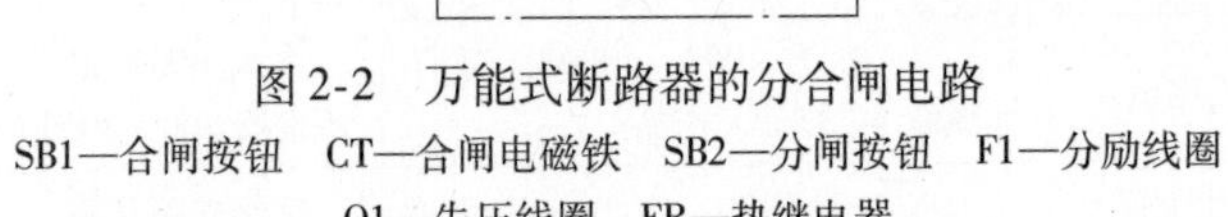

图 2-2　万能式断路器的分合闸电路

SB1—合闸按钮　CT—合闸电磁铁　SB2—分闸按钮　F1—分励线圈
Q1—失压线圈　FR—热继电器

图 2-2 中的操作电源是交流 380V，也可选用交流 220V。SB1 是合闸按钮，在断路器分闸状态下，其辅助触点 QF-1 呈闭合状态，这时按压合闸按钮 SB1，电磁铁线圈 CT 得电动作，断路器得以合闸。在合闸状态下，断路器的辅助触点 QF-2 闭合，这时按压分闸按钮 SB2，分励线圈 F1 得电动作，断路器分闸。断路器在合闸运行过程中如果过电流，热继电器动作，其常开触点 FR 闭合，通过分励线圈 F1 使断路器跳闸。如果网络电压降低，失电压线圈 Q1 动作，通过脱扣机构使断路器跳闸，实现欠电压保护。

7. 万能式断路器的变通合闸控制

万能式断路器通常作为配电装置的主开关，或电动机的保护控制开关。有时为了防止停电后再来电时的电动机自起动，选用了断路器的失电压保护功能，即选用带有失电压线圈的断路器，这样系统停电后万能断路器会因失电压而跳闸。但在实际的电动机控制电

路中，或配电系统中，这种失电压跳闸并无太大意义，因为电动机可能还有保护功能更完善的器件进行细密和准确的保护，并配有相应的开关；配电系统中的失电压跳闸也只能给操作运行人员增加操作工作量。例如居民小区在用电高峰期被限电，运行人员只能在无奈中等待来电，然后去配电室操作送电。

下面介绍一款万能断路器停电后再来电时的自动合闸电路，供来电后允许自动合闸的场合使用。

这种所谓的自动合闸应有选择性，应能识别是准备检修时的人工跳闸、故障保护跳闸、还是失电跳闸。对于前两种情况是不允许自动合闸的；只有停电后再来电时才允许，否则有可能影响正常检修工作的安全，或者在故障保护后自动合闸酿成重大事故。

（1）操作按钮即可合闸的万能断路器：这类断路器电流容量较小，例如 630A 及以下的断路器。合闸时按压按钮，通过电磁铁即可使断路器合闸，无需事先储能。具体电路如图 2-3 所示。

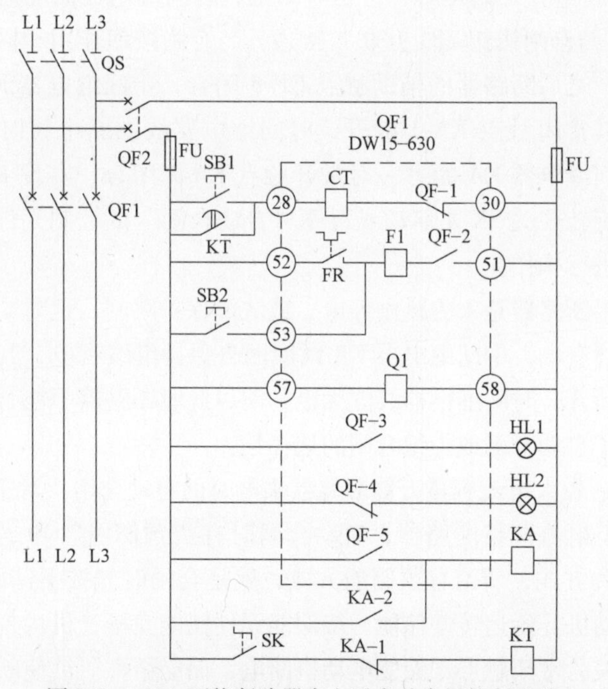

图 2-3　630A 万能断路器来电后自动合闸控制电路

SB1—合闸按钮　CT—合闸电磁铁　SB2—分闸按钮　F1—分励线圈　Q1—失电压线圈　QF-1 ~ QF-5—断路器辅助触点　KA—自动合闸新加中间继电器　KT—自动合闸新加时间继电器　SK—自动合闸新加旋转开关

万能断路器停电后再来电时的自动合闸电路的安装使用，不应降低系统原来的安全性能，所以应征得安全运行负责人的同意。

停电后再来电时的自动合闸应具有选择性，如果是人工跳闸、故障保护跳闸，则不得使其自动合闸，只有因为系统停电后再来电时才允许自动合闸。

图2-3中虚线框内是断路器QF1内部结构或元件，标注的符号参照了产品说明书。与没有“断电后再来电自动合闸”功能的电路相比仅增加了一只中间继电器KA、一只时间继电器KT和一只旋转开关SK（其他带锁定功能的按钮也行）。断路器能够合闸向外送电的前提是隔离开关QS和二次电路的控制开关QF2（DZ47系列小型断路器）均已合闸，之后若欲手动分、合闸，则旋转开关SK暂不闭合，这时电路可用按钮SB1合闸，用按钮SB2分闸。若欲断电后再来电时能够自动合闸送电，则操作旋转开关SK使其触点闭合。系统停电后，一次电路和二次电路均失去电源，断路器因失电压线圈Q1的保护作用而跳闸，断路器的常开辅助触点QF-5断开，中间继电器KA线圈失电，其常闭触点KA-1闭合，时间继电器线圈经过触点KA-1、旋转开关SK的触点与控制电源接通（但无电），为来电后自动合闸做好准备。系统一旦来电，时间继电器KT线圈得电并开始延时，待延时结束，时间继电器的延时闭合触点KT（与合闸按钮SB1并联）接通，与合闸按钮作用相同，断路器合闸。之后断路器的辅助触点QF-5闭合，中间继电器KA线圈得电，其常闭触点KA-1断开，时间继电器线圈断电暂时退出运行。中间继电器KA的另一对常开触点KA-2闭合，实现KA的自保持。旋转开关SK是启动或暂停“自动合闸”的控制元件，可根据需要进行操作。

如果断路器是人为跳闸停电，或故障保护跳闸，这时二次控制电路仍然有电，中间继电器KA线圈因自保持继续有电，其常闭触点继续断开，时间继电器线圈无电，所以此时断路器不能合闸，这就实现了自动合闸或拒绝合闸的选择性。

（2）较大电流容量万能断路器来电时的自动合闸：对于1600A及其以上电流规格断路器，启动合闸时有“预储能”和“无预储能”两种方式，所谓有预储能方式，就是合闸时先按下储能按钮，储能电动机开始运转并储能，待储能元件储能完毕，机构自动断开行程开关的常闭触点，储能电动机断电，储能结束。欲使断路器合闸须按压合闸按钮，之后电磁铁触动储能元件释放能量，断路器完成合闸。所谓无预储能方式，就是合闸时按压起动按钮，断路器储能直至完成合闸一次连续完成，无需操作其他按钮。可见所谓无预储能方式，合闸时也是需要储能的，只是储能结束随即合闸，操作

程序简单一些而已。这种分类方法是断路器生产厂家定义的，仅是为了区分两种合闸方式。

对于无预储能方式断路器的合闸，可选用图 2-3 介绍的方案。电路连接时无需考虑按钮和时间继电器的触点容量是否满足大电流容量万能断路器的合闸需求，因为这些触点不去直接控制储能电动机的电流通断，而是通过断路器内部的中间继电器实现的。

对于预储能方式的断路器，电力系统停电后再来电时的自动合闸，接线稍微复杂些，下面给以介绍。

图 2-4 所示为 DW15-1600A 型断路器的分、合闸控制与“断电后再来电自动合闸”的完整电路，该电路适用于 DW15-1600A ~

对于这款电路自动合闸选择性的工作原理，可以作如下简洁的描述。

自动合闸应有选择性，即只有系统停电后再来电才能自动合闸，若是人工跳闸，或者故障保护跳闸，则不允许自动合闸。实现选择性的原理是，系统停电后，图 2-4 中的中间继电器 KA1 必然释放；而人工跳闸，或者故障保护跳闸时，中间继电器 KA1 的线圈由于有其常开触点 KA1-2 的自保持作用而不会断电释放，所以不会启动自动合闸程序过程。

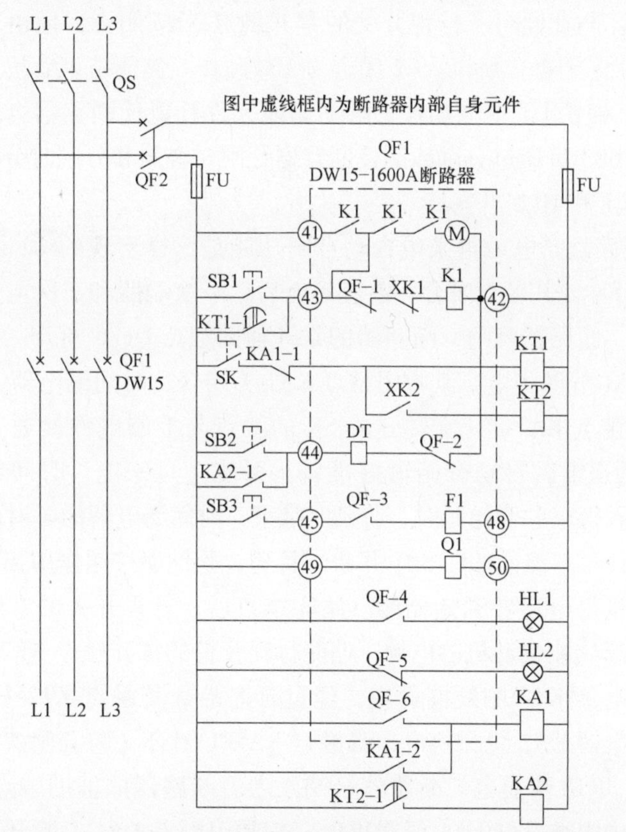

图 2-4　1600A 及以上规格万能断路器来电后的自动合闸控制电路

FU—二次熔断器　SB1—储能按钮　SB2—合闸按钮　SB3—分闸按钮　DT—电磁铁　F1—分励线圈　Q1—失电压线圈　QF-1 ~ QF-6—断路器辅助触点　XK1、XK2—储能行程开关　HL1—合闸指示灯　HL2—分闸指示灯　KA1、KA2—自动合闸新加中间继电器　KT1、KT2—自动合闸新加时间继电器　SK—自动合闸新加旋转开关

4000A 的断路器。图中虚线框内是断路器 QF1 内部结构或元件，标注的符号参照了产品说明书。与没有“断电后再来电自动合闸”功能的电路相比增加了两只中间继电器 KA1 和 KA2、两只时间继电器 KT1 和 KT2，以及一只手动旋转式操作开关 SK。断路器能够合闸向外送电的前提是隔离开关 QS 和二次电路的控制开关 QF2（DZ47 系列小型断路器）均已合闸，此时若需人工合闸则旋转开关 SK 暂不闭合，这时电路可用按钮 SB1 起动电动机 M 储能，储能过程中断路器 QF1 内部的继电器 K1 线圈得电，其触点实现自保持，使储能得以继续，直至储能结束。储能完成后，行程开关的常闭触点 XK1 断开，继电器 K1 线圈断电，触点释放，储能电动机停止运转。与此同时，行程开关的常开触点 XK2 闭合，但由于旋转开关 SK 未闭合，所以 XK2 闭合为无效动作。储能结束后按压按钮 SB2，电磁铁 DT 得电动作，触动储能元件释能使断路器合闸。按压按钮 SB3 可通过分励线圈使断路器分闸。合闸和分闸时分别有指示灯 HL1 和 HL2 点亮。

断路器断电后再来电自动合闸功能是这样实现的：操作旋转开关 SK 使其触点闭合。系统停电后，一次电路和二次电路均失去电源，断路器跳闸，断路器的常开辅助触点 QF-6 断开，中间继电器 KA1 线圈失电，其常闭触点 KA1-1 闭合，时间继电器 KT1 线圈经过触点 KA1-1、旋转开关 SK 的触点与控制电源接通（但无电），为来电后自动合闸做好准备。系统一旦来电，时间继电器 KT1 线圈得电并开始延时，待延时结束，时间继电器的延时闭合触点 KT1-1（与储能按钮 SB1 并联）接通，与储能按钮作用相同，储能电动机得电运转开始储能。储能结束后，行程开关的常闭触点 XK1 切断储能电动机的电源；储能行程开关的常开触点 XK2 闭合，时间继电器 KT2 的线圈得电，经过延时后，其触点 KT2-1 接通，中间继电器 KA2 线圈得电，其触点 KA2-1 闭合（与合闸按钮 SB2 并联），电磁铁通电，断路器合闸。之后断路器的辅助触点 QF-6 闭合，中间继电器 KA1 线圈得电，其常闭触点 KA1-1 断开，时间继电器 KT1、KT2 和中间继电器 KA2 的线圈先后断电并退出运行。中间继电器 KA1 的常开触点 KA1-2 闭合，实现 KA1 的自保持。旋转开关 SK 是启动或暂停“自动合闸”功能的控制元件，可根据需要进行操作。

> 关于图 2-4 所示的停电再来电时的自动合闸，是在断路器原有起动控制电路（断路器的产品说明书提供该产品的控制电路接线图）的基础上，另外增加两只中间继电器 KA1 和 KA2、两只时间继电器 KT1 和 KT2 以及旋转开关 SK 后，电路元件各司其职、相互配合才得以实现的。

使用时间继电器 KT1 的机理：有时上一级送电开关可能会合闸到故障电路上并在继电保护作用下再次跳闸，使用 KT1 延时 5 ~ 10s 可防止出现这种情况时本地断路器的无效空操作。时间继电器 KT2 的作用是储能结束且状态已经稳定才实施合闸，延时时间1 ~2s。

如果断路器是人为跳闸停电，或过电流、短路故障保护跳闸，这时二次控制电路仍然有电，中间继电器 KA1 线圈因自保持继续有电，其常闭触点继续断开，时间继电器 KT1、KT2 线圈无电，断路器此时不能合闸，这就实现了有选择性地自动合闸，即只有停电后再来电时才能实现自动合闸。

8. 万能式断路器的简单故障现象及其排除方法

断路器的简单故障现象及其排除方法见表 2-9。

万能式断路器的故障排除，要求维修人员熟悉其动作原理、动作程序，熟悉电路中各触点的自锁互锁关系。只有对工作原理及工作过程烂熟于心，才能对维修过程轻松应对。参考表 2-9 的内容会对维修有所帮助。

表 2-9　万能式断路器的简单故障现象及其排除方法

故障现象	原因分析	处理方法
手动操作断路器不能闭合	欠电压脱扣器线圈无电压或线圈烧毁	检查线路接线是否正确,可靠接通电源,更换烧坏的线圈
	欠电压脱扣器衔铁与铁心之间间隙过大,通电后不吸合	调节机构滑块上的调节螺钉,使间隙≤1mm
	操作机构储能不到位,机构中各转轴不灵活、摩擦大;杠杆顶端有毛刺,与半轴之间的摩擦力过大	调节底板和面板轴孔的同轴度,使轴转动灵活 磨去毛刺,加润滑油
	杠杆与半轴啮合量小 (1)欠电压脱扣器拉杆调节过高,使半轴上的螺杆上移 (2)分励脱扣器铁心被卡死,不能复位 (3)脱扣轴上推杆调节过高	(1)重新调节,使杠杆与半轴啮合量≥1.2 (2)调节铁心,使动作灵活 (3)适量调节推杆高度
电动操作断路器不能闭合	熔断器烧毁	更换熔断器
	控制电路接错	检查电路,纠正错误
	电磁铁控制模块烧毁	更换模块
	电磁铁动作,但断路器不能闭合 (1)电源容量小,压降大 (2)电磁铁拉杆行程不够 (3)电磁铁线圈温升过高,电磁铁吸力不够 (4)连接电磁铁拉杆的螺栓松动,与面板卡碰	(1)增大电源容量 (2)调节电磁铁铁心与支架间距离使<0.5mm (3)停止操作,待电磁铁线圈冷却后操作 (4)拧紧螺栓
	辅助触点接触不良	更换辅助触点

（续）

故障现象	原因分析	处理方法
断路器闭合不到位（超程不够）	灭弧罩安装不正与动触点卡碰	重新安装
	转轴上凸轮过高碰侧板	重新调整凸轮，保证辅助触点超程
	超程过大	调整超程
	反作用弹簧拉力过大	重新调节
	机构滑块摩擦力大	加润滑油
分励脱扣器不能分闸	线圈烧坏	更换线圈
	杠杆与半轴啮合量过大	重新调节半轴上的拉杆
	分励脱扣器动铁心上的螺钉松动	调好位置，拧紧螺钉
	分励脱扣器衔铁卡死	调整衔铁
欠电压脱扣器不能分闸	欠电压脱扣器拉杆与半轴上的螺杆间距过大	重新调节
	反力弹簧力变小	调整弹簧
	衔铁卡住，动作不灵活	调整衔铁使之动作灵活
欠电压脱扣器噪声大	铁心工作极面有油污	清除极面油污
	短路环断裂	更换衔铁或短路环
	反力弹簧力太大	重新调整
断路器温升过高	触点压力太低	调整触点压力，或更换弹簧
	触点磨损严重或接触不良	更换触点或修理接触面
	导电部件连接处螺钉松动	拧紧螺钉
辅助触点不通电	辅助触点动触桥卡死或脱落，推杆断裂弯曲等	调整或更换
	辅助触点超程不够	调整凸轮高度
抽屉式断路器合闸操作触点不能闭合	断路器抽出机构“接通”或“测试”位置二次回路不通或接触不良	检查、调整二次触点，使接触良好
	断路器进退位置不到位	摇动手柄到位

2.2.2 塑料外壳式断路器

塑料外壳式（简称为塑壳式）断路器是断路器家族中有别于万能式断路器的另一类低压电器。它具有体积较小、安全防护等级较高，甚至可以不依赖开关柜而独立安装等优点。在配电网络中，用来分配电能和保护线路及电源设备免受过载、短路、欠电压等故障的损坏，同时也能作为电动机的不频繁起动及过载、短路、欠电

压保护。

塑壳式断路器的生产厂家和型号规格很多，应用范围也各不相同。在电动机的起动控制电路中，塑壳式断路器通常用作电动机的后备保护，一般并不用作电动机起动的主开关。

1. DZ20系列塑壳式断路器

DZ20系列塑壳式断路器主要适用于交流50Hz、额定电流为16～1250A、额定绝缘电压为660V、额定工作电压为380V及以下的配电线路中，作为分配电能和线路及电源设备的过载、短路和欠电压的保护，其中Y型额定电流至400A和J、G型额定电流至225A的断路器也可作为保护电动机用。在正常情况下，断路器可作为线路的不频繁转换或电动机的不频繁起动之用。

本系列派生的透明塑壳式断路器，盖子采用新型透明耐高温、高强度聚酯碳酸酯材料制作而成，可直观判断触点的通断状态，应用更加方便。

该系列断路器的型号及其含义如图2-5所示。

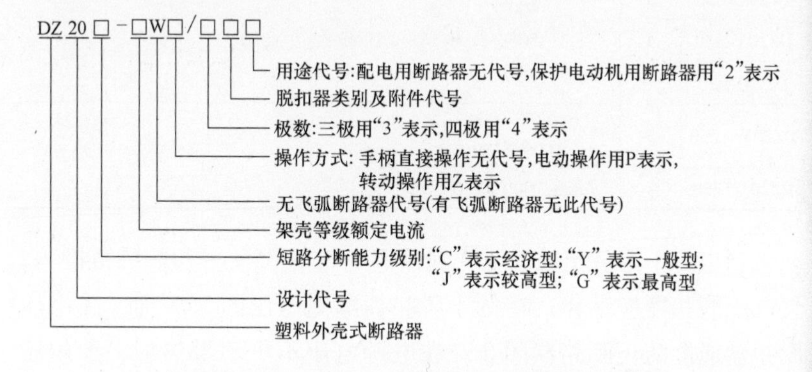

图2-5 DZ20系列塑壳式断路器型号及其含义

DZ20系列塑壳式断路器的主要技术参数见表2-10。

断路器的内部附件和外部附件可根据实际需要安装。内部附件可有分励脱扣器、欠电压脱扣器、辅助触点和报警触点。

分励脱扣器的额定控制电源为交流50Hz，220V、380V，或直流24V，在70%～110%的额定控制电源电压下断路器能可靠断开。

塑壳式断路器的外形相对比较规范，几乎所有的功能部件都封装在壳体内部，体积较小。甚至可以不依赖开关柜而独立安装使用。

DZ20系列塑壳式断路器有一种派生的透明外壳式断路器，盖子采用新型透明耐高温、高强度聚酯碳酸脂材料制作而成，可直观判断触点的通断状态，应用更加方便。

有手柄直接操作方式、电动操作方式和转动操作方式等几种操作方式。

表 2-10　DZ20 系列塑壳式断路器的主要技术参数

<table>
<tr><th rowspan="2">型号</th><th rowspan="2">极数</th><th rowspan="2">额定电流
I_n/A</th><th colspan="2">操作循环次数</th><th rowspan="2">操作次
数/(次/h)</th><th rowspan="2">飞弧距离
/mm</th></tr>
<tr><th>有载</th><th>无载</th></tr>
<tr><td>DZ20Y-100</td><td>3</td><td rowspan="3">16、20、25、32、40、50、
63、80、100</td><td rowspan="3">1500</td><td rowspan="3">8500</td><td rowspan="3">120</td><td rowspan="9">80</td></tr>
<tr><td>DZ20J-100</td><td>3、4</td></tr>
<tr><td>DZ20G-100</td><td>3</td></tr>
<tr><td>DZ20C-160</td><td>3</td><td>16、20、25、32、40、50、
63、80、100、125、160</td><td rowspan="9">1000</td><td rowspan="9">7000</td><td rowspan="9">120</td></tr>
<tr><td>DZ20Y-225</td><td>3</td><td rowspan="3">100、125、160、180、
200、225</td></tr>
<tr><td>DZ20J-225</td><td>3、4</td></tr>
<tr><td>DZ20G-225</td><td>3</td></tr>
<tr><td>DZ20C-250</td><td>3</td><td>100、125、160、180、
200、225、250</td></tr>
<tr><td>DZ20C-400</td><td>3</td><td>100、125、160、180、
200、250、315、350、400</td></tr>
<tr><td>DZ20Y-400</td><td>3</td><td rowspan="3">200、250、
315、350、400</td><td rowspan="6">100</td></tr>
<tr><td>DZ20J-400</td><td>3、4</td></tr>
<tr><td>DZ20G-400</td><td>3</td></tr>
<tr><td>DZ20C-630</td><td>3</td><td rowspan="3">400、
500、
630</td><td rowspan="3">1000</td><td rowspan="3">4000</td><td rowspan="3">60</td></tr>
<tr><td>DZ20Y-630</td><td>3</td></tr>
<tr><td>DZ20J-630</td><td>3、4</td></tr>
<tr><td>DZ20Y-1250</td><td>3</td><td>630、700、800、
1000、1250</td><td rowspan="2">500</td><td rowspan="2">2500</td><td rowspan="2">20</td><td rowspan="2">120</td></tr>
<tr><td>DZ20J-1250</td><td>3</td><td>800、1000、1250</td></tr>
</table>

当电压下降甚至缓慢下降到额定电压的35% ~70%的范围内，欠电压脱扣器应动作；在低于脱扣器额定电压的35%时，欠电压脱扣器应能防止断路器闭合；在电源电压不小于85%时，欠电压脱扣器应能保证断路器可靠闭合。欠电压脱扣器的额定值为交流50Hz、220V、380V。装有欠电压脱扣器的断路器，只有在脱扣器通以额定电压的情况下，断路器才能进行再扣及合闸操作。

断路器的辅助触点额定工作电压为380V，工作电流可达交流3A。

报警触点在断路器正常分合闸时不动作，只有在自由脱扣或故障跳闸后触点才改变原始位置。

断路器的外部附件有电磁铁或电动机操作机构。带电动操作机

构的断路器脱扣跳闸后，电动操作机构必须使断路器再扣，然后才能合闸。

2. NM1 系列塑壳式断路器

NM1 系列塑壳式断路器是正泰集团采用国际先进技术开发的新型断路器，适用于交流 50Hz /60Hz、额定绝缘电压至 800V、额定工作电压至 690V、额定电流至 1250A 的配电网络中，用来分配电能和保护线路及电源设备免受过载、短路、欠电压等故障的损害。同时也能作为电动机的不频繁起动及过载、短路、欠电压保护。断路器按其额定极限短路分断能力的高低，分为 S 型（标准型）、H 型（较高型）、R 型（限流型）三类。它具有体积小、分断能力高、飞弧短等特点。

NM1 系列塑壳式断路器可在 660V 供电系统中对 660V 电动机进行控制和保护。

（1）NM1 系列塑壳式断路器的型号组成。目前国内市场上的塑壳式断路器品牌很多，型号规格繁杂。国内大公司产品的型号中往往带有企业代号，而国外品牌更带有自身的企业特色，有的企业品牌型号甚至具有相应的知识产权，如施耐德公司 NS 系列、西门子公司 3VL 系列、ABB 公司 Tmax 系列、GE 公司 Record plus 系列、默勒公司 NZM 系列、凯马公司 G 系列、三菱公司 WS 系列等塑壳式断路器。这些产品除了具备高性能、电子化、智能化、模块化、组合化、小型化特征外，还增加了可通信、高可靠性、维护性能好、符合环保要求等特征。特别是新一代产品能与现场总线系统连接，实现系统网络化，使低压电器产品功能发生了质的飞跃。

NM1 系列塑壳式断路器的型号是由生产企业制定命名的，具体参见图 2-6。产品可用于配电，或者对电动机实施保护。有手柄直接操作、电动操作和转动手柄操作等几种操作方式。

用户可根据应用环境和运行条件选择分断能力为标准型、较高型和限流性的产品。

NM1 系列塑壳式断路器的型号是正泰公司按照 JB/T 2930—2007 的规定制定的，与本章第一节介绍的“低压电器产品型号编制方法”略有差异。NM1 系列塑壳式断路器的型号及其含义如图 2-6 所示。

（2）NM1 系列塑壳式断路器的内部附件。断路器的内部附件和外部附件根据用户需要安装。

内部附件分励脱扣器，其额定控制电源电压为交流 50Hz，230V，400V；直流 110V、220V、24V。在 70% ~ 110% 的额定控制电源电压下操作分励脱扣器，断路器应能可靠断开。

欠电压脱扣器：当电压下降甚至缓慢下降到额定电压的 35% ~ 70% 范围内，欠电压脱扣器应动作；在低于脱扣器额定电压的 35% 时，欠电压脱扣器应能防止断路器闭合；在电源电压等于或大

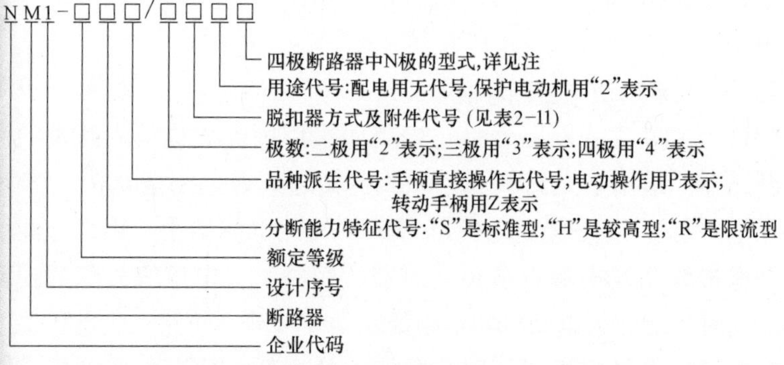

图 2-6　NM1 系列塑壳式断路器的型号及其含义

注：四极断路器的中性电极（N）的型式分为四种：

A 型：N 极不安装过电流脱扣元件，且 N 极始终接通，不与其他三极一起合分。

B 型：N 极不安装过电流脱扣元件，且 N 极与其他三极一起合分（N 极先合后分）。

C 型：N 极安装过电流脱扣元件，且 N 极与其他三极一起合分（N 极先合后分）。

D 型：N 极安装过电流脱扣元件，且 N 极始终接通，不与其他三极一起合分。

于额定电压的 85% 时，欠电压脱扣器应能保证断路器可靠闭合。欠电压脱扣器的额定值：交流 50Hz、230V、400V，直流 110V、220V。装有欠电压脱扣器的断路器，只有在脱扣器通以额定电压的情况下，断路器才能再扣及合闸。

辅助触点：断路器的辅助触点分为两组，每组辅助触点电气上不分开。辅助触点的额定工作电压可达交流 380V、电流可达 3A。

报警触点：断路器在正常合分闸时报警触点不动作，只有在自由脱扣或故障跳闸后才改变原始位置。

NM1 系列塑壳式断路器的脱扣器方式及附件代号见表 2-11。

表 2-11　NM1 系列塑壳式断路器的脱扣器方式及附件代号

脱扣器方式 / 附件代号 / 安装附件名称	瞬时脱扣器	复式脱扣器
无附件	200	300
报警触点	208	308
分励脱扣器	210	310
辅助触点	220	320
欠电压脱扣器	230	330

NM1 系列塑壳式断路器可以配置分励脱扣器，在 70% ~ 110% 的额定控制电源电压下操作分励脱扣器，断路器应能可靠断开。

NM1 系列塑壳式断路器的欠电压脱扣器，在电源电压等于或大于额定电压的 85% 时，欠电压脱扣器应能保证断路器可靠闭合。在低于脱扣器额定电压的 35% 时，欠电压脱扣器应能防止断路器闭合

（续）

安装附件名称 \ 附件代号 \ 脱扣器方式	瞬时脱扣器	复式脱扣器
分励脱扣器，辅助触点	240	340
分励脱扣器，欠电压脱扣器	250	350
两组辅助触点	260	360
辅助触点，欠电压脱扣器	270	370
分励脱扣器，报警触点	218	318
辅助触点，报警触点	228	328
欠电压脱扣器，报警触点	238	338
分励脱扣器，辅助触点，报警触点	248	348
两组辅助触点，报警触点	268	368
辅助触点，欠电压脱扣器，报警触点	278	378

（3）NM1 系列塑壳式断路器的外部附件。NM1 系列断路器的外部附件可有电动操作机构、手动操作机构和两台断路器的机械联锁机构等，其中电动操作机构的类别见表 2-12。

表 2-12　NM1 系列塑壳式断路器的电动操作机构的类别

类别 \ 型号	NM1-63 NM1-100 NM1-225	NM1-400　NM1-630 NM1-800 NM1-1250	NM1-63　NM1-100　NM1-225 NM1-400　NM1-630 NM1-800　NM1-1250
结构型式	电磁铁	电动机	永磁式电动机
电压规格	220V、380V、50Hz		交流 110V、230V、50/60Hz； 直流 24V、110V、220V

注：带电动操作机构的断路器脱扣跳闸后，必须使断路器再扣，然后才能合闸。

所谓低压断路器保护跳闸后的再扣，就是把分合闸操作手柄往分闸方向使劲按下去，听见有个轻微入扣声音，然后才能正常合闸。

3. TGM1L 系列塑壳式漏电断路器

TGM1L 系列塑壳式漏电断路器（剩余电流动作断路器）主要适用于交流 50Hz、额定绝缘电压为 800V、额定工作电压为 400V、额定电流为 630A 及以下的电路中，对有致命危险的人身触电提供间接接触保护，也可以用来防止电动机等电气设备绝缘损坏产生接地故障电流而引起的火灾危险，并可用来对电路的过载、短路和欠电压进行保护，也可作为电路的不频繁转换之用。它具有体积小、分断能力高、飞弧距离短、额定剩余动作电流及分断时间可调等优点，同时具有漏电报警不脱扣或漏电报警脱扣功能。

（1）TGM1L 系列漏电断路器的型号组成。TGM1L 系列漏电断路器的型号及其含义如图 2-7 所示。

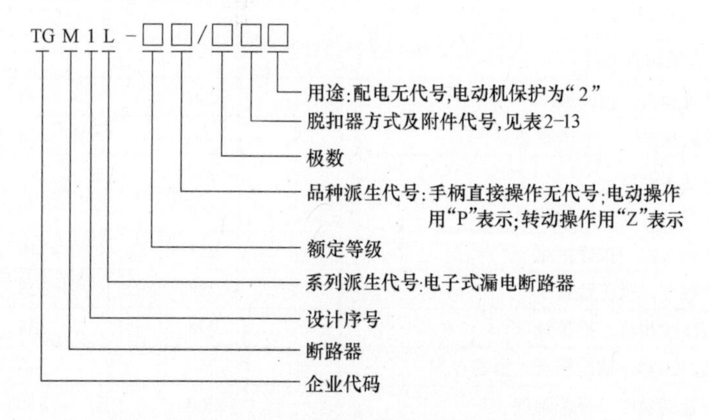

图 2-7 TGM1L 系列漏电断路器的型号及其含义

TGM1L 系列漏电断路器的脱扣器方式及附件代号见表 2-13。

表 2-13 TGM1L 系列漏电断路器的脱扣器方式及附件代号

过电流脱扣器方式	附件名称				
	不带附件	报警触点	分励脱扣器	辅助触点	欠电压脱扣器
瞬时脱扣器	200	208	210	220	230
复式脱扣器	300	308	310	320	330

（2）结构与工作原理。TGM1L 系列漏电断路器主要由操作机构、过电流脱扣器、触点、灭弧室、零序电流互感器、电子组件板、漏电脱扣器、试验装置等组成，安装在一个塑料外壳内。当被保护电路中有漏电或人为触电，且剩余电流达到整定值时，零序电流互感器的二次绕组就输出一个信号，经电子组件板放大，使漏电脱扣器动作切断电源，起到漏电保护或触电保护作用。

（3）主要技术参数。TGM1L 系列漏电断路器的基本规格和技术参数见表 2-14。

用作短路保护的瞬时脱扣器整定电流值为 $10I_n$，具有 ±20% 的准确度。

电动操作机构，应在额定控制电源电压的 85% ~110% 的任意电压值时，均能保证断路器可靠动作。

根据现场的运行需求，漏电情况出现时，有报警不脱扣或漏电报警脱扣的区别。

例如消防用的电梯出现漏电情况时可能只有报警而不脱扣跳闸。消防人员在进入电气火灾的消防现场时，应对漏电的防范有更充分、更专业的安全措施，为了防止停电对消防工作带来影响，所以消防电梯电路出现漏电时可以只报警而不脱扣跳闸。

零序电流互感器的具体应用，是让三相三线制的三条导线或三相四线制的四条导线一起穿过一个零序电流互感器，利用零序电流互感器来检测三相电流的矢量和。当线路上所接的三相负载无接地故障，且不考

分励脱扣器，应在额定控制电源电压的 70% ~110% 的任意电压值时，操作分励脱扣器均能使断路器可靠动作。

表 2-14　TGM1L 系列漏电断路器的基本规格和技术参数

壳架等级额定电流 I_{nm}/A	额定电压 U_e/V	额定频率 /Hz	极数	额定电流 I_n/A	额定剩余动作电流 $I_{\Delta n}$/mA	额定剩余不动作电流	剩余电流动作时间 /s
100	400	50/60	3、4	50/63/80/100	100/200/300/500	0.5 $I_{\Delta n}$	$1I_{\Delta n}$时为 0.2 $2I_{\Delta n}$时为 0.1 $5I_{\Delta n}$时为 0.04
225				100/125/160/180/200/250			
400				225/250/315/350/480			
630				400/500/630			

欠电压脱扣器，当电源电压在额定控制电源电压的 35% ~70% 时，欠电压脱扣器应动作。当低于额定电压的 35% 时，欠电压脱扣器应能防止断路器闭合；当电源电压等于或大于额定电压的 85%，且欠电压线圈在断路器合闸前已经接有该电压时，断路器应能可靠合闸。

TGM1L 系列漏电断路器的机械和电气寿命见表 2-15。

表 2-15　TGM1L 系列漏电断路器的机械和电气寿命

壳架等级额定电流 I_{nm}/A	每小时操作循环次数	操作循环次数		
		通电	不通电	总次数
100	120	1500	8500	10000
225	120	1000	7000	8000
400	60	1000	4000	5000
630	60	1000	4000	5000

2.3　交流接触器

本节介绍的交流接触器是属于低压电器类别的一种电器元件，即它的额定电压等级在交流 1200V 及以下、直流 1500V 及以下。对于更高电压等级，例如工作在 6kV 或 10kV 电压等级的真空接触器，将在以后的章节中给予介绍。

由于产品结构型式、灭弧原理的不同以及多种用途的需要等原

虑线路、电器设备的泄漏电流时，该矢量和应为0，即零序电流 $I_0 = I_A + I_B + I_C = 0$；当某一相发生接地故障或有人触电时，零序电流互感器的二次线圈产生一个感应电流，当感应电流达到额定动作电流时，驱动脱扣机构使断路器跳闸，切断故障电路的电源。

因，交流接触器形成了多品种、多规格的局面。尤其是国外品牌产品的大量涌入，在国内低压电器高端市场中占领了一定的份额。本节主要介绍国内品牌的产品以及采用国际先进技术生产的国内品牌产品。

> 交流接触器的应用极其广泛，生产厂家和型号规格也很多，除了应用在低压电力系统的交流接触器以外，还有可用于 6kV 和 10kV 电力系统的真空接触器。真空接触器与断路器相配合，常用作减压起动元器件的短接、切除开关。

2.3.1　CJ12 系列交流接触器

1. 适用范围

CJ12 系列交流接触器主要用于冶金、电力起重机等电气设备。它适用于交流电压至 380V、50Hz 或 60Hz、电流至 600A 的电力线路，供远距离接通和分断电路之用，并适宜于频繁地起动，停止和反转交流电动机之用。

> CJ12 系列交流接触器的主触点额定电流有 100～600A 等不同规格；主触点有 2 极、3 极、4 极和 5 极等几种；辅助触点有 6 对，额定电流 10A，可以组合成五常开一常闭、四常开二常闭或者三常开三常闭等。

2. 结构特征

CJ12 系列交流接触器的结构为条架平面布置，在一条安装用扁钢上，电磁系统居右，主触点系统居中，辅助触点居左，并装有可转动的停档，整个布置便于监视和维修。接触器的电磁系统由 U 形动、静铁心及吸引线圈组成。动、静铁心均装有缓冲装置，用以减轻电磁系统闭合时的碰撞力，减少主触点的振动时间和释放时的反弹现象。接触器的主触点为单断点串联磁吹结构，配有纵缝式灭弧罩，具有良好的灭弧性能。CJ12 系列交流接触器的外形如图 2-8 所示。

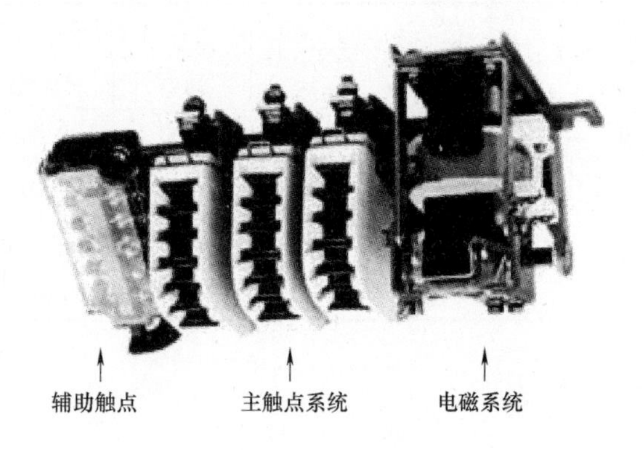

图 2-8　CJ12 系列交流接触器的外形

辅助触点为双断点式，有透明防护罩。

触点系统的动作，靠电磁系统经扁钢传动，整个接触器的易损零部件具有拆装简便和便于维护检修等特点。

CJ12 系列交流接触器的技术数据见表 2-16。

表 2-16　CJ12 系列交流接触器的技术数据

<table>
<tr><th rowspan="2">型号</th><th rowspan="2">额定电流/A</th><th rowspan="2">极数</th><th colspan="2">每小时操作次数</th><th rowspan="2">机械寿命/万次</th><th rowspan="2" colspan="2">主触点寿命/万次</th><th colspan="2">辅助触点</th></tr>
<tr><th>额定容量时</th><th>短时降低容量时</th><th>额定电压/V</th><th>额定电流/A</th></tr>
<tr><td>CJ12-100</td><td>100</td><td rowspan="5">2、3、4、5</td><td rowspan="3">600</td><td rowspan="3">2000</td><td rowspan="3">300</td><td rowspan="3">操作频率为 600 次/h 时，通电持续率为 40%</td><td rowspan="3">15</td><td rowspan="5">交流 380V 或直流 220V</td><td rowspan="5">10</td></tr>
<tr><td>CJ12-150</td><td>150</td></tr>
<tr><td>CJ12-250</td><td>250</td></tr>
<tr><td>CJ12-400</td><td>400</td><td rowspan="2">300</td><td rowspan="2">1200</td><td rowspan="2">200</td><td rowspan="2">操作频率为 300 次/h 时，通电持续率为 40%</td><td rowspan="2">10</td></tr>
<tr><td>CJ12-600</td><td>600</td></tr>
</table>

2.3.2　CJ12B 系列交流接触器

CJ12B 系列交流接触器适用于交流 50Hz、电压 380V 及以下、电流 600A 及以下的电力线路中，供远距离接通和开断电路用。它主要用于冶金、轧钢及起重机等电气设备中，作为频繁起动、停止和反转三相交流电动机用。

> CJ12B 系列交流接触器是 CJ12 系列产品的改进型，CJ12B 系列系列产品具有灭弧性能可靠及飞弧距离小等特点，它的主触点系统为栅片去游离灭弧方式。

2.3.3　CJ20 系列交流接触器

CJ20 系列交流接触器主要适用于交流 50Hz 或 60Hz、额定电压至 660V（1140V）、额定电流至 630A 的电力线路中，供远距离接通分断电路和频繁起动控制三相交流电动机之用。

> CJ20 系列交流接触器可与适当的热继电器或电子式保护装置组合成电磁起动器，以保护电路可能发生的操作过载。

1. CJ20 系列交流接触器的型号的组成及含义

图 2-9 所示为 CJ20 系列交流接触器型号的组成及含义。

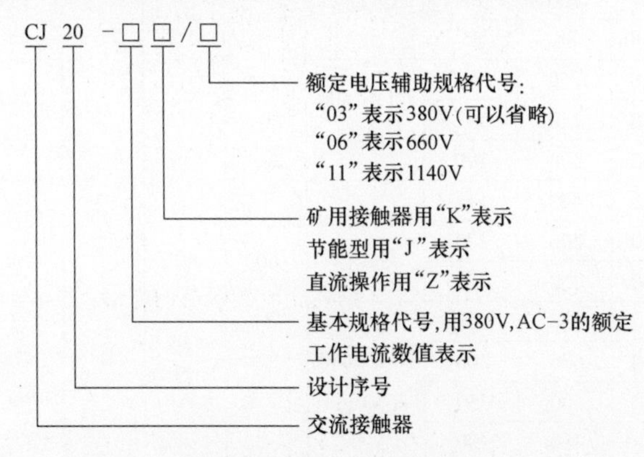

图 2-9　CJ20 系列交流接触器型号的组成及含义

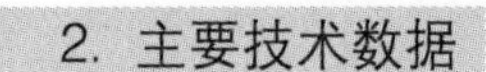

2. 主要技术数据

CJ20 系列交流接触器的主要技术数据见表 2-17。

表 2-17　CJ20 系列交流接触器的主要技术数据

型号	额定电压/V	AC-3 时额定电流/A	AC-3 时控制功率/kW	与熔断器配合型号	AC-3 时电寿命/万次	机械寿命/万次	线圈电压及频率	线圈消耗功率/(V·A/W)	
								起动	吸持
CJ20-10	220	10	2.2	RT16-20(NT00-20)	1000	1000	AC 50Hz：36V、127V、220V、380V DC：48V、110V、220V	65/47.6	8.3/2.5
	380	10	4						
	660	5.2	4						
CJ20-16	220	16	4.5	RT16-32(NT00-32)				62/47.8	8.5/2.6
	380	16	7.5						
	660	13	11						
CJ20-25	220	25	5.5	RT16-50(NT00-50)				93.1/60	13.9/4.1
	380	25	11						
	660	14.5	13						
CJ20-40	220	40	11	RT16-80(NT00-80)				175/82.3	19/5.7
	380	40	12						
	660	25	22						
CJ20-63	220	63	18	RT16-160(NT0)	120	120		480/153	57/16.5
	380	63	30						
	660	40	35						
CJ20-100	220	100	28	RT16-250(NT1)				570/175	61/21.5
	380	100	50						
	660	63	50						
CJ20-160	220	160	48	RT16-315(NT2)				855/325	85.5/34
	380	160	85						
	660	100	85						
	1140	80	85						
CJ20-250	220	250	80	RT16-400(NT2)	60	60		1710/565	152/65
	380	250	132						
	660	200	190						
CJ20-400	220	400	115	RT16-500(NT3)				3578/790	250/118
	380	400	200						
	660	250	220						
CJ20-630	220	630	175	RT16-630(NT3)				3578/790	250/118
	380	630	300						
	660	400	350						
	1140	400	400						

注：AC-3，接触器的使用类别之一，用于笼型异步电动机的起动及运转中分断。

3. 安装使用与维护注意事项

安装前应检查线圈上标注的技术数据如额定电压、频率等是否与准备接入的电源参数相一致。接触器线圈的接线端子标记“A1”应朝上方，符合人们的视觉习惯。接线螺钉应拧紧，检查接线无误后，在主触点不带电的情况下，先使吸引线圈通电分合数次，确定试验动作可靠后，才能投入使用。使用中如发现有不正常噪声，可能是铁心极面上有污物，应及时清理干净。

2.3.4　CJX2 系列交流接触器

1. 适用范围

CJX2 系列交流接触器，主要用于交流 50Hz 或 60Hz，额定工作电压至 660V，在 AC-3 使用类别下、额定工作电流至 95A 的电路中，供远距离接通和分断电路之用，并可与适当的热过载继电器组成电磁起动器，以保护可能发生操作过载的电路。接触器适宜于频繁地起动和控制交流电动机。

2. 结构特点

接触器本体在 32A 及以下规格中配置有一对常开或常闭辅助触点，在 40A 及以上规格中配置有一对常开辅助触点和一对常闭辅助触点（四极主触点除外）。此外，接触器可以采用积木方式顶挂 F4 辅助触点组（两对或四对，F4 辅助触点组型号及含义见图 2-10）、F5 空气延时头（型号及含义见图 2-11）以及侧挂 NCF1 辅助触点组（型号及含义见图 2-12），配合热继电器等附件组成多种派生产品。

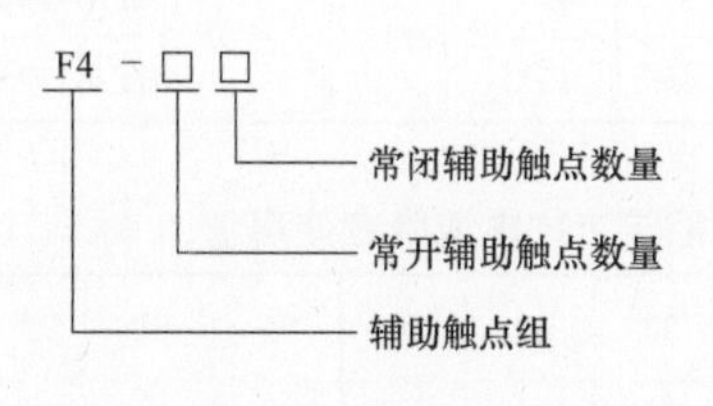

图 2-10　F4 辅助触点组型号及含义

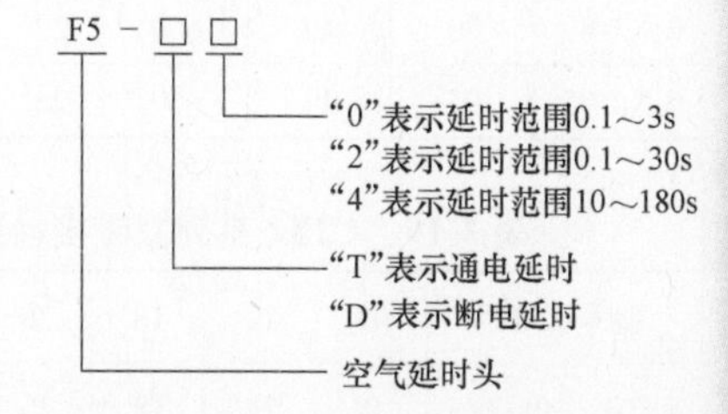

图 2-11　F5 空气延时头型号及含义

CJX2 系列交流接触器的主要技术性能指标见表 2-18。

3. 安装接线注意事项

接线时应注意接线端子标记：1/L1、3/L2、5/L3 为主电路进

CJX2 系列交流接触器是国内厂家根据法国 TE 公司 LCI－D 系列接触器的结构原理改进而成的，完全可以替代进口产品，具有技术先进、价格经济合理的特点。

CJX2 系列交流接触器在结构上有其独到之处，它可以采用积木方式顶挂两对或四对 F4 型辅助触点组，这些辅助触点的常开或常闭类型可以根据需要自行确定。还可悬挂 F5 空气延时头，延时头可以是通电延时型或断电延时型，延时时长可在 0.1 ~ 180s 之间选定。

除了顶挂以外，该型接触器也能侧挂 NCF1 辅助触点组，进一步拓展了应用的灵活性。

线端，2/T1、4/T2、6/T3 为主电路出线端。21、22 为常闭辅助接线端，13、14 为常开辅助接线端。检查接触器线圈上的技术数据应与所连接的电源相符，并注意线圈有两个“A2”接线端，可选任意一个 A2 端与 A1 端共同接入电源即可。

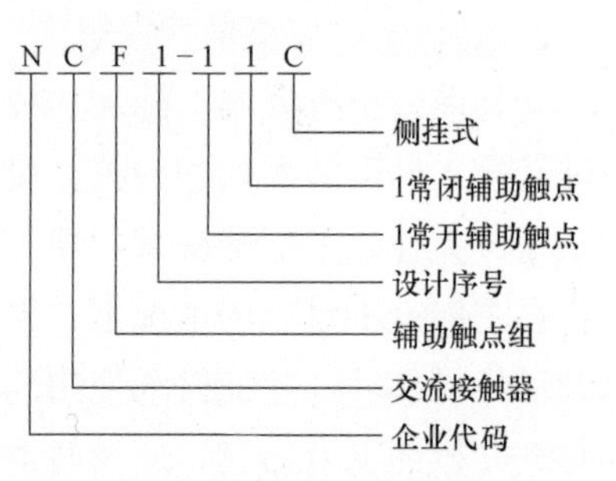

图 2-12　NCF1 辅助触点组型号含义

为了方便使用、减小设备空间，CJX2 系列交流接触器可与 NR2 系列热过载继电器直接挂接使用，但应注意此时接触器的额定工作电流应降容使用，见表 2-19。

CJX2 系列交流接触器可与 NR2 系列热继电器直接挂接使用，组成带过载保护的电动机起动控制电路，从而减小控制电路的空间占用。

表 2-18　CJX2 系列交流接触器的主要技术性能指标

<table>
<tr><th rowspan="2">型号</th><th colspan="2">额定工作电流/A</th><th rowspan="2">额定绝缘电压/V</th><th colspan="3">可控电动机功率/kW</th><th rowspan="2">机械寿命/万次</th><th rowspan="2">电寿命/万次</th><th rowspan="2">配用熔断器型号</th></tr>
<tr><th>380V</th><th>660V</th><th>220V</th><th>380V</th><th>660V</th></tr>
<tr><td>CJX2-09</td><td>9</td><td>6.6</td><td>660</td><td>2.2</td><td>4</td><td>5.5</td><td rowspan="4">1000</td><td rowspan="4">100</td><td rowspan="2">RT16-20</td></tr>
<tr><td>CJX2-12</td><td>12</td><td>8.9</td><td>660</td><td>3</td><td>5.5</td><td>7.5</td></tr>
<tr><td>CJX2-18</td><td>18</td><td>12</td><td>660</td><td>4</td><td>7.5</td><td>10</td><td>RT16-32</td></tr>
<tr><td>CJX2-25</td><td>25</td><td>18</td><td>660</td><td>5.5</td><td>11</td><td>15</td><td>RT16-40</td></tr>
<tr><td>CJX2-32</td><td>32</td><td>21</td><td>660</td><td>7.5</td><td>15</td><td>18.5</td><td rowspan="4">800</td><td rowspan="2">80</td><td>RT16-50</td></tr>
<tr><td>CJX2-40</td><td>40</td><td>34</td><td>660</td><td>11</td><td>18.5</td><td>30</td><td>RT16-63</td></tr>
<tr><td>CJX2-50</td><td>50</td><td>39</td><td>660</td><td>15</td><td>22</td><td>37</td><td rowspan="4">60</td><td rowspan="2">RT16-80</td></tr>
<tr><td>CJX2-65</td><td>65</td><td>42</td><td>660</td><td>18.5</td><td>30</td><td>37</td></tr>
<tr><td>CJX2-80</td><td>80</td><td>49</td><td>660</td><td>22</td><td>37</td><td>45</td><td rowspan="2">600</td><td>RT16-100</td></tr>
<tr><td>CJX2-95</td><td>95</td><td>49</td><td>660</td><td>25</td><td>45</td><td>45</td><td>RT16-125</td></tr>
</table>

表 2-19　CJX2 系列交流接触器额定工作电流降容使用值

型号 CJX2	09	12	18	25	32	40	50	65	80	95
额定工作电流/A	9	12	18	25	32	40	50	65	80	95
降容使用电流/A	6	9	12	18	25	32	40	50	65	80

2.3.5　CJT1 系列交流接触器

20 世纪 80～90 年代，我国大量使用的交流接触器有 CJ0、CJ8、CJ10 等系列的产品，由于采用的技术标准较低，因此其体积

较大、寿命较短、安全性能较低，已经逐渐退出了市场，取而代之的是采用国内、国际先进技术生产的新型产品，CJT1 系列交流接触器就是 CJ10 系列接触器的升级换代产品。

CJT1 系列交流接触器主要用于交流 50Hz 或 60Hz、额定电压 380V、电流至 150A 的电力系统中用作远距离接通和断开电路，并与适当的热继电器或电子式保护装置组合成电动机起动器，以保护可能发生过载的电路。

1. 产品的型号和含义

CJT1 系列交流接触器的型号和含义如图 2-13 所示。

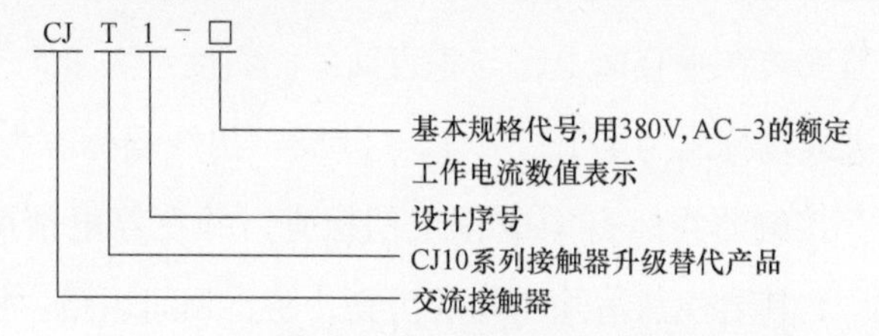

图 2-13　CJT1 系列交流接触器的型号和含义

2. 基本参数与使用类别代号

CJT1 系列交流接触器的基本参数见表 2-20。

接触器主电路和辅助电路通常选用的使用类别代号见表 2-21。这些关于使用类别的说明在其他型号规格的接触器中同样适用。

表 2-20　CJT1 系列交流接触器的基本参数

型号规格	额定绝缘电压/V	额定工作电压/V	额定工作电流/A	可控制电动机功率/kW
CJT1-10	380	220	10	2.2
		380		4
CJT1-20		220	20	5.8
		380		10
CJT1-40		220	40	11
		380		20
CJT1-60		220	60	17
		380		30
CJT1-100		220	100	28
		380		50
CJT1-150		220	150	43
		380		75

CJT1 系列交流接触器是 CJ10 系列接触器的升级换代产品，主电路最大控制电流可达 150A。与适当的热继电器或电子式保护装置可以组合成电动机起动器，以保护可能发生过载的电路。

所谓电动机起动器，就是将控制按钮、交流接触器、热继电器组合在一起并安装在一个壳体内，构成一个可独立使用的电动机起动控制器，

接触器应安装在垂直面上，即与建筑物四壁相类似的立面平面上。当然这个平面允许不连续，可以是由开关柜中电器梁决定的平面。

CJ19系列接触器是专门用来切换电容器用的一种接触器，它在结构上比较特殊，合闸瞬间先将具有一定电阻值的电阻丝串联进补偿电容器的电源回路中，用于限制合闸涌流，待补偿电容器适当充电后，上述电阻丝被短路，电源导线直接与补偿电容器的接线端子相连接。

CJ19系列接触器能有效地减小合闸涌流对电容器的冲击，并抑制开断时的过电压。

表2-21　接触器主电路和辅助电路通常选用的使用类别代号

电路	使用类别代号	典型用途举例
主电路	AC-1	无感或微感负载，电阻炉
	AC-2	绕线转子异步电动机的起动和分断
	AC-3	笼型异步电动机的起动、运转与分断
	AC-4	笼型异步电动机的起动、反转制动或反向运转、点动
辅助电路	AC-15	控制交流电磁铁负载
	DC-13	控制直流电磁铁

3. 安装使用注意事项

安装前应对接触器进行检查，确认零部件无有损伤、性能良好。接触器安装在垂直面上，与垂直面的倾斜度不大于5°。接触器主电路进线端标志为1/L1、3/L2、5/L3，出线端标志为2/T1、4/T2、6/T3。接触器在运行中应作定期检查，并在停电情况下清除灰尘污物，尤其要注意清除相间的污物，防止相间短路。铁心极面的污物及灭弧罩内的碳化物、金属颗粒也应及时清除。

2.3.6　CJ19系列切换电容器接触器

异步电动机属于感性负载，运行中的电动机功率因数一般在0.8或稍高一些的水平上。这样电力系统与运行着的电动机之间就有相当容量的无功功率被占用，增加了输配电系统的线路损耗，降低了负载侧的有效运行电压，减小了供电系统的供电能力。对此，从节能减排和提高经济效益角度出发，要求无功功率在负载中心地区就地补偿，提高功率因数。对感性负载进行无功补偿的方法就是在负载侧并联电力电容器。但是，电力电容器在接入电路的瞬间有相当于额定电流数十倍的合闸涌流，特别是当已经接在电路中的电容器对新投入电容器进行放电时，情况更为严重，电流峰值有时可达到电容器额定电流的100倍。将电力电容器接入电路实现补偿的优选开关器件就是切换电容器专用接触器，例如CJ19系列切换电容器接触器。专用接触器在电容器合闸时可以有效地抑制涌流，对补偿装置的安全运行、延长接触器及电容器的使用寿命起着重要的作用。所以，正确选择切换电容器的接触器非常重要。

1. 适用范围

CJ19系列切换电容器接触器主要用于交流50Hz或60Hz、额定

工作电压至380V 的电力线路中，供低压无功功率补偿设备投入或切除低压并联电容器之用。接触器带有抑制涌流装置，能有效地减小合闸涌流对电容器的冲击和抑制开断时的过电压。

2. 结构特征和主要参数

接触器为直动式双断点结构，触点系统分上下两层布置，上层有三对限流触点与限流电阻构成抑制涌流装置。当合闸时它首先接通，经数毫秒之后工作触点接通，限流触点中永久磁铁在弹簧反作用下释放，断开限流电阻，使电容器正常工作。CJ19-25～43 的接触器有两对辅助触点，CJ19-63～95 的接触器有三对辅助触点。接触器接线端有绝缘罩覆盖，安全可靠。线圈接线端标记有电压数据，可防止接错。CJ19-25～43 接触器可用螺钉安装，也可借底部的滑块扣装在 35mm 标准安装轨上。CJ19-63～95 可用 35mm 或 75mm 标准卡轨安装。CJ19 系列接触器的主要技术参数见表 2-22。

表 2-22　CJ19 系列接触器的主要技术参数

参数名称		CJ19-25	CJ19-32	CJ19-43	CJ19-63	CJ19-95
电寿命/万次		10	10	10	10	10
额定电流 I_n/A		17	23	29	43	63
可控电容器容量/kvar	220V	6	9	10	15	22
	380V	12	18	20	30	40
额定绝缘电压 U_s/V		500	500	500	500	500
抑制涌流能力		$20I_n$	$20I_n$	$20I_n$	$20I_n$	$20I_n$
动作条件		吸合:(85%～110%)U_s;释放:(20%～75%)U_s				
线圈起动/保持功率/VA		70/8	110/11	110/11	200/20	200/20
辅助触点控制容量		AC15:360VA;DC13:33W				
质量/kg		0.44	0.63	0.64	1.4	1.5

CJ19 系列接触器的型号组成及含义如图 2-14 所示，外形如图 2-15 所示。接触器内部电路连接如图 2-16 所示，图中示出的是 CJ19-63、CJ19-95 的内部电路连接，它比同系列其他较小规格的接触器多了一副辅助触点，即有三对辅助触点，各触点都有相对固定的数字标号。

3. 其他型号的切换电容器接触器简介

可用于切换电容器的接触器型号很多，除了上面介绍的 CJ19 外，CJX2-kd 型就是其中一种。该接触器主要适用于交流 50Hz 或 60Hz，

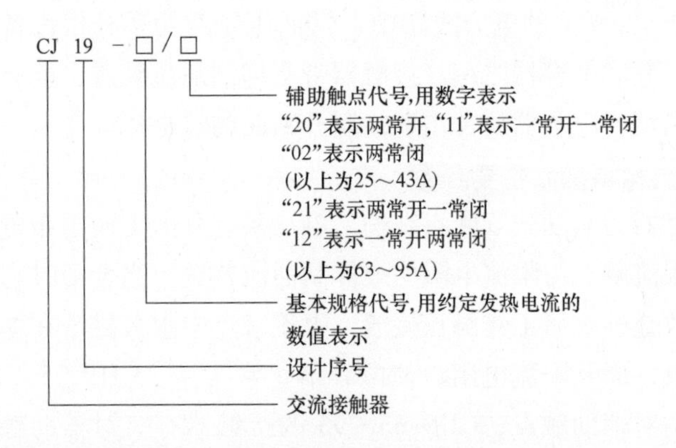

图 2-14 CJ19 系列接触器的型号组成及含义

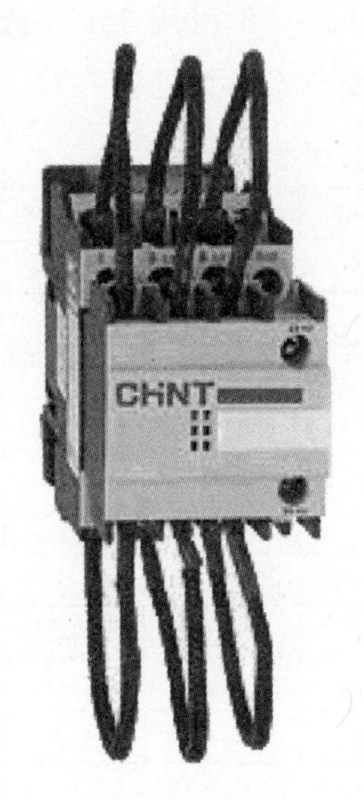

图 2-15 CJ19 接触器外形图

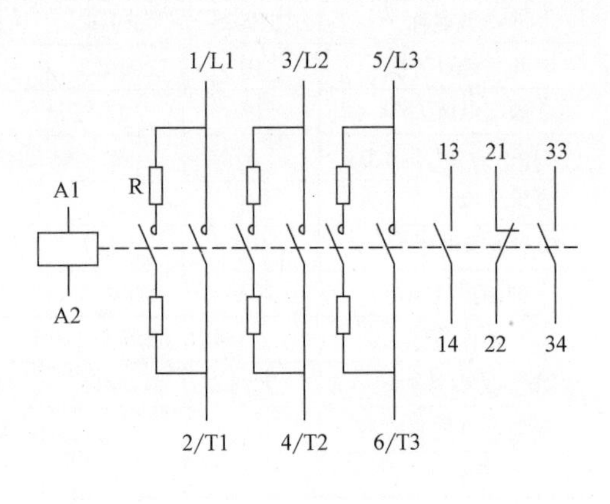

图 2-16 CJ19 系列接触器内部电路连接

注：R 为限流电阻

可用于切换补偿电容器的交流接触器，除了 CJ19 系列外，还有 CJX2 - kd 型、CJ149 系列的接触器，它们的基本功能相同，可根据应用需求和市场资源灵活选用。

额定绝缘电压至 690V，在 AC-6b 使用类别下，额定工作电压为 400V 时，额定工作电流至 87A 的低压控制设备中，通断低压无功功率补偿用的电容器组，用以调整电力系统的功率因数（cosϕ）值。接触器附有抑制涌流装置，能有效地减少合闸涌流对电容器组的冲击和降低操作过电压，可以替代同类国外进口产品和国内传统产品。CJX2-kd 系列切换电容器的接触器由一台 CJX2 系列交流

接触器，一套转换触点组和六根阻流电阻线等组成。转换触点组挂接在 CJX2 系列接触器的上方，主触点系统分上、下两层布置，上主触点 3 对接通瞬间（5～9ms）后自行断开复位，下主触点 3 对继续闭合。接触器具有两对或三对辅助触点组：出厂一般为一常开和一常闭（CJX2-25kd～40kd），或两常开和一常闭（CJX2-50kd～125kd）。

CJ149 系列是另一种可用于切换电容器的接触器，适用于交流 50Hz 或 60Hz、额定电压 380V，投切电容量为 60kvar 以下的无功功率补偿装置中，用来接通和分断电容器所在电路。能有效地抑制电容器合闸时出现的涌流，并能与热过载继电器组成单元以保护可能发生的操作过电流。该接触器采用专利技术，在电容器合闸时首先闭合串联有限流电阻的主电路，用以限制电容器的合闸涌流；若干毫秒后，直通主触点接通，限流电阻退出运行。电容器断电时，接触器同样能够起到良好的保护作用。

2.4　刀开关

刀开关几乎是每一台电动机起动控制电路中不可缺少的电工器件，主要用作隔离开关。在设备停运或检修时，拉开刀开关，可给我们提供一个眼睛看得见的电路断开点，以确保安全。

刀开关有单投刀开关（图 2-17）和双投刀开关（图 2-18）等。

双投刀开关有时用作市电与自备电源的切换，也可用于电动机正反转时的电源换相手动切换。

2.4.1　HD、HS 系列开启式刀开关及刀型转换开关

HD 系列开启式刀开关和 HS 系列刀型转换开关，其额定电压为交流 50Hz、380V，额定电流 100～1500A，在工业企业配电设备中，作为不频繁地手动接通和切断或隔离电源之用。其中，HD 系列属于单投刀开关，其外形如图 2-17 所示；HS 系列属于双投刀开关，其外形如图 2-18 所示。中央手柄式的单投和双投刀开关主要用于动力站，不切断带有电流的电路，作为隔离开关之用。侧面操作手柄式刀开关，主要用于动力箱中。中央正面杠杆操作机构刀开关主要用于正面操作、后面维修的开关柜中，操作机构装在正前方。侧方正面杠杆操作机构式刀开关主要用于正面操作、前面维修的开关柜中，操作机构可以在柜的两侧安装。

1. 型号组成及主要参数

图 2-19 所示为开启式刀开关及刀型转换开关的型号组成及其含义。

图 2-17　单投刀开关外形

图 2-18　双投刀开关外形图

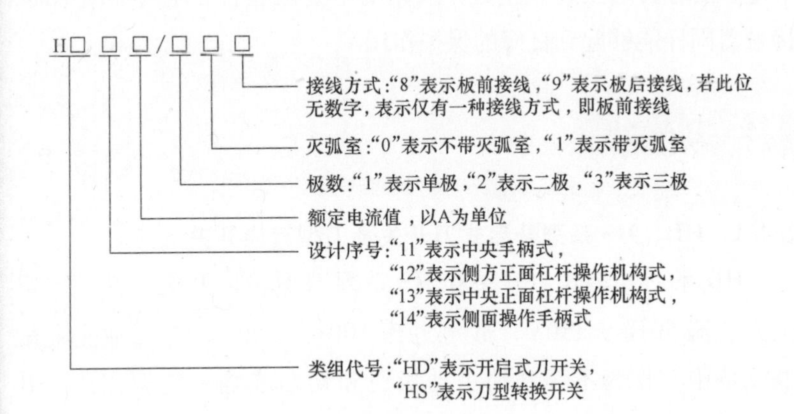

图 2-19　开启式刀开关及刀型转换开关型号组成及其含义

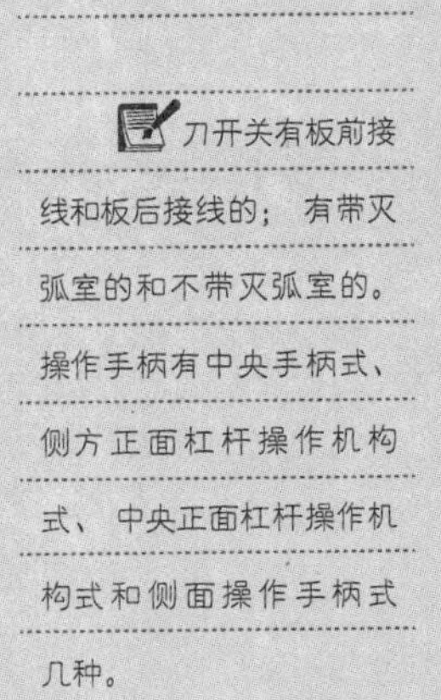

刀开关有板前接线和板后接线的；有带灭弧室的和不带灭弧室的。操作手柄有中央手柄式、侧方正面杠杆操作机构式、中央正面杠杆操作机构式和侧面操作手柄式几种。

开启式刀开关、刀型转换开关的主要技术参数见表 2-23。

2. 结构简介

带有杠杆操作机构的刀开关，用来切断额定电流的均装有灭弧室，以保证分断电路时的安全可靠。手柄操作式的 HD11、HS11 系列刀开关及不带灭弧室的其他刀开关不允许带负荷操作。刀开关额定电流为 100～400A 的采用单刀片（见图 2-17）；额定电流为 600～1500A 的采用双刀片（见图 2-18）。触点压力均由两侧加装片状弹簧保证。灭弧室由绝缘板和钢板栅片拼铆而成。灭弧室安装

表 2-23　开启式刀开关、刀型转换开关的主要技术参数

额定工作电流 I_n/A	额定工作电压 U_n/V	额定绝缘电压/V	短时耐受电流/kA
100	交流 380	500	≥1.2
200			≥2.4
400			≥4.8
600			≥7.2
1000			≥12
1500			≥18
2000			≥24
2500			≥30
3000			≥36

时，扣紧在弹簧卡子的支架上，安装和拆卸极为方便。不同规格的刀开关及刀型转换开关均采用同一形式的传动机构。传动机构具有明显的分合指示和可靠的定位装置。主要供开关板上安装使用的中央正面杠杆操作刀开关及刀型转换开关，为了便于开关板的设计和安装，200～1500A 的纵向安装尺寸皆相同。

3. 安装及调整

（1）具有操作杠杆的刀开关及刀型转换开关，安装时调整传动机构与其牵引杆在同一垂直面上使得触点同步性误差不大于 2mm。

（2）调整传动机构式刀开关及刀型转换开关的上下位置，使其触点合闸时牵引杆成水平位置。

（3）灭弧室应牢靠地扣紧在弹簧卡子的支架上。

（4）安装完毕后，应在不通电的情况下进行几次空操作，检查刀开关及刀型转换开关是否能正确合闸以及可靠定位。

2.4.2　熔断器式刀开关

熔断器式刀开关是熔断器和刀开关的组合电器，具有熔断器和刀开关的基本性能。

1. HR3 系列熔断器式刀开关

HR3 系列熔断器式刀开关适用于交流 50Hz、380V，额定电流至 1000A 的配电系统中作为短路保护和电缆、导线的过载保护之用。在正常情况下，可供不频繁地手动接通和分断正常电流与过载电流，在短路情况下，由熔断体熔断来切断电流。

熔断器式刀开关兼具熔断器和刀开关的基本性能。

HR3 系列熔断器式刀开关可供不频繁地手动接通和分断正常电流，也能分断一定倍数的过载电流，在短路情况下，由熔断体熔断来切断电流。

HR3 系列熔断器式刀开关的品种规格型号见表 2-24。

HR3 系列熔断器式刀开关配用的熔断体规格见表 2-25。

HR3 系列熔断器式刀开关的主体部分外形如图 2-20 所示。

表 2-24　HR3 系列熔断器式刀开关的品种规格型号

约定发热电流/A	交流 380V/三极			
	HR3 正面侧方杠杆传动机构式	HR3 正面中央杠杆传动机构式	HR3 侧面操作手柄式	HR3 无面板侧方杠杆传动机构式
100	HR3-100/31	HR3-100/32	HR3-100/33	HR3-100/34
200	HR3-200/31	HR3-200/32	HR3-200/33	HR3-200/34
400	HR3-400/31	HR3-400/32	HR3-400/33	HR3-400/34
600	HR3-600/31	HR3-600/32	HR3-600/33	HR3-600/34
1000	HR3-1000/31	HR3-1000/32	HR3-1000/33	HR3-1000/34

表 2-25　HR3 系列熔断器式刀开关配用的熔断体规格

型号	额定工作电压 U_n/V	额定绝缘电压 U_i/V	额定工作电流 I_n/A	配用熔断体
HR3-100/31	380	660	100	RT0-100
HR3-200/31			200	RT0-200
HR3-400/31			400	RT0-400
HR3-600/31			600	RT0-600
HR3-1000/31			1000	RT0-1000

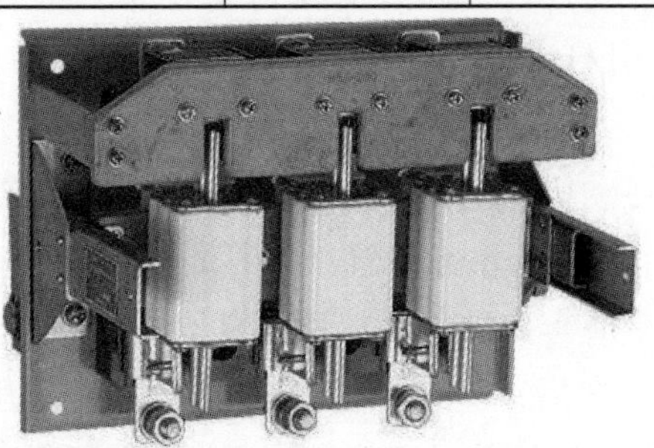

图 2-20　HR3 系列熔断器式刀开关的主体部分外形

> 图 2-20 中白色方形的结构件是熔断器的熔体。
>
> NHR17 系列熔断器式刀开关在有高短路电流的配电系统和电动机中，用作电源开关、隔离开关和应急开关，并作电路保护之用。
>
> 一般不将该开关用作直接开闭电动机之用。

2. NHR17 系列熔断器式刀开关

NHR17 系列熔断器式刀开关是具有先进技术水平的产品。其额定绝缘电压为 800V，额定工作电压至 690V，额定工作电流至 630A，额定频率 50Hz。

结构特点：

（1）NHR17 系列熔断器式刀开关（隔离开关）的安装底座与外壳均采用塑料制造，且设计有防触电罩，因此该系列开关具有结

构紧凑、重量轻、操作可靠、安全、安装方便、外形美观等优点。

（2）开关上安装了微动开关，给开关闭合和断开的指示电路提供电源转换。

NHR17系列熔断器式刀开关（隔离开关）的型号组成及其含义如图2-21所示。

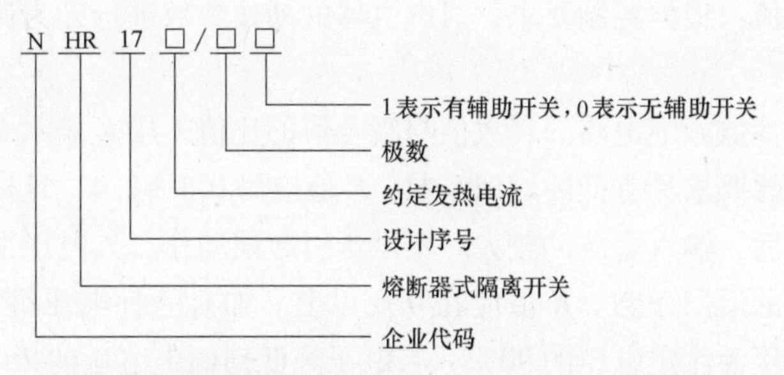

图2-21　NHR17系列熔断器式刀开关的型号组成及其含义

2.5　电磁式继电器

继电器是一种将电量或非电量信号转化为电磁力（有触点式）或输出状态的阶跃变化（无触点式），并促使同一电路或另一电路中的其他器件或装置动作的一种控制元件。用在各种控制电路中完成信号传递、放大、转换、联锁等功能，以控制主电路和辅助电路中的器件或设备按预定的动作程序进行工作，实现自动控制和保护的目的。

任何一种继电器都具有两个基本机构，一是能反应外界输入信号的感应机构；二是对被控电路实现通、断控制的执行机构。感应机构又由变换机构和比较机构组成，其中变换机构将输入的电量或非电量变换成适合执行机构动作的某种特定物理量，如电磁式继电器中的铁心和线圈，能将输入的电压或电流信号变换为电磁力；比较机构用于对输入量的大小进行判断，当输入量达到规定值时才发出命令使执行机构动作，例如电磁式继电器中的返回弹簧，由于事先的压缩产生了一定的预压力，使得只有当电磁力大于此力时触点系统才动作。而继电器的执行机构，对有触点继电器就是触点的接通与断开，对无触点的固体继电器则利用晶体管的截止、饱和两种状态来实现对电路的通断控制。

任何一种继电器都具有两个基本机构：能反应外界输入信号的感应机构和对被控电路实现通、断控制的执行机构。

2.5.1　电磁式继电器的主要参数

额定参数：继电器的线圈和触点在正常工作时允许的电压值或电流值称为继电器额定电压或额定电流。

动作参数：继电器的吸合值与释放值。对于电压继电器有吸合电压和释放电压；对于电流继电器有吸合电流与释放电流。

整定值：根据控制要求，对继电器的动作参数进行人为调整的数值。

返回参数：继电器的释放值与吸合值的比值，用K表示。如对一般继电器要求具有低的返回系数，K值应为0.1~0.4，这样当继电器吸合后，输入量波动较大时不至于引起误动作。欠电压继电器则要求高的返回系数，K值应在0.6以上。如有一种电压继电器，其吸合电压为额定电压的90%，当电压降低到额定电压的75%时，继电器就释放，起到欠电压保护的作用，则这种电压继电器的返回系数$K=0.75/0.90=0.83$。返回系数反映了继电器吸力特性与反力特性配合的紧密程度，是电压继电器和电流继电器的主要参数。

继电器的返回系数可以调节。方法是调节释放弹簧或调节铁芯与衔铁之间非磁性垫片的厚度来实现。

动作时间：动作时间包括吸合时间和释放时间。吸合时间是指从线圈接受电信号起，到衔铁完全吸合止所需的时间；释放时间是从线圈断电到衔铁完全释放所需的时间。一般电磁式继电器动作时间为0.05~0.2s，动作时间小于0.05s的为快速动作继电器，动作时间大于0.2s的为延时动作继电器。

2.5.2　电磁式电压继电器与电流继电器

当电磁式继电器线圈输入的是电压信号时，为电压继电器；当线圈输入的是电流信号时为电流继电器。两种继电器在结构上的区别主要在线圈上，电压继电器的线圈匝数多，导线细；电流继电器的线圈匝数少，导线粗。

电压继电器对电压的波动比较敏感，而电流继电器则对电流的波动敏感。

电压继电器线圈并联在电路中，用来反映电路电压的高低，触点的动作与其线圈电压大小直接相关，在电力拖动控制系统中起电压保护和控制作用。根据吸合电压与额定电压之间的大小关系可分为过电压继电器和欠电压继电器。

1. 过电压继电器

在电路中用于过电压保护。当线圈为额定电压时，衔铁不吸合，只有线圈电压高于其额定电压时，衔铁才吸合动作。交流过电

压继电器吸合电压调节范围为（1.05～1.2）倍的额定电压 U_n。

2. 欠电压继电器

在电路中用于欠电压保护。当线圈上连接的线路电压为额定电压或稍低于额定电压时，衔铁吸合，而当线圈电压很低时衔铁才释放。一般直流欠电压继电器的吸合电压为额定电压 U_n 的0.3～0.5倍，释放电压为额定电压 U_n 的0.07～0.2倍；交流欠电压继电器的吸合电压与释放电压的调节范围分别为（0.6～0.85）U_n 和（0.1～0.35）U_n。

电压继电器的图形与文字符号如图2-22所示。

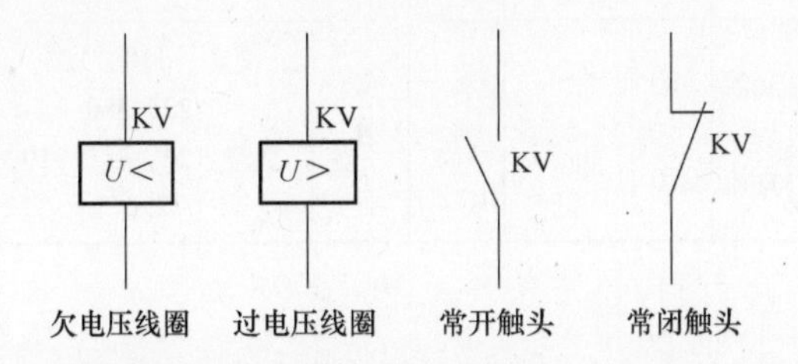

图2-22　电压继电器的图形与文字符号

3. 电流继电器

电磁式电流继电器线圈串接在电路中，用来反映电路电流的大小，触点的动作与否与线圈电流大小直接相关。按吸合电流大小可分为过电流继电器和欠电流继电器。

过电流继电器的线圈即使流过额定电流，衔铁仍处于释放状态而不吸合，当流过线圈的电流超过额定电流一定倍数时，衔铁才被吸合，这时常闭触点断开负载电流的控制电路，进而切断负载电流，保护用电设备。

电流继电器的图形与文字符号如图2-23所示。

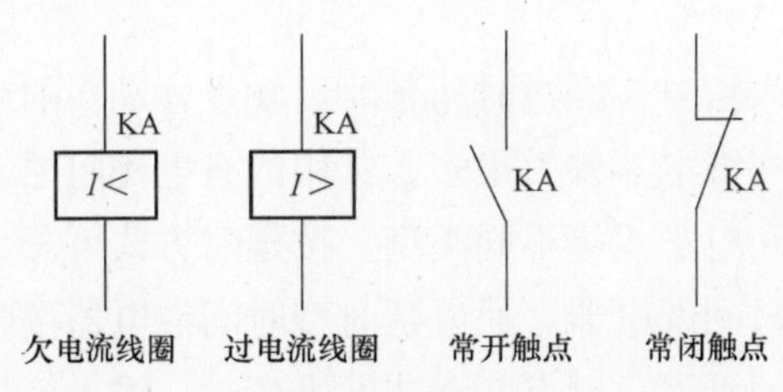

图2-23　电流继电器的图形与文字符号

过电压继电器在线圈上的电压高于额定电压一定倍数时动作，电压调节范围为1.05～1.2倍的额定电压 U_n。其触点用于报警或跳闸。

欠电压继电器线圈上连接的线路电压为额定电压或稍低于额定电压时，衔铁吸合，而当线圈电压很低时衔铁才释放。

交流欠电压继电器的吸合电压一般调整为0.6～0.85倍的额定电压；释放电压的调节范围为额定电压 U_n 的0.1～0.35倍。

欠电流继电器应用于直流电路中，交流电路通常无需欠电流保护。

中间继电器用于放大控制容量，增加触点数量。

中间继电器的型号规格很多，功能用途也各不相同。

2.5.3 常用电磁式中间继电器

电磁式中间继电器是电动机起动与控制电路中不可或缺的电路元件，用于放大控制容量，增加触点数量。常用的电磁式继电器有JZ7、JDZ2、JZ14等系列，进口产品有3TH系列和MA406N系列等中间继电器。其中JZ14系列中间继电器的型号、规格和技术数据见表2-26，型号组成及其含义如图2-24所示。

表2-26 JZ14系列中间继电器的型号、规格和技术数据

型号	电压性质	触点电压/V	触点额定电流/A	触点组合		吸引线圈电压/V	吸引线圈功耗	通电持续率(%)
				常开	常闭			
JZ14-□□J/□	交流	380	5	6 4 2	2 4 6	交流：110，127，220，380	10VA	40
JZ14-□□Z/□	直流	220				直流：24，48，110，220	7W	

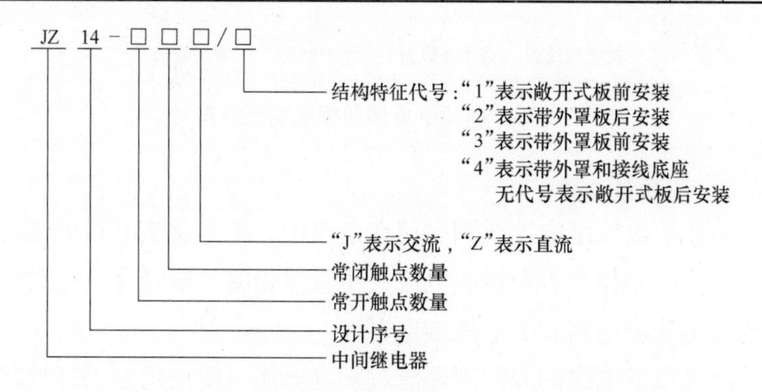

图2-24 JZ14系列中间继电器的型号组成及其含义

2.6 时间继电器

接收到输入信号，经过时间延时后触点才动作的继电器称为时间继电器。时间继电器种类很多，常用的有电磁阻尼式、空气阻尼式、电动机式和电子式等不同类型。按延时方式可分为通电延时型和断电延时型时间继电器。通电延时型时间继电器接收到输入信号并经过一定时间延迟，触点状态才发生变化；输入信号消失后，触点瞬时恢复原始状态。断电延时型时间继电器接收到输入信号后，瞬时产生相应的触点动作；当输入信号消失后，延迟一定时间触点

才复原。时间继电器的图形符号和文字符号如图 2-25 所示。

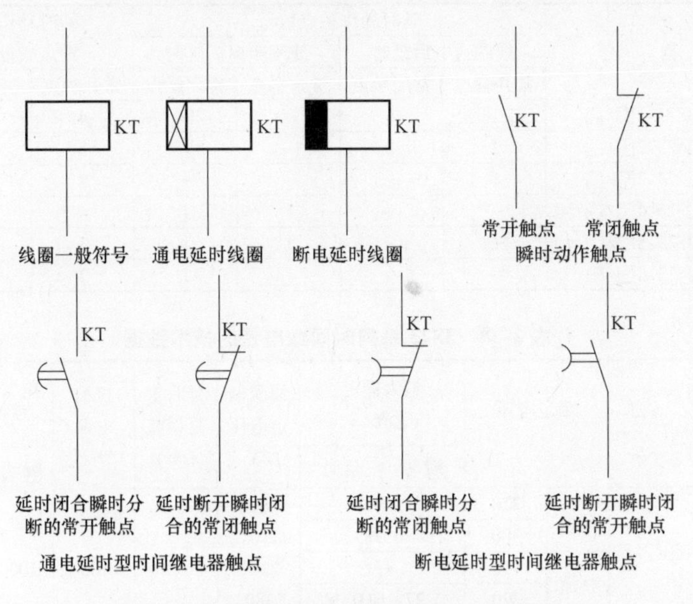

图 2-25　时间继电器的图形符号和文字符号

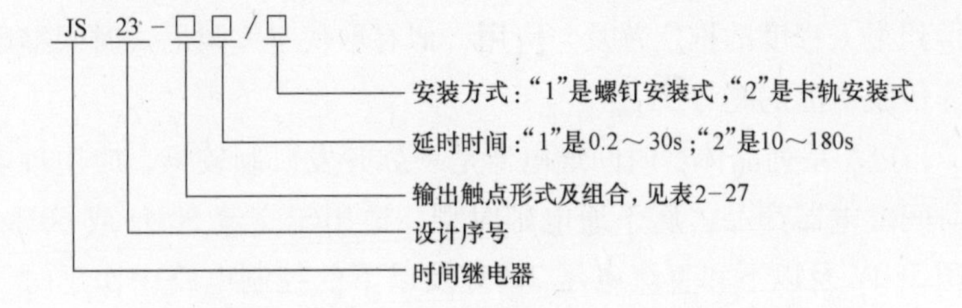

图 2-26　JS23 系列时间继电器的型号组成及含义

2.6.1　空气阻尼式时间继电器

空气阻尼式时间继电器由电磁机构、延时机构和触点系统三部分组成，它是利用空气阻尼原理达到延时目的。延时方式有通电延时型和断电延时型两种，两者之间的外观区别在于，衔铁位于铁心和延时机构之间的为通电延时型；铁心位于衔铁和延时机构之间的为断电延时型。

空气阻尼式时间继电器应用较多的有 JS7、JS23、JSK 系列时间继电器。其中 JS23 系列时间继电器的型号组成及含义如图 2-26 所示，输出触点形式及其组合见表 2-27，技术数据见表 2-28。

时间继电器有通电延时型和断电延时型，前者是线圈通电开始延时，延时结束相应触点动作。后者是线圈断电开始延时，延时结束相应触点动作。

空气阻尼式时间继电器使用历史比较久远，其触点形式有通电延时型、断电延时型，也可能含有瞬时动作触点。

表 2-27　JS23 系列时间继电器的输出触点形式及其组合

<table>
<tr><th rowspan="3">型　号</th><th colspan="4">延时动作触点数量</th><th colspan="2" rowspan="2">瞬时动作触点数量</th></tr>
<tr><th colspan="2">线圈通电后延时</th><th colspan="2">线圈断电后延时</th></tr>
<tr><th>常开触点</th><th>常闭触点</th><th>常开触点</th><th>常闭触点</th><th>常开触点</th><th>常闭触点</th></tr>
<tr><td>JS23-1□/□</td><td>1</td><td>1</td><td>—</td><td>—</td><td>4</td><td>0</td></tr>
<tr><td>JS23-2□/□</td><td>1</td><td>1</td><td>—</td><td>—</td><td>3</td><td>1</td></tr>
<tr><td>JS23-3□/□</td><td>1</td><td>1</td><td>—</td><td>—</td><td>2</td><td>2</td></tr>
<tr><td>JS23-4□/□</td><td>—</td><td>—</td><td>1</td><td>1</td><td>4</td><td>0</td></tr>
<tr><td>JS23-5□/□</td><td>—</td><td>—</td><td>1</td><td>1</td><td>3</td><td>1</td></tr>
<tr><td>JS23-6□/□</td><td>—</td><td>—</td><td>1</td><td>1</td><td>2</td><td>2</td></tr>
</table>

表 2-28　JS23 系列时间继电器的技术数据

<table>
<tr><th rowspan="2">型　号</th><th colspan="2" rowspan="2">额定电压/V</th><th colspan="2">最大额定电流/A</th><th rowspan="2">线圈额定电压/V</th><th rowspan="2">延时重复误差（%）</th><th rowspan="2">机械寿命/万次</th><th colspan="2">电气寿命/万次</th></tr>
<tr><th>瞬动</th><th>延时</th><th>瞬动</th><th>延时</th></tr>
<tr><td rowspan="4">JS23-□□/□</td><td rowspan="2">交流</td><td>220</td><td colspan="2">—</td><td rowspan="4">交流 110，220，380</td><td rowspan="4">≤9</td><td rowspan="4">100</td><td rowspan="4">100</td><td rowspan="4">50</td></tr>
<tr><td>380</td><td colspan="2">0.78</td></tr>
<tr><td rowspan="2">直流</td><td>110</td><td colspan="2">—</td></tr>
<tr><td>220</td><td>0.27</td><td>0.14</td></tr>
</table>

2.6.2　晶体管时间继电器

随着电子技术和数字电路技术的发展和普及，晶体管时间继电器得到很大程度的推广普及与应用，似有取代空气阻尼式时间继电器等传统产品的趋势。

晶体管时间继电器具有工作稳定可靠、延时精度高、延时范围广、输出接点容量较大的特点，延时时间可采用数字显示，调节的方法简单直观。

JS14A 系列晶体管时间继电器是一款开发研制较早、应用较多的时间继电器产品，属于通电延时型，适用于交流 50Hz 或 60Hz、电压 380V 及以下和直流电压 220V 及以下的控制电路中作延时元件，按预定的时间接通或开断电路。广泛应用于电力拖动系统、自动程序控制系统以及各种生产工艺过程的自动控制系统中作时间控制用。其型号组成及含义如图 2-27 所示，技术数据见表 2-29。

JS14A 系列晶体管时间继电器的延时时间可短至 1s，可长至 900s。延时时间的可选范围较大，应用比较灵活。

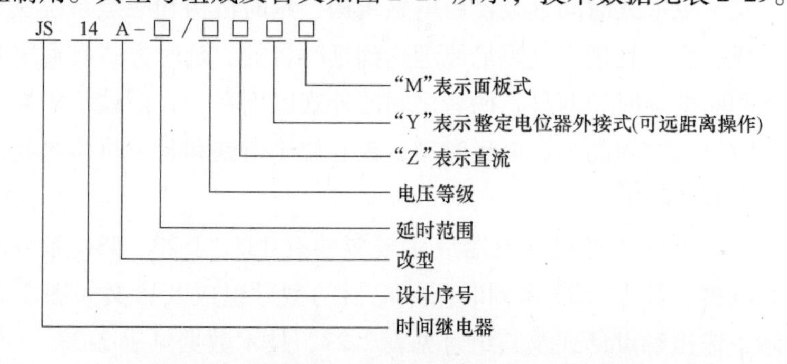

图 2-27　JS14A 系列时间继电器型号组成及含义

表 2-29　JS14A 系列晶体管时间继电器的技术数据

型　号	结构形式	延时范围 /s	工作电压 /V	触点数量		误差（%）		功率消耗
				常开	常闭	重复	综合	
JS14A-□/□	交流装置式	1，5，10，	交流：	2	2	≤±3	≤±10	1.5VA
JS14A-□/□M	交流面板式	30，60，	36，110，	2	2			
JS14A-□/□Y	交流外接式	120，	127，220	1	1			
JS14A-□/□Z	直流装置式	180，	380	2	2			
JS14A-□/□ZM	直流面板式	240，300，	直流：	2	2			
JS14A-□/□ZY	直流外接式	600，900	24	1	1			

JS14A 系列晶体管时间继电器的原理图如图 2-28 所示，工作原理分析如下。变压器 T 一次侧加上额定电压后，继电器进入通电延时程序。变压器的二次电压经二极管 VD1 整流、电容器 C1 滤波后供整个电路用电。电阻 R1 和稳压管 VS 稳压后的直流电压经电位器 RP1、电阻 R3 向电容器 C4 充电。V 是单结晶体管，又称双基极管，当其射极电压达到峰值电压（单结晶体管的一个技术参数）时，射极与基极由截止变为导通。当电容器 C4 被持续充电并达到单结晶体管 V 的峰值电压时，单结晶体管 V 的相应电极瞬间导通，C4 快速放电，在电阻 R4 两端形成一个尖峰脉冲，该脉冲经电阻 R2 触发单向晶闸管 VTH 使其导通，继电器 K 线圈得电动作，它的常开触点 K 闭合（见图 2-28），使继电器 K 的线圈供电得以保持。从变压器 T 一次侧得电开始至继电器 K 触点闭合为止的这段时间就是时间继电器的延时时间。继电器 K 的其他常开或常闭触点（图 2-28 中未画出）可提供给受控电路使用。变压器 T 一次侧的电源切断，继电器 K 释放，时间继电器重新进入准备工作状态。

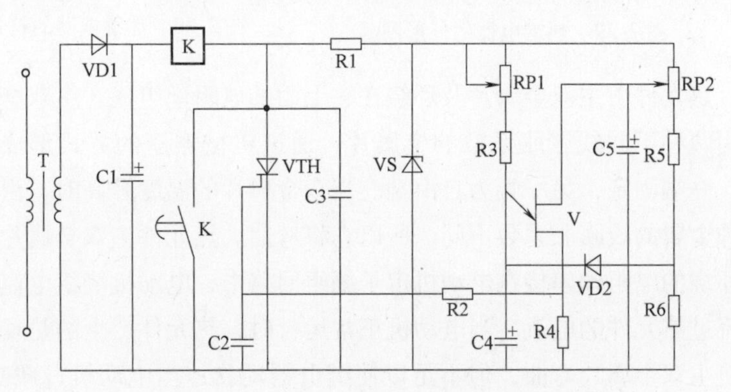

图 2-28　JS14A 系列晶体管时间继电器的原理图

单结晶体管又称双基极管，峰值电压是它的一个重要参数，其定义是，当单结晶体管的射极电压升高至某一电压值时，其射极与基极之间瞬间由截止变为导通状态，这个可使射极与基极瞬间导通的电压值就是峰值电压。

可将一个 RC 充放电电路连接在单结晶体管的射极，当电容器上的充电电压达到峰值电压时，电容器上的电压快速经过导通的单结晶体管的射极、基极放电，并在基极电阻上生成一个尖峰脉冲，可用来触发单向晶闸管。

电子式的时间继电器品种规格很多，除了上面介绍的晶体管时间继电器外，集成电路甚至大规模集成电路也被应用在时间继电器电路中，使得时间继电器功能更强大，调节更方便，延时更准确，为电力拖动系统的安全运行提供了更加强大的保障。

2.7 热继电器

热继电器是根据两种金属材料受热后膨胀程度不同这一特性制成的，它是一种过载保护电器，利用电流热效应原理工作，这种特性刚好符合电动机等负载的需要，可避免电动机起动时的短时间过电流造成不必要的停车。

热继电器在电动机的运行保护电路中应用非常广泛，可对电动机实施过电流（过载）保护。因为热继电器对电动机进行过电流保护的机理是基于双金属片从升温到发生形变断开动断触点，这有一个时间过程，所以不能作短路保护。

2.7.1 热继电器的结构与工作原理

热继电器主要由热元件、触点、动作机构、复位按钮、电流整定装置和温度补偿元件等部分组成。其外形如图 2-29 所示。在电路中的符号如图 2-30 所示。

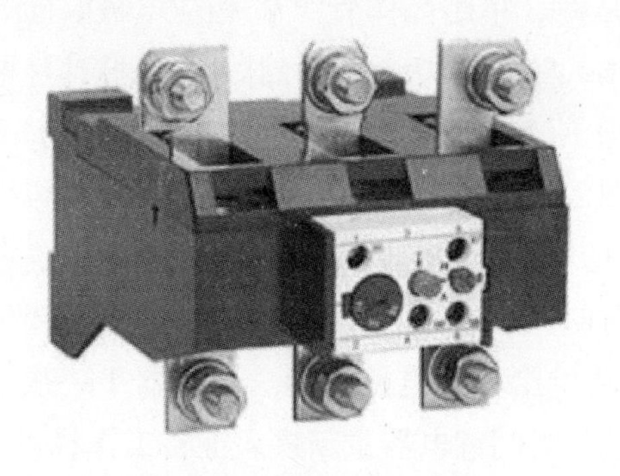

图 2-29 热继电器的外形图

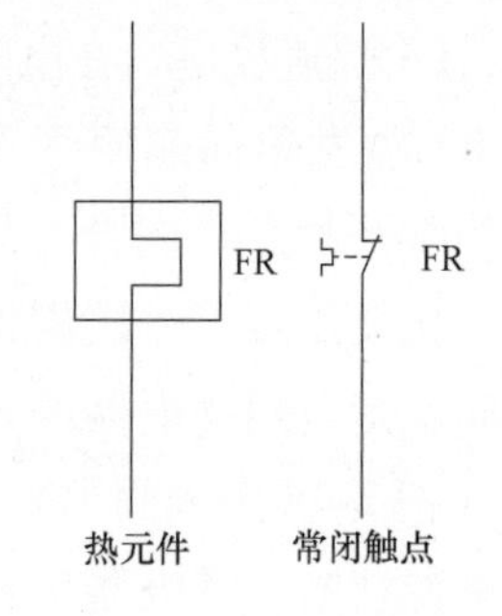

图 2-30 热继电器的符号

热元件由主双金属片及环绕在它上面的电阻丝组成。主双金属片用两种不同线膨胀系数的金属片，通过机械辗压的方式形成一体，一端固定，另一端为自由端。当双金属片的温度升高时，由于两种金属的线膨胀系数不同，所以它将弯曲。热元件主双金属片上面环绕的电阻丝串接在电动机定子绕组回路中，电动机绕组电流即为流过热元件的电流。当电动机正常运行时，热元件产生的热量虽能使主双金属片弯曲，但不足以使继电器动作；当电动机过载时，热元件产生的热量增大，使主双金属片弯曲位移量增大，经过一段

时间后，主双金属片弯曲推动导板，并通过补偿双金属片与推杆使触点断开，该触点为热继电器串于接触器线圈回路的常闭触点，断开后接触器线圈失电，接触器的主触点断开电动机等负载回路，保护了电动机等负载。补偿双金属片可以在规定范围内补偿环境温度对热继电器的影响。如果周围环境温度升高，主双金属片向左弯曲程度加大，然而补偿双金属片也向左弯曲，使导板与补偿双金属片之间距离保持不变，故继电器特性不受环境温度升高的影响，反之亦然。有时可采用欠补偿，使补偿双金属片向左弯曲的距离小于主双金属片因环境温度升高向左弯曲的变动值，以便在环境温度较高时，热继电器动作较快，更好地保护电动机。电流整定调节旋钮是一个偏心轮，它与支撑件构成一个杠杆，转动偏心轮，即可改变补偿双金属片与导板间的距离，从而达到调节整定动作电流值的目的。调节复位螺钉可以改变常开静触点的位置，使热继电器可以在手动复位和自动复位两种工作状态之间进行选择。热继电器调节选择在手动复位状态时，在故障排除后需按下复位按钮。

2.7.2　具有断相保护的热继电器

电动机在运行过程中有可能出现断相故障，对于星形联结的电动机，当发生一相断路时，另外两相线电流增加很多，热继电器对此可以做出有效的保护。如果电动机是三角形联结，正常情况下，线电流是相电流的$\sqrt{3}$倍，串接在电动机电源进线中的热元件按电动机额定电流即线电流来整定，一相断相时如果电动机负载较轻，则跨接于全电压下的一相绕组的相电流就可能超过额定值，但达不到热继电器及时保护的程度，时间一长电动机有过热烧毁的危险。

为了解决上述一相断路时的电动机保护问题，可以选用带断相保护的热继电器，这种热继电器在结构上改变了设计，采用具有差动作用的上导板和下导板，通过杠杆的放大作用使热继电器动作，有效地保护电动机。

2.7.3　JR28 系列热继电器简介

JR28 系列热继电器适用于交流 50Hz 或 60Hz、电压至 690V、电流 0.1～93A 的长期工作或间断长期工作的交流电动机的过载与断相保护。

热继电器具有断相保护、温度补偿、动作指示、自动与手动复

热继电器具有温度补偿功能，可使其在不同的运行环境、不同的季节温度中，具有过电流保护倍数的一致性。

带断相保护的热继电器，其型号末尾有一个字母“D”，是“断”字的汉语拼音首字母。例如热继电器型号 JR16－60/3D，其中的“JR”表示热继电器；“16”是设计序号；“60”是额定电流；“3”是指该热继电器是三相式的，即具有三组双金属片的热元件；“D”是具有断相保护功能。如果热继电器不具有断相保护功能，则不写最后一个字母“D”。

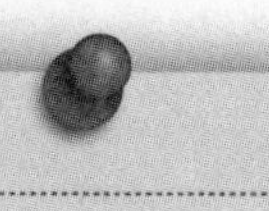

位、停止功能，可独立安装，也可与CJX2系列接触器接插安装组成电磁起动器。

JR28系列热继电器在结构上为三相双金属片式，具有连续可调的电流整定装置以及电气上可分的一常开和一常闭触点。

JR28系列热继电器的保护特性见表2-30。

表2-30　JR28系列热继电器的保护特性

项目	序号	额定电流倍数		动作时间	实验条件
过载保护	1	1.05		2h内不动作	冷态开始
	2	1.2		2h内动作	热态（序号1后）开始
	3	1.5		2min内动作	
	4	7.2		$2s < T_P < 10s$	冷态开始
断相保护	5	任意两相	另一相	2h内不动作	
	6	1.0	0.9		
		0	1.15	2h内动作	热态（序号5后）开始

JR28系列热继电器有三种尺寸的框架结构，每种结构尺寸中有多种热保护整定电流范围的规格，为了方便选用，表2-31给出了JR28系列热继电器的相关选型数据。

表2-32是JR28系列热继电器的主要技术数据。

表2-31是JR28系列热继电器与熔断器、交流接触器的配套选型表。

表中的aM熔断器是电动机专用的熔断器，它与电线电缆用的熔断器电流曲线不一样。aM的曲线较平缓，同样的电流，aM熔断器的熔断时间比较长。

表2-31　JR28系列热继电器的相关选型数据

热继电器型号	额定电流/A	aM熔断器	相匹配接触器型号
JR28-25	0.1～0.16	0.25	CJX2-09 CJX2-12 CJX2-18 CJX2-25 CJX2-32
	0.16～0.25	0.5	
	0.25～0.4	1	
	0.4～0.63	1	
	0.63～1	2	
	1～1.6	2	
	1.25～2	4	
	1.6～2.5	4	
	2.5～4	6	
	4～6	8	
	5.5～8	12	
	7～10	12	
	9～13	16	
	12～18	20	
	17～25	25	

（续）

热继电器型号	额定电流/A	aM 熔断器	相匹配接触器型号
JR28-36	23～32	40	CJX2-32
	28～36	40	
JR28-93	23～32	40	CJX2-40 CJX2-50 CJX2-65 CJX2-80 CJX2-95
	30～40	40	
	37～50	63	
	48～65	63	
	55～70	80	
	63～80	80	
	80～93	100	

表 2-32　JR28 系列热继电器的主要技术数据

项　　目	JR28-25	JR28-36	JR28-93
电流等级	25	36	93
额定绝缘电压/V	690	690	690
断相保护	有	有	有
手动与自动复位	有	有	有
温度补偿	有	有	有
脱扣指示	有	有	有
测试按钮	有	有	有
停止按钮	有	有	有
安装方式	插入式、独立式	插入式、独立式	插入式、独立式
辅助触点	一常开和一常闭	一常开和一常闭	一常开和一常闭
AC-15 220V 额定电流/A	2.73	2.73	2.73
AC-15 380V 额定电流/A	1.58	1.58	1.58
DC-13 220V 额定电流/A	0.2	0.2	0.2

2.8　行程开关与速度继电器

2.8.1　行程开关

行程开关又称位置开关或限位开关，它的作用是将机械位移转变为电信号，使电动机运行状态发生改变，即按一定行程自动停车、反转、变速或循环，从而控制机械运动或实现安全保护，在电动机的运行过程中有着重要的作用。

行程开关常用的有两种类型：直动式（按钮式）和旋转式，

其结构基本相同，都是由操作机构、传动系统、触点系统和外壳组成，主要区别在传动系统。直动式行程开关的结构与动作原理与按钮相似。单轮旋转式行程开关在结构上有一个滚轮，当运动机构的挡铁压到行程开关的滚轮上时，传动杠杆连同转轴一起转动，使得常闭触点断开，常开触点闭合。挡铁移开后，复位弹簧使其复位。双轮旋转式行程开关不能自动复位。除此之外，行程开关还有微动式和组合式的结构型式。图 2-31 所示为施耐德公司的一款行程开关的外形图。行程开关在电路中的图形符号和文字符号如图 2-32所示。

> 行程开关有旋转式（见图 2-31，作用力从左侧或右侧向上部的轮子施力）和直动式（按钮式）两种。应根据应用需求选择合适的行程开关。
>
> 行程开关可有常开触点、常闭触点以及由它们组合而成的复合触点。

在实际生产中，将行程开关安装在预先安排的位置，当装于生产机械运动部件上的模块撞击行程开关时，行程开关的触点动作，实现电路的切换。因此，行程开关是一种根据运动部件的行程位置而切换电路的电器。行程开关广泛应用于各类机床和起重机械，用以控制其行程、进行终端限位保护。在电梯的控制电路中，还利用行程开关来控制开关轿门的速度、自动开关门的限位，轿厢的上、下限位保护。

> 行程开关触点的图形符号与普通继电器的触点不同，行程开关在触点的根部有一个三角形的符号要素可用于鉴别。

图 2-31　施耐德行程开关的外形图

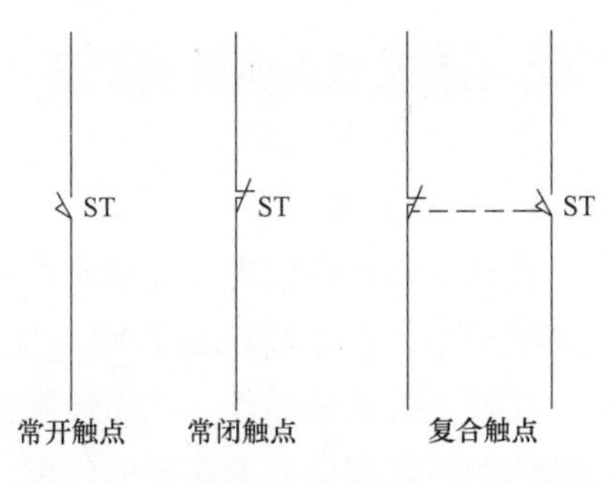

图 2-32　行程开关的图形符号和文字符号

机床上有很多这样的行程开关，用它控制工件运动或自动进刀的行程，避免发生碰撞事故。有时利用行程开关使被控物体在规定的两个位置之间自动换向，从而得到不断的往复运动。比如自动运料的小车到达终点碰着行程开关，接通了翻车机构，就把车里的物料翻倒出来，并且退回到起点。到达起点之后又碰着起点的行程开关，把装料机构的电路接通，开始自动装车。这样持续运行，就形成了一套自动生产线。

2.8.2　速度继电器

输入信号是非电信号，且当输入信号达到某一定值时，才有信号输出的电器称为信号继电器，速度继电器就是一种信号继电器，它输入的是电动机的转速，输出的是触点动作信号。

速度继电器由定子、转子和触点系统三部分组成，使用时，连接头与电动机轴相连，当电动机起动旋转时，速度继电器的转子随着转动，定子也随转子旋转方向转动，与定子相连的胶木摆杆随之偏转，当偏转到一定角度时，速度继电器的常闭触点打开，而常开触点闭合。当电动机转速下降时，继电器转子转速也随之下降，当转子转速下降到一定值时，继电器触点恢复到原来状态。一般速度继电器触点的动作转速为 140r/min，触点的复位转速为 100r/min。

速度继电器有正向旋转动作触点和反向旋转动作触点，电动机正向运转时，可使正向常开触点闭合，常闭触点断开，同时接通或断开与它们相连的电路；当电动机反向运转时，速度继电器的反向动作触点动作，情况与正向时相同。

常用的速度继电器有 JY1 和 JFZ0 系列。它们都具有两对常开、常闭触点，触点额定电压为 380V，额定电流为 2A。

速度继电器在电路中的图形符号和文字符号如图 2-33 所示。

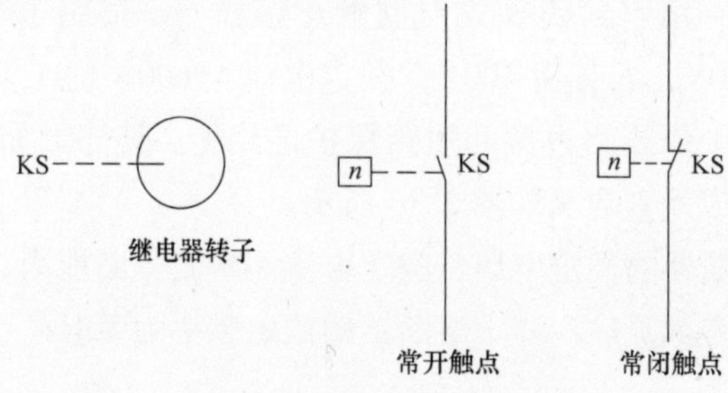

图 2-33　速度继电器的图形符号和文字符号

速度继电器经常应用在三相异步电动机反接制动电路中，正在电动运行状态的电动机，将其任意两条电源线交换，电动机的旋转磁场发生反转，转速迅速降低。为了在电动机转速降低到一定程度时及时切断电动机电源，防止电动机反向起动，就要用速度继电器检测电动机的减速过程，一般在转速降低到 100r/min 时（因速度继电器的型号规格而有差异），速度继电器的触点动作，切断电动机电源，制动过程结束。

2.9 熔断器

熔断器是一种当电流超过规定值一定时间后，以其本身产生的热量使熔体熔化而分断电路的电器，它广泛应用于低压配电系统和控制系统及用电设备中作短路和过电流保护。熔断器的图形符号与文字符号如图 2-34 所示。

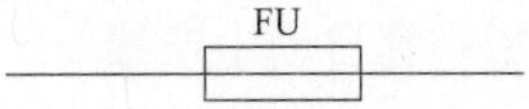

FU

图 2-34 熔断器的图形符号与文字符号

2.9.1 熔断器的主要技术参数

1. 额定电压

从灭弧的角度出发，熔断器长期工作时和分断后所能承受的电压。其值一般大于或等于所接电路的额定电压。

2. 额定电流

熔断器长期工作，各部件温升不超过允许温升时的最大工作电流。熔断器有两个额定电流，一个是底座（支持件）的额定电流，也称为熔断器额定电流；另一个是熔体的额定电流。底座（支持件）的额定电流等级较少，而熔体的额定电流等级较多，在一种电流规格的底座（支持件）内可以安装多种电流规格的熔体，但熔体的额定电流最大不能超过底座（支持件）的额定电流。

3. 极限分断能力

熔断器在规定的额定电压和功率因数条件下，能可靠分断的最大短路电流。

4. 熔断电流

通过熔体并使其熔化的最小电流。

2.9.2 RT0 系列有填料封闭管式刀型触点熔断器

该系列有填料封闭管式刀型触点熔断器，适用于交流 50Hz，额定电压 380V，或直流 400V，额定电流至 600A 的工业电器装置的配电设备中作线路过载和短路保护之用。其外形如图 2-35 所示。型号组成及其含义如图 2-36 所示。

RT0 熔断器的额定电压、额定电流、额定分断能力、额定功率等主要技术参数见表2-33，熔断器的额定频率为 50Hz。

RT0 系列熔断器是一种有填料封闭管式熔断器，封闭管内的填料可以熄灭熔丝熔断时产生的电弧，因此安全性较高。

RT0 系列熔断器可以配套安装的熔体最大可达 600A。

图 2-35　RT0 系列熔断器外形图

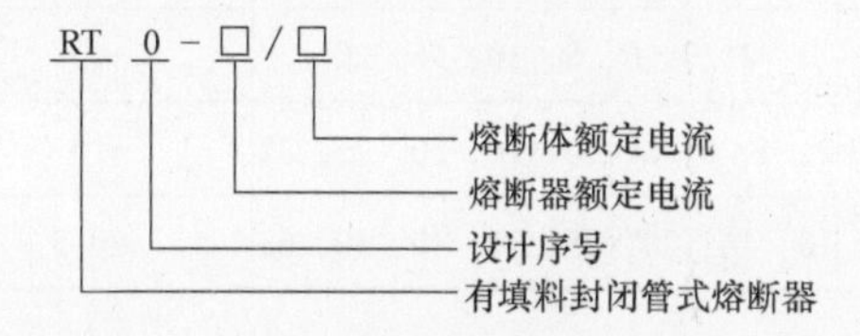

图 2-36　RT0 系列熔断器型号组成及其含义

表 2-33　RT0 熔断器的主要技术参数

额定电压/V	额定电流/A		额定分断能力		额定功率/W	
	底座	熔断体	/kA	cosϕ	底座额定接受功率	熔断体额定耗散功率
380	100	30，40，50，60，80，100	50	0.1～0.2	≥12	≤12
	200	80，100，120，150，200	50	0.1～0.2	≥32	≤23
	400	200，250，300，350，400	50	0.1～0.2	≥45	≤34
	600	300，400，500，600	50	0.1～0.2	≥60	≤48

2.9.3　RT14 系列圆筒帽形熔断器

RT14 系列圆筒帽形熔断器适用于额定电压为交流 380V，额定电流至 63A 的配电装置中作过载和短路保护之用。带有撞出器的熔断体，与熔断器式隔离配合使用时，可作为电动机的断相保护。

RT14 系列熔断器的外形如图 2-37 所示，型号组成及其含义如图 2-38 所示，主要技术数据见表 2-34。

RT14 系列圆筒帽形熔断器在低压电力系统中的中小电流电路中应用较多，其最大熔体电流为 63A。

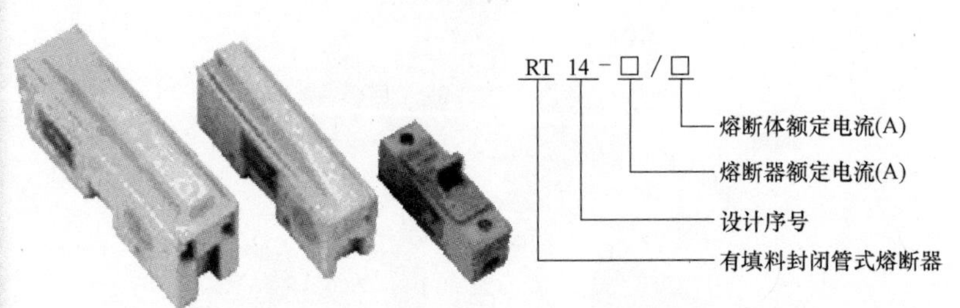

图 2-37　RT14 系列熔断器外形图

图 2-38　RT14 系列熔断器型号组成及其含义

表 2-34　RT14 系列熔断器的主要技术数据

熔断器额定电流/A	熔断体额定电流/A	耗散功率/W	撞击器
20	2，4，6，8，10，16，20	≤3	无
32	2，4，6，8，10，16，20，25，32	≤5	有或无
63	10，16，20，25，32，40，50，63	≤9.5	有或无

2.9.4　RL1 系列螺旋式熔断器

RL1 系列螺旋式熔断器的生产及使用历史比较久远，使用比较方便。适用于交流额定电压 380V，额定电流至 200A 的电路中作为线路过负载及系统的短路保护之用。

RL1 系列螺旋式熔断器型号中的字母“L”表示这是一种螺旋式可拆装的熔断器，最大熔体电流可达 200A。

RL1 系列熔断器的外形如图 2-39 所示，型号组成及其含义如图 2-40 所示，主要技术数据见表 2-35。

图 2-39　RL1 系列熔断器外形图

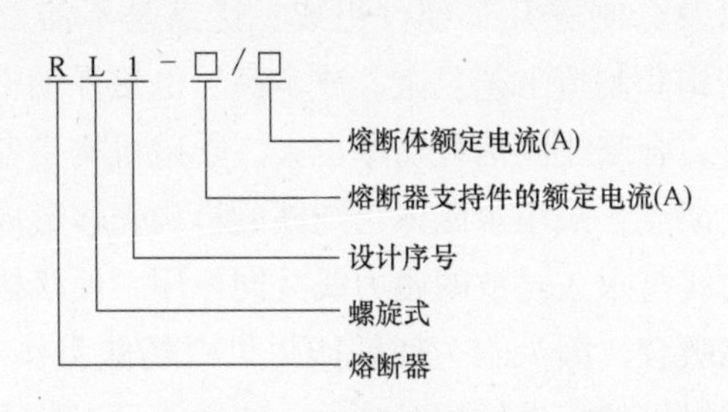

图 2-40　RL1 系列熔断器型号组成及其含义

表 2-35　RL1 系列熔断器的主要技术数据

额定电压/V	熔断器支持件额定电流/A	熔断体额定电流/A	额定分断能力/kA	$\cos\phi$
380	15	2，4，6，10，15	50	0.1～0.2
	60	20，25，30，35，40，50，60	50	0.1～0.2
	100	60，80，100	50	0.1～0.2
	200	120，150，200	50	0.1～0.2

2.10　户内高压真空断路器

户内高压真空断路器（以下简称为真空断路器或断路器）有 10kV（12kV）、35kV 等若干电压等级。高压真空断路器是高压电动机起动、控制时不可缺少的电气设备，电动机各种保护功能也必须通过断路器才能实现，因此，高压真空断路器在高压电动机的起动、运行中的作用至关重要。

本节讨论的高压真空断路器是与高压电动机配套使用的，电动机的最高电压为 10kV，所以这里讨论的断路器以额定电压 10kV（12kV）的产品为主。

真空断路器因其灭弧介质和灭弧后触点间隙的绝缘介质都是高真空而得名；具有体积小、重量轻、适用于频繁操作的优点。

真空断路器主要包含三大部分：真空灭弧室、操动机构和支架。真空灭弧室是真空断路器触点接通与断开的一个玻璃密封真空腔体，是真空断路器最重要的结构部件。为了能让真空断路器的触点接通或断开，必须有性能良好、可靠性高的操动机构。目前真空断路器配套使用的操动机构有弹簧储能式操动机构、电磁式操动机构、永磁式操作机构等几种。弹簧储能操动机构由储能弹簧、合闸与保持合闸以及分闸等几个部件组成，优点是不需要大功率的电源，缺点是结构和制造工艺复杂，成本高。电磁操动机构结构较简单，但较笨重，合闸线圈消耗功率也大。永磁机构借鉴了以上两种操作机构的优缺点，采用永磁体与纯铁的机构壳体形成磁路，由线圈产生的磁力线与永久磁铁的磁力线共同作用，使机构中的铁心快速运动，可靠吸合。因为永久磁铁能提供磁场能量作为合闸之用，合闸线圈所需提供的能量便相对减少，这样就可以减小合闸线圈的尺寸和工作电流。

2.10.1 ZN28A-12 系列户内高压真空断路器

ZN28A-12 系列户内高压真空断路器系三相交流 50Hz，额定电压 12kV 及以下的高压配电装置，广泛应用于工矿企业、发电厂及变电站等领域，作系统的控制和保护之用。该系列断路器采用操动机构与断路器分开安装的结构，简称分装式结构，断路器自身不带操动机构，如图 2-41 所示，可与 CT19A（B）型的弹簧储能操动机构或 CD17A、CD10 型操动机构配合，安装于固定柜内使用。

> ZN28A-12 系列户内高压真空断路器可安装于固定柜内使用，与 CT19A（B）型的弹簧储能操作机构或 CD17A、CD10 型操作机构配合实现分合闸操作，系三相交流 50Hz，额定电压 12kV 及以下的高压配电装置，广泛应用于工矿企业、发电厂及变电站等领域，作系统的控制和保护之用。

断路器可配用弹簧操动机构或电磁操动机构，机构和真空灭弧室采用前后布置，每相灭弧室由两只悬挂绝缘子固定在框架上，并由绝缘拉杆连接动静支架，构成固定式的整体结构。真空灭弧室为中间封接纵磁场式，其特点是灭弧室体积小，灭弧力强，断口绝缘水平高，当动静触点在操动机构作用下带动分闸时，触点间隙将燃烧真空电弧，并在电流过零时熄灭电弧。由于触点的特殊结构，燃弧期间触点间隙会产生适当的纵向磁场，这个磁场可使电弧均匀分布在触点表面，维持较低的电弧电压，并使真空灭弧室具有较高的弧后介质强度，恢复速度小的电弧能量和小的电腐蚀速率，从而提高了断路器开断短路电流能力和电寿命。

图 2-41　ZN28A-12 系列户内高压真空断路器外形图

ZN28A-12 系列户内高压真空断路器的主要技术参数见表 2-36 和表 2-37，型号组成及其含义如图 2-42 所示。

表 2-36　ZN28A-12 系列户内高压真空断路器的主要技术参数（1）

<table>
<tr><th>名　称</th><th>单位</th><th colspan="12">数　据</th></tr>
<tr><td>额定电压</td><td>kV</td><td colspan="12">10</td></tr>
<tr><td>最高电压</td><td>kV</td><td colspan="12">12</td></tr>
<tr><td>1min 工频耐压有效值</td><td>kV</td><td colspan="12">42</td></tr>
<tr><td>雷电冲击耐压峰值</td><td>kV</td><td colspan="12">75</td></tr>
<tr><td>额定电流</td><td>A</td><td colspan="2">630</td><td colspan="2">1000</td><td colspan="2">1250</td><td colspan="2">2000</td><td colspan="2">2500</td><td colspan="2">3150</td></tr>
<tr><td>额定短路开断电流</td><td>kA</td><td colspan="3">20</td><td colspan="3">25</td><td colspan="3">31.5</td><td colspan="3">40</td></tr>
<tr><td>额定短路关合电流峰值</td><td>kA</td><td colspan="3">50</td><td colspan="3">63</td><td colspan="3">80</td><td colspan="3">100</td></tr>
<tr><td>额定动稳定电流峰值</td><td>kA</td><td colspan="3">50</td><td colspan="3">63</td><td colspan="3">80</td><td colspan="3">100</td></tr>
<tr><td>额定热稳定电流</td><td>kA</td><td colspan="3">20</td><td colspan="3">25</td><td colspan="3">31.5</td><td colspan="3">40</td></tr>
<tr><td>额定操作顺序</td><td></td><td colspan="6">分-0.3s-合分-180s-合分</td><td colspan="6">分-180s-合分-180s-合分</td></tr>
<tr><td>额定热稳定时间</td><td>s</td><td colspan="12">4</td></tr>
<tr><td>额定短路开断电流开断次数</td><td>次</td><td colspan="6">30</td><td colspan="6">20</td></tr>
<tr><td>全开断时间</td><td>ms</td><td colspan="12">≤100</td></tr>
<tr><td>机械寿命</td><td>次</td><td colspan="12">10000</td></tr>
<tr><td>操作机构类型</td><td></td><td colspan="12">CT19A，CT19B，CD17A，CD10</td></tr>
</table>

注：表 2-36 中“额定操作顺序”一项，是国家标准 GB 1984—2014 中对自动重合闸的规范性操作规定：断路器因短路故障跳闸，0.3s 后自动重合一次，若短路故障未消除，则再次跳闸；180s 后再自动重合一次，若短路故障消除，系统将继续运行，故障未消除，会再次跳闸。这种规定可最大限度地减少配电系统停电时间。如果第二次自动重合失败，即判断为永久性故障，必须等故障排除后方可送电。对于断路器开断性能来说，连续开断短路电流应该是可能出现的最严重的情况，是对断路器质量和性能的挑战和考验。对于额定短路开断电流更大的断路器，例如 31.5kA、40kA 等级的，两次重合的间隔时间略有差异，详见表中数据。

表 2-37　ZN28A-12 系列户内高压真空断路器的主要技术参数（2）

<table>
<tr><th>名　称</th><th>单位</th><th>630-20</th><th>1250-25</th><th>1250-31.5</th><th>2000-31.5</th><th>2500-40</th><th>3150-40</th></tr>
<tr><td>触点开距</td><td>mm</td><td colspan="6">11 ±1</td></tr>
<tr><td>接触行程</td><td>mm</td><td colspan="6">4 ±1</td></tr>
<tr><td>三相分闸同期性</td><td>ms</td><td colspan="6">≤2</td></tr>
<tr><td>合闸触点弹跳时间</td><td>ms</td><td colspan="3">≤2</td><td colspan="3">≤3</td></tr>
<tr><td>油缓冲器缓冲行程</td><td>mm</td><td colspan="6">10_{-3}^{0}</td></tr>
</table>

（续）

名　　称		单位	630-20	1250-25	1250-31.5	2000-31.5	2500-40	3150-40
相间中心距离		mm	210/230/250			230/250/275		
平均分闸速度		m/s	1±0.3					
平均合闸速度		m/s	0.55±0.15					
分闸时间，当操作电压为	最高	s	≤0.06					
	额定	s	≤0.06					
	最低	s	≤0.08					
合闸时间		s	<0.2					
动静触点累积允许磨损厚度		mm	3					

注：表2-37第一行中的“630-20”是指额定电流为630A，额定短路开断电流为20kA，余类同。

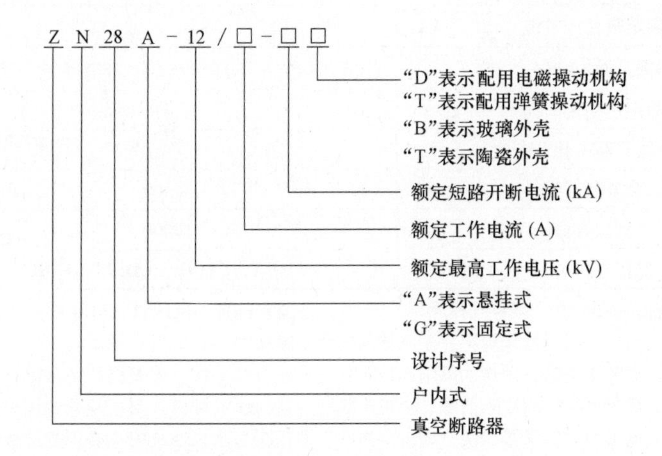

图2-42　ZN28A-12系列户内高压真空断路器型号组成及其含义

ZN139-12型户内高压真空断路器，是国内首批采用永磁操作机构的高压真空断路器产品之一。永磁操作机构采用了永磁材料，所以合闸与分闸所需的功率大幅度减小。

2.10.2　ZN139-12型户内高压真空断路器

该产品为采用永磁操动机构的户内三相高压真空断路器，额定电压12kV，额定电流630～4000A，额定短路开断电流至40kA。

1. 结构特点及工作原理

ZN139-12型户内高压真空断路器总体结构为永磁操动机构与灭弧室前后布置形式，主导电回路为三相落地式结构，主回路绝缘采用复合或固封两种方式，可满足不同用户的需求。永磁操作机构采用全新的工作原理和结构，最大优势在于真正解决了永磁场的吸合力在分闸初始阶段对分闸的阻碍，更能满足真空灭弧室的特性要

求。断路器的外形如图 2-43 所示，型号组成及其含义如图 2-44 所示，结构简图如图 2-45 所示。

永磁操动机构通过主传动轴驱动主拐臂，直接操作开关的分合，省去了传统操动机构中复杂、易损的储能和锁扣装置，极大地简化了传动环节，从而可靠性较高，寿命较长。

图 2-43　ZN139-12 型户高压内真空断路器外形图

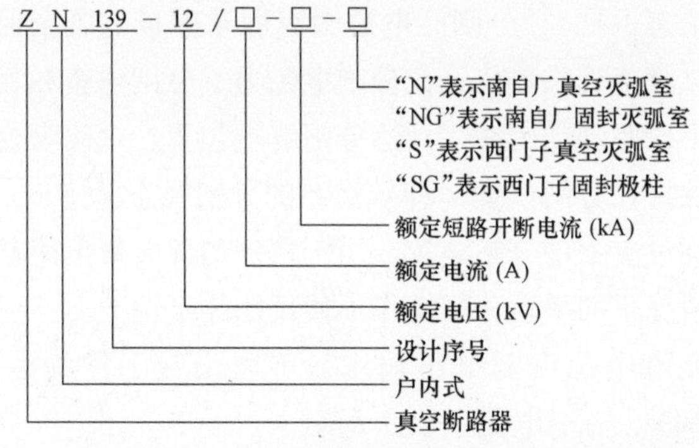

图 2-44　ZN139-12 型户内高压真空断路器型号组成及其含义

永磁操动机构由一体化合、分闸线圈，上、下磁轭，内、外磁轭，动、静衔铁，手动分闸装置及永磁体组成。合闸时，电磁力与

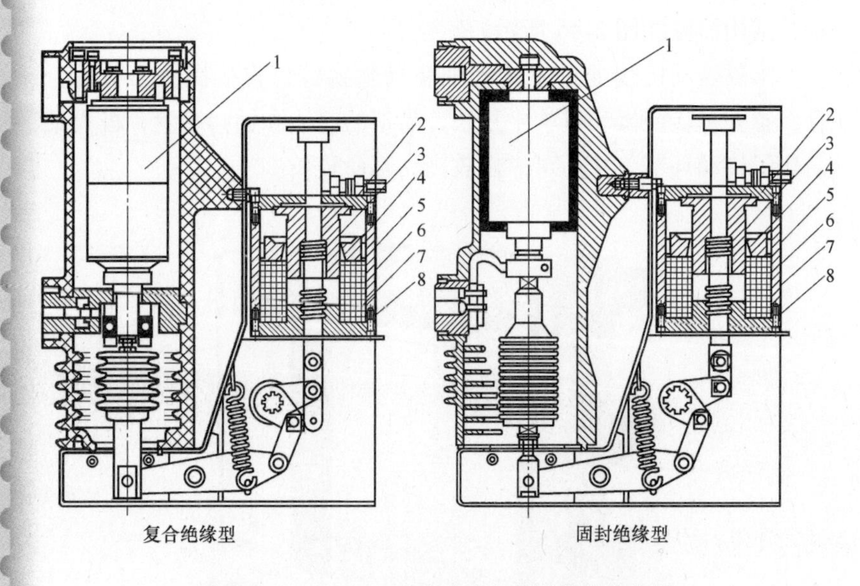

图 2-45　ZN139-12 型户内真空断路器结构简图
1—主电路　2—上磁轭　3—动铁心　4—内磁轭　5—永磁体
6—外磁轭　7—线圈　8—下磁轭

永磁力正向叠加，驱动动衔铁到达合闸终端位置，完成合闸触点弹簧和分闸弹簧的储能，依靠永磁吸合力来实现稳态保持（即双稳态的合闸稳态保持）。分闸时电磁力克服永磁场的剩余保持力，使合闸保持力骤降到临界值，在分闸电磁力、分闸弹簧和触点弹簧的共同作用下，驱动动衔铁，到达分闸终端位置，永磁吸合力又将动衔铁稳态保持在分闸位置（即双稳态的分闸稳态保持）。

该机构设有手动分闸装置，用于特殊情况时带负荷紧急分闸操作。紧急情况下的手动分闸操作不使用操作电源。

交流充电电源为宽电压输入，可以正常工作的电压范围为 AC160～264V，充电电流小于 0.5A。

2. 主要技术参数

ZN139 型断路器的主要技术参数见表 2-38，永磁操动机构主要技术参数表 2-39。

ZN139-12 型真空断路器可制作成固定安装单元，也可组成手车单元使用。由于合闸所需功率较小，可根据需要自身配置高可靠的充电储能单元，通过智能控制单元驱动永磁机构。

表 2-38　ZN139 型断路器的主要技术参数

名　　称	单位	参　　数		
额定电压	kV	12		
额定 1min 工频耐受电压		42		
额定雷电冲击/断口耐受电压（峰值）		75/85		
额定频率	Hz	50		
额定电流	A	630 ~ 1250	630 ~ 1250	1250 ~ 4000
额定短路开断电流	kA	20	31. 5	40
额定短路关合电流		50	80	100
额定峰值耐受电流		50	80	100
额定热稳定电流（有效值）		20	31. 5	40
额定短路持续时间	s	4		
额定短路开断电流次数	次	30	30	20
机械寿命		30000		
额定电流开断次数（电寿命）		30000	30000	20000
永磁机构机械寿命	A	120000	120000	100000
额定单个/背对背电容器组开断电流		630/400（40kA 为 800/400）		
相间距	mm	210　275		
触点开距		8 ±1		
配国产灭弧室时触点开距		11 ±1		
接触超行程	ms	3 ±0. 5		
动、静触点允许磨损累积厚度		3		
三相分、合闸不同期性		≤2		
触点合闸弹跳时间	N	≤2（40kA≤3）		
触点压力		20kA，2000 ±200；31. 5kA，3100 ±200；40kA，4300 ±200		
平均分闸速度	m/s	0. 8 ~ 1. 2		
平均合闸速度		0. 5 ~ 0. 8		
分闸时间	ms	≤50		
合闸时间		≤70		
额定操作顺序		分-0. 3s-合　分-180s-合分		分-180s-合 分-180s-合分

注：表 2-38 中“额定操作顺序”一项，是国家标准 GB 1984—2014 中对自动重合闸的规范性操作规定：断路器因短路故障跳闸，0. 3s 后自动重合一次，若短路故障未消除，则再次跳闸；180s 后再自动重合一次，若短路故障消除，系统将继续运行，故障未消除，会再次跳闸。这种规定可最大限度地减少配电系统停电时间。如果第二次自动重合失败，即判断为永久性故障，必须等故障排除后方可送电。对于断路器开断性能来说，连续开断短路电流应该是可能出现的最严重的情况，是对断路器质量和性能的挑战和考验。对于额定短路开断电流更大的断路器，例如 31. 5kA、40kA 等级的，两次重合的间隔时间略有差异，详见表中数据。

表 2-39　ZN139 型断路器永磁操动机构主要技术参数

项　目	单 位	数　值			
适合短路开断电流	kA	20	25	31.5	40
合闸电流	A	28		32	60
分闸操作电流	A	1.2			2
合、分闸额定工作电压	V	DC220			
机械寿命	次	120000		120000	100000

3. 控制电路实例

ZN139 型真空断路器由于安装使用条件的不同，可有几种控制电路方案，图 2-46 所示为手车式断路器的一种推荐控制电路方案。电路中使用配电室提供的直流合闸操作电源 +HM、-HM 及控制电源 +KM、-KM，电压值为直流 220V。图中的“BH”是微机保护装置，虽然其价格略高，但由于功能强大，随着安全生产意识的提高，使用已日渐普及。它可以实现电压测量、电流测量、过电压保护、欠电压保护、CT 断线检测、PT 断线检测、定时限过电流保护、反时限过电流保护、速断保护、零序电流保护、负序电流保护、电动机起动时间过长保护、过热保护、控制回路异常报警、遥信、遥控及遥测、装置自身故障告警等功能。图 2-46 中只画出了与真空断路器合、分闸控制相关的部分接线。手动合闸时，操作 SA 开关至合闸位置，其触点 5、8 接通，合闸继电器 KC 线圈得电，相应触点动作吸合，合、分闸线圈 L 被接入合闸操作电源 +HM、-HM 的电路中，线圈 L 的左端接 +HM，右端接 -HM，产生的电磁力使真空断路器合闸。手动分闸时，操作 SA 开关至跳闸位置，其触点 6、7 接通，跳闸继电器 KT 线圈得电，相应触点动作吸合，合、分闸线圈 L 也被接入合闸操作电源 +HM、-HM 的电路中，但跳闸时线圈 L 接入的电源极性与合闸时相反，即线圈 L 的左端 -HM，右端接 +HM，产生的电磁力使真空断路器分闸。由于分闸需要的电流较小，所以在电路中串入了限流电阻 R。

阅读图 2-46 时，可对照右侧说明框内的文字，这里的文字说明与左侧电路中表达的功能是一致的。

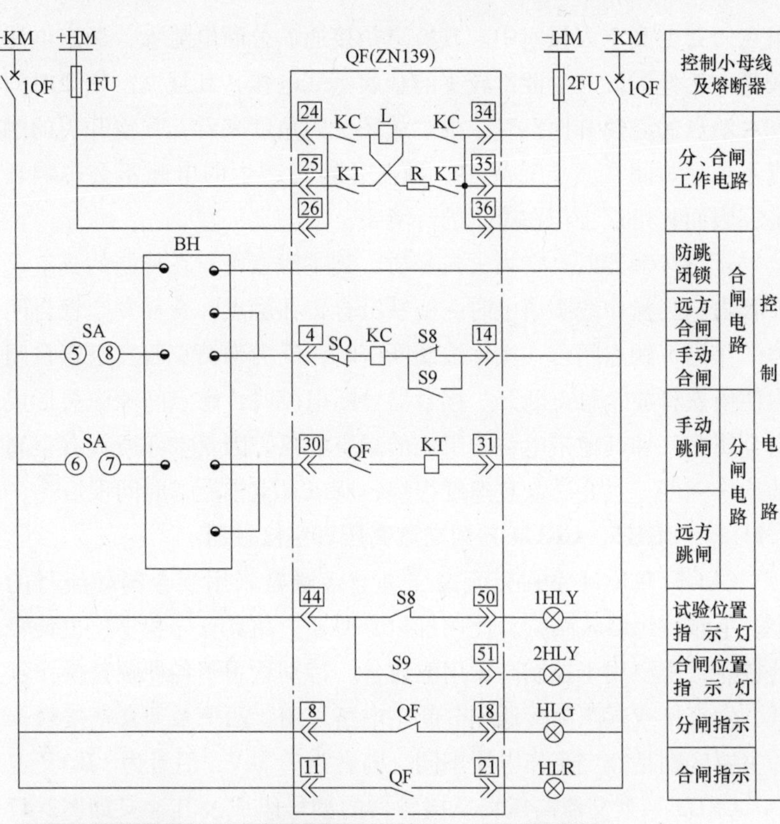

符号	名　称	型号规格	单位	数量
KC	合闸继电器	断路器内自带		1
KT	跳闸继电器	断路器内自带		1
1FU,2FU	熔断器	6A	只	2
1QF	微型断路器	C65N/2P　C6A	只	1
SA	控制开关	LW2-Z-1a，4，6a，20/F8	只	1
1HLY,2HLY	黄色信号灯	AD11-22　DC220V	只	2
HLG	绿色信号灯	AD11-22　DC220V	只	1
HLR	红色信号灯	AD11-22　DC220V	只	1
BH	微机保护装置		只	1
S8	手车试验位置开关	断路器内自带，有4对常闭触点		1
S9	手车工作位置开关	断路器内自带，有4对常开触点		1
L	合、分闸线圈			1
QF	断路器辅助开关			3

注：1.点划线框内为断路器内部元件
　　2.点划线框内小方框里的数字为二次插件编号
　　3.本电路的操作电源为直流220V

图2-46　ZN139型真空断路器控制电路实例

2.11　高压真空接触器

真空接触器与一般空气式接触器相似，不同的是真空接触器的

ZN139型真空断路器的永磁操作机构，合闸与分闸使用一个公用的合、分闸线圈，简化了设备结构。

合闸与分闸时，线圈通过的电源极性相反，所以产生的电磁力方向相反，从而实现分、合闸功能。

触点密封在真空灭弧室中。其特点是接通、分断电流大，额定电压较高。工作时仅产生能量较少的金属蒸气电弧，其强度、燃弧时间和对触点的烧蚀都比空气中少。从环保的角度来看，真空开关的触点系统是封闭在真空管壳中，触点开断时产生的电弧不会影响环境，因而它可以工作在苛刻的环境中。

真空接触器以真空为灭弧介质，其主触点密封在特制的真空灭弧管内。当操作线圈通电时，衔铁吸合，在触点弹簧和真空管自闭力的作用下触点闭合；操作线圈断电时，反力弹簧克服真空管自闭力使衔铁释放，触点断开。接触器分断电流时，触点间隙中会形成由金属蒸气和其他带电粒子组成的真空电弧。因真空介质具有很高的绝缘强度，且介质恢复速度很快，所以真空中燃弧时间很短。

在 6kV、10kV 高压电动机采用干式电抗器减压起动时，常使用高压真空接触器作旁路开关，用于起动结束后对电抗器进行短路，使电动机进入全压运行状态。

2.11.1 CKG3、CKG4 系列交流高压真空接触器

CKG3、CKG4 系列交流高压真空接触器采用当今国际流行的上、下布置组装式结构，使用维护方便。产品具有体积小、重量轻的特点，主要用于控制高压用电设备，特别适用于各种频繁操作领域，供直接或远距离接通和分断主电路之用。两个系列真空接触器的主要区别是额定工作电压不同，前者为 7.2kV，后者为 12kV。

额定电压 7.2kV 的真空接触器适用于 6kV 的电力系统；12kV 的真空接触器适用于 10kV 的电力系统。

CKG3 系列交流高压真空接触器的型号组成及其含义如图2-47所示。

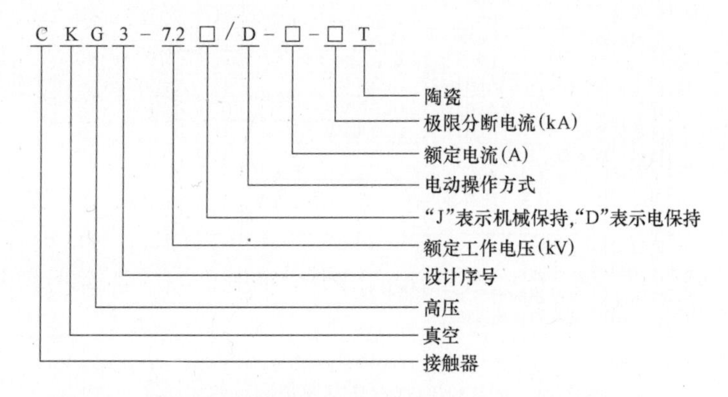

图 2-47 CKG3 系列交流高压真空接触器的型号组成及其含义

CKG3 系列交流高压真空接触器的产品技术参数见表 2-40，CKG4 系列交流高压真空接触器的产品技术参数见表 2-41。

表2-40　CKG3系列交流高压真空接触器的产品技术参数

参数项目		CKG3-7.2/160	CKG3-7.2/250	CKG3-7.2/400	CKG3-7.2/630
额定工作电压/kV		7.2	7.2	7.2	7.2
额定工作电流/A		160	250	400	630
额定关合电流/kA		1.6	2.5	4.0	6.3
最大分断电流/kA		1.28	2.0	3.2	5.04
操作频率/（次/h）	长期	120	120	120	120
	短期	360	360	360	360
机械寿命/万次		100			
电寿命AC-3条件/万次		25			
控制电压/V		交流110，220，380或定制			
外形尺寸/mm		400×210×450			
重量/kg		28			

表2-41　CKG4系列交流高压真空接触器的产品技术参数

参数项目		CKG4-12/160	CKG4-12/250	CKG4-12/400	CKG4-12/630
额定工作电压/kV		12	12	12	12
额定工作电流/A		160	250	400	630
额定关合电流/kA		1.6	2.5	4.0	6.3
最大分断电流/kA		1.28	2.0	3.2	5.04
操作频率/（次/h）	长期	120	120	120	120
	短期	360	360	360	360
机械寿命/万次		100			
电寿命AC-3条件/万次		25			
控制电压/V		交流110，220，380或定制			
外形尺寸/mm		470×210×540			
重量/kg		40			

2.11.2　JCZ5-7.2/12型高压真空接触器

JCZ5-7.2/12型高压真空接触器是50Hz或60Hz系统中用于控制三相户内电器设备的负荷开关，适用于额定电压6~12kV及以下电压等级，额定工作电流630A及以下的电力系统，对高压用电设备进行控制，适合进行频繁操作。可用来切换电容器、电抗器、变压器及电弧炉等阻性设备。

真空接触器结构简单，价格较低，二次电路所需的控制元件较少，这些特点使其在高压电力系统中得到广泛的应用。

1. 结构与原理

真空接触器在结构上为上下布置方式，由真空灭弧室、绝缘

图 2-48　JCZ5-7.2/12 型高压真空接触器外形图

框架、绝缘子、拍合式合闸电磁机构、机械锁扣机构（机械保持方案用）和底板等组成，外形图如图 2-48 所示。绝缘子、绝缘框架实现高压回路对地及相间的绝缘和支撑。控制回路由桥式整流器、合闸线圈、分闸线圈（机械保持方案用）、保持线圈（电保持方案用）、辅助开关及电容器等组成，接线图如图 2-49（电保持方案）和图 2-50（机械保持方案）所示。当接到合闸指令，即按压合闸按钮 ON 后，交流 110V 或 220V 电源经桥式整流加到合闸线圈 WC 两端，合闸线圈通电，衔铁动作，使与其固定连接的方轴旋转，固定在方轴上的拐臂向上推动绝缘子，带动灭弧室动导电杆向上运动，接触器合闸。合闸后常闭辅助触点 SA 断开，保持线圈 WH 串入电路，合闸状态得以保持。对于机械保持方案，合闸保持由机械锁扣来实现。相反，接到分闸指令，即按压分闸按钮 OFF 后，分闸线圈 WR 通电（见图 2-50），机械锁扣机构解扣；或保持线圈 WH 回路断电（见图 2-49），由分闸弹簧作用使衔铁释放，方轴通过拐臂和绝缘子带动灭弧室动导电杆向下运动，接触器分闸。

电保持方案接线图见图2-49，机械保持方案图接线图见 2-50。其中，对于电保持方案，保持线圈与合闸线圈串联用以实现接触器长期合闸保持，而电容器用来消除辅助开关常闭触点转换合闸回路时的电火花，从而提高辅助开关常闭触点转换合闸回路的稳定性和可靠性。

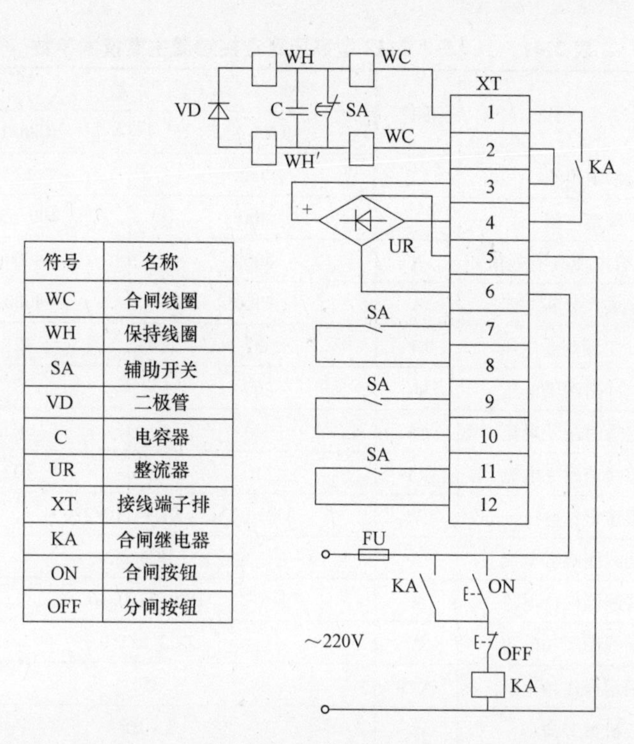

符号	名称
WC	合闸线圈
WH	保持线圈
SA	辅助开关
VD	二极管
C	电容器
UR	整流器
XT	接线端子排
KA	合闸继电器
ON	合闸按钮
OFF	分闸按钮

图 2-49　JCZ5-7.2/12 型真空接触器的二次接线（电保持方案）

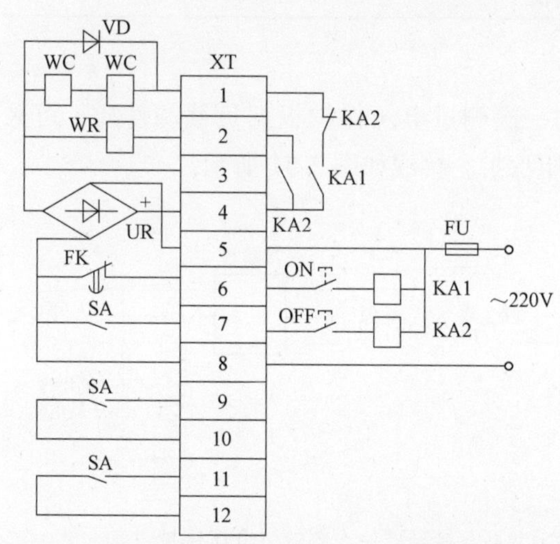

符号	名称
WC	合闸线圈
WR	分闸线圈
SA	辅助开关
VD	二极管
UR	整流器
XT	接线端子排
KA1	合闸继电器
KA2	分闸继电器
ON	合闸按钮
OFF	分闸按钮

图 2-50　JCZ5-7.2/12 型真空接触器的二次接线（机械保持方案）

2. 主要技术参数

JCZ5-7.2/12 型高压真空接触器主要技术参数见表 2-42。

表 2-42　JCZ5-7.2/12 型高压真空接触器主要技术参数

名　称	单位	参　数	
		JCZ5-7.2	JCZ5-12
额定电压	kV	7.2	12
额定电流	A	400	400/630
额定关合电流（有效值）	A	4000	4000
额定最大分断电流	A	3300	4000
1min 工频耐受电压	kV	32	42
雷电冲击耐受电压	kV	60	75
额定短时耐受电流	kA	4	4
额定峰值耐受电流	kA	10	10
额定操作电压	V	AC（DC）110/220	
合闸线圈吸合电流	A	DC6.3	
保持线圈保持电流	A	DC0.32/0.16	
分闸线圈脱扣电流	A	DC2.5/1.3	
额定操作频率	次/h	350	
机械寿命	次	3×10^6	
电寿命（AC-3 条件下）	次	3×10^5	

3. 使用与维修

（1）真空接触器的一次侧过电压保护根据负载的性质，可采用 RC 或氧化锌压敏电阻保护，接线如图 2-51 所示。

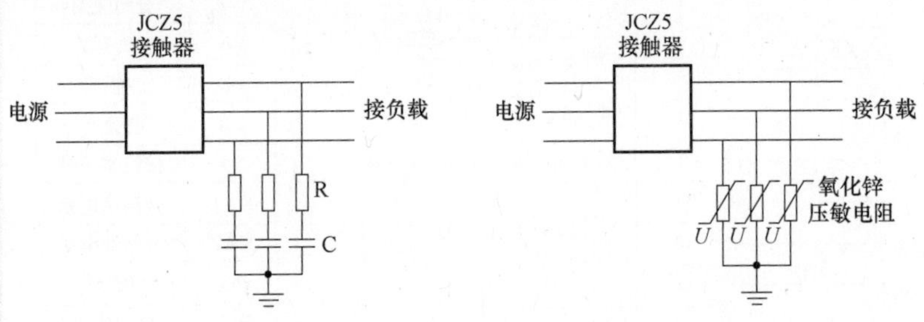

图 2-51　JCZ5 型真空接触器一次侧的过电压保护

（2）真空接触器在运行中，其工作电压和工作电流不允许超过额定值。

（3）如果运行中真空接触器拒绝合闸，除了其他原因之外，可能至少有一只灭弧室真空度恶化，定期用打耐压法来判定真空

度，在分闸状态的灭弧室触点间施加工频试验电压1min，如果发现击穿或闪络，则须更换灭弧室。

（4）运行中若发现接触器在合闸状态，灭弧室动导电杆上烧损标志消失，则须更换灭弧室。

真空接触器的常见故障及处理方法见表2-43。

真空接触器出现故障的概率不高，常见的故障有通电后拒绝合闸、无法保持、接触器动作迟缓不利落等，可参照表2-43介绍的处理方法解决。

表2-43　真空接触器的常见故障及处理方法

故障现象	产生原因	处理方法
通电后拒合	1. 供电线路或线圈合闸回路断线 2. 线圈断路 3. 辅助开关常闭触点接触不良 4. 桥式整流桥损坏 5. 有异物卡住衔铁 6. 灭弧室损坏漏气	1. 检查线路，找出断点，重新接好 2. 更换线圈 3. 修理或更换辅助触点 4. 更换整流桥 5. 清理异物 6. 更换灭弧室
接触器无法保持	1. 电源电压过低 2. 保持线圈烧坏或线圈断线 3. 辅助开关触点转换不合理 4. 机械锁扣调整不合理	1. 调整到额定电压 2. 更换线圈或找出断点重新接好 3. 将辅助开关稍向后移 4. 调整机械锁扣装置
接触器动作过于缓慢，不利落	1. 电源电压过低 2. 铁心紧固螺钉松动 3. 方轴转动不灵活 4. 灭弧室动导电杆摩擦力太大 5. 分闸弹簧反力不合适 6. 拐臂与调整螺母摩擦力太大	1. 调整到额定电压 2. 紧固螺栓 3. 转轴部位注入润滑油 4. 在摩擦部位涂润滑油 5. 调整分闸弹簧反力 6. 涂润滑油
线圈烧坏性损坏	1. 电压不符 2. 线圈长期受潮或腐蚀性气体侵害 3. 辅助开关常闭触点在接触器合闸后未打开	1. 检查线圈电压，采取相应措施 2. 更换线圈并改善环境 3. 向前调整辅助开关或修理触点

2.12　高压隔离开关

隔离开关用于在没有负载电流的情况下接通或断开电路，设备维修时，可使电路有一个明显可见的开断点，从而保证维修人员的安全。由于某些型号的高压开关柜装有两台隔离开关，分别安装在

隔离开关一般不用于带负载分、合闸，只允许在空载情况下操作，但有时也可分合诸如电压互感器之类的较小容量负载。

开关柜的顶部和底部，所以有上隔离开关和下隔离开关之分，它们的工作原理相同，而结构上略有区别。图 2-52 所示为一款高压隔离开关的外形图。

图 2-52　一款高压隔离开关的外形图

2.12.1　GN30 型户内高压隔离开关

GN30-10 系列户内交流高压旋转式隔离开关的额定电压为 10kV，额定电流至 5000A，用于有电压无负荷的情况下接通和转换线路，适用于户内三相交流 10kV、50Hz 的电力系统中。其型号组成及含义见图 2-53。

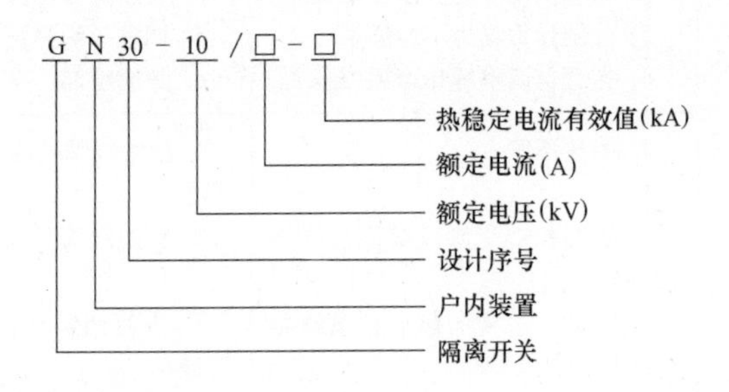

图 2-53　GN30-10 系列户内高压隔离开关型号组成及含义

1. 主要技术参数

GN30-10 系列隔离开关的主要技术参数见表 2-44。

2. 结构与工作原理

GN30-10/630A、1000A、1250A、1600A/25kA、40kA，GN30-

10/2000A、2500A、3150A、4000A、5000A/50kA 的隔离开关，绝缘部分全部采用大爬距瓷质绝缘子，安全可靠。触点和接线端子全部采用线状接触，能有效地降低操作力和转动的灵活性。

GN30-10 系列隔离开关的最高工作电压为 12kV，通常用于额定电压 10kV 的电力系统。额定电流从 630A 开始，分多个等级，最大可达 5000A。

表 2-44　GN30-10 系列隔离开关主要技术参数

型　　号	额定电压/kV	最高工作电压/kV	额定电流/A	4s 热稳定电流/kA	动稳定电流峰值/kA
GN30-10/630-25	10	12	630	25	63
GN30-10/1000-31.5	10	12	1000	31.5	80
GN30-10/1250-31.5	10	12	1250	31.5	80
GN30-10/1600-40	10	12	1600	40	100
GN30-10/2000-50	10	12	2000	50	125
GN30-10/2500-50	10	12	2500	50	125
GN30-10/3150-50	10	12	3150	50	125
GN30-10/4000-50	10	12	4000	50	125
GN30-10/5000-50	10	12	5000	50	125

隔离开关的分合闸是靠机构传动来实现的，操动机构的操作手柄可使隔离开关具有两个位置：工作位置（合闸位置）和隔离位置（分闸位置）。机构的杆件与拐臂合理装配，使隔离开关的合闸能准确运行到规定位置上，即向上旋转操作手柄时，隔离开关运动到工作位置；向下旋转时，隔离开关运动到隔离位置，完成分闸操作。

GN30-10 型隔离开关采用 JS 型联锁操作机构传动，可保证隔离距离≥150mm，而且在转动操作手柄使隔离开关合闸和分闸时，能准确锁定。

3. 使用与维护

隔离开关必须在线路与电源切断后，即不带电的情况下才允许进行检修，例如清除产品上的污物、灰尘，仔细擦拭绝缘子及底架上的接地螺钉部位。检修中对绝缘子进行详细检查，看其有否损坏，触点接触是否良好，并在接触处涂上一层工业凡士林。检查紧固件的连接是否牢固，接地螺钉不允许松动，也不得有生锈现象。触点、触刀如有严重损坏或压力弹簧发生永久性变形的，必须进行更换才能继续使用。

安装或检修完毕后必须进行几次分合闸试验，保证操作灵活，到位准确。

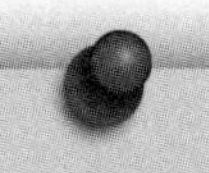

GN19 系列户内高压隔离开关的额定电压为 10kV，除了具有一般隔离开关的特性以外，它还有高原型派生产品，适用于高海拔地区的应用。

GN19-10 型隔离开关配用全国统一设计的 CS6－1T 或 CS6－1G 型手动操动机构，安装形式灵活多样，可以水平、垂直、倾斜安装在开关柜内，也可安装在支柱、墙壁、横梁、天花板及金属构架上。额定电流可选范围从 400A 至 1250A。

2.12.2 GN19 系列户内高压隔离开关

GN19 系列户内高压隔离开关为额定电压 10kV、三相交流 50Hz 的高压电气设备，用于在电力网络中有电压而无负荷的情况下，分断与关合电路之用。也有高原型等其他派生产品，其型号组成及含义如图 2-54 所示。

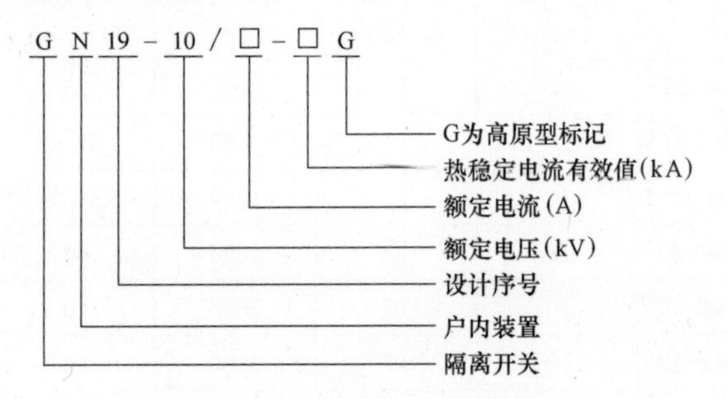

图 2-54 GN19 系列户内高压隔离开关型号组成及含义

GN19 系列隔离开关为三极型，它由底座、转轴及杠杆、支持瓷绝缘子、刀开关及接线板等部分组成。隔离开关的每相导电部分通过两个支柱绝缘子固定在底座上，GN19-10C 为普通穿墙型，所以使用一个支柱绝缘子和一个瓷套管。三相平行安装。隔离开关的底座装配由底座、主轴、限位器、止挡圈等组成。限位器主要用来保证导电触刀分、合时得到所要求的终点位置。

GN19-10 型为普通平装型，GN19-10C 型为普通穿墙型，GN19-10/600-40G 型为平装高原型，GN19-10C/600-40G 为穿墙高原型。

导电部分由刀开关和静触点组成。每相刀闸为两片槽型铜片，它不仅增大了刀开关的散热面积，对降低温升有利，而且提高了刀开关的机械强度，使开关的动稳定性提高。开关触点的接触压力是靠两端接触弹簧维持的。每相刀开关中间均连有拉杆绝缘子，拉杆绝缘子与安装在底座上的转轴相连，转轴两端伸出底座，其任何一端均可与操动机构相连。

GN19-10/1000、1250 型及 GN19-10C/1000、1250 型在刀开关接触处安装有磁锁压板。加磁锁压板的目的是：当很大的短路电流通过时，加强了槽型刀开关之间的吸引力，也增加了刀开关接触处的接触压力，从而提高了开关触点的动热稳定性。400A、630A 的隔离开关的极限通过电流较小，故结构上没有磁锁压板。

GN19 系列户内高压隔离开关的技术数据见表 2-45。

表 2-45　GN19 系列户内高压隔离开关的技术数据

型　号	额定电压/kV	最高工作电压/kV	额定电流/A	动稳定电流峰值/kA	4s 热稳定电流有效值/kA
GN19-10/400-12.5 GN19-10C/400-12.5	10	11.5	400	31.5	12.5
GN19-10/630-20 GN19-10C/630-20			630	50	20
GN19-10/1000-31.5 GN19-10C/1000-31.5			1000	80	31.5
GN19-10/1250-40 GN19-10C/1250-40			1250	100	40

2.13　真空断路器的操动机构

真空断路器是电动机起动与控制以及电力线路一次电路中不可缺少的关键性一次设备，而真空断路器的合闸与分闸又必须依赖操动机构的支持，因此，断路器应尽可能地配置性能优异的操动机构。

当前可供选用的操动机构有三类，即电磁操动机构、弹簧储能操动机构和永磁操动机构。

2.13.1　电磁操动机构

电磁操动机构的生产与使用开始比较早，已经有几十年的历史。直流电磁操动机构利用电磁铁将电能转变为机械能来实现断路器分闸与合闸，因此称为电磁操动机构。CD10 型操动机构是电磁操动机构的一种，型号中的“C”指操动机构，“D”为电磁式，“10”为设计序号。这款操动机构为户内动力式机构，供操作真空断路器和 SN10-10 系列高压少油断路器用。此机构可以电动合闸、电动分闸和手动分闸，也可以进行自动重合闸，合闸分闸时所消耗的能量由辅助的直流电源供给。操动机构装有脱扣电磁铁，能保证使用电动或手动方式使断路器分闸。CD10 型电磁操动机构的外形如图 2-55 所示。

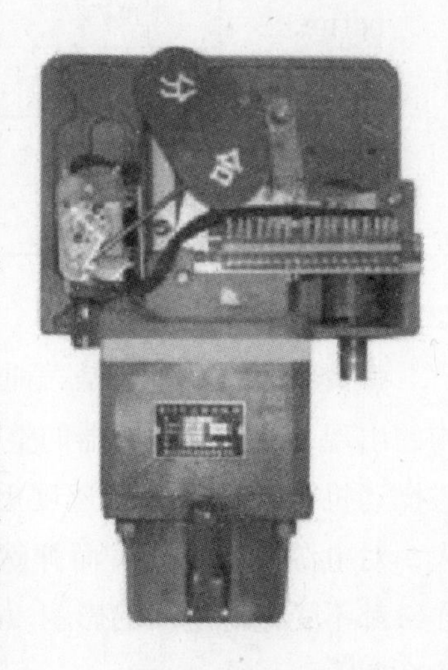

图 2-55　CD10 型电磁操动机构外形图

电磁操动机构的缺点是结构复杂，机械零件有120个之多，因此引发的故障较多，据国内外对断路器故障率的统计，有70%的故障来自操动机构的机械部分。另外，电磁操动机构的操作功率大，也使其发展空间和使用范围受到一定限制。

CD10型电磁操动机构的技术数据见表2-46。

表2-46 CD10型电磁操动机构的技术数据

名称 \ 机构型号		CD10 Ⅰ	CD10 Ⅱ	CD10 Ⅲ
DC220V合闸线圈	电流/A	98	120	147
	电阻/Ω	2.22±0.18	1.82±0.15	1.5±0.12
DC110V合闸线圈	电流/A	196	240	294
	电阻/Ω	0.56±0.05	0.46±0.04	0.38±0.03
DC24V分闸线圈	电流/A	37		
	电阻/Ω	0.65±0.03		
DC48V分闸线圈	电流/A	18.5		
	电阻/Ω	2.6±0.13		
DC110V分闸线圈	电流/A	5		
	电阻/Ω	22±1.1		
DC220V分闸线圈	电流/A	2.5		
	电阻/Ω	88±4.4		

2.13.2 弹簧储能操动机构

弹簧储能操动机构是一种较新的断路器操动机构，这种操动机构的出现，对提高断路器的整体性能起到了较大作用。因为传统电磁操动机构在提高合闸速度上受到一定限制，它的合闸功率也较大，对电源要求较高。而弹簧储能操动机构采用的手动或电动操作，都不受电源电压的影响。既有较高的合闸速度，又能实现自动重合闸。

CT19是弹簧储能操动机构的一个系列号。其型号组成及含义如图2-56所示。它可供操作高压开关柜中ZN28型高压真空断路器及其合闸功与之相当的其他类型的真空断路器之用，其性能符合

电磁操动机构的使用已经有几十年的历史。这款操动机构为户内动力式机构，供操作真空断路器和SN10－10系列高压少油断路器用。

电磁操动机构的缺点是操作功率大，合闸电流在几十安至几百安之间。

与断路器的电磁操动机构相比，弹簧储能操动机构合闸时，使用几百W的电动机使储能弹簧储能，然后用弹簧储存的能量使断路器合闸，合闸所需的电源功率明显较小。它有较高的合闸速度，又能实现自动重合闸，因此得到广泛的应用。

GB 1984—2014《高压交流断路器》的要求，其主要指标均达到和超过 IEC 标准。机构合闸弹簧有电动机储能和手动储能两种；分闸操作有分闸电磁铁、过电流脱扣电磁铁及手动按钮操作三种；合闸操作有合闸电磁铁及手动按钮两种。

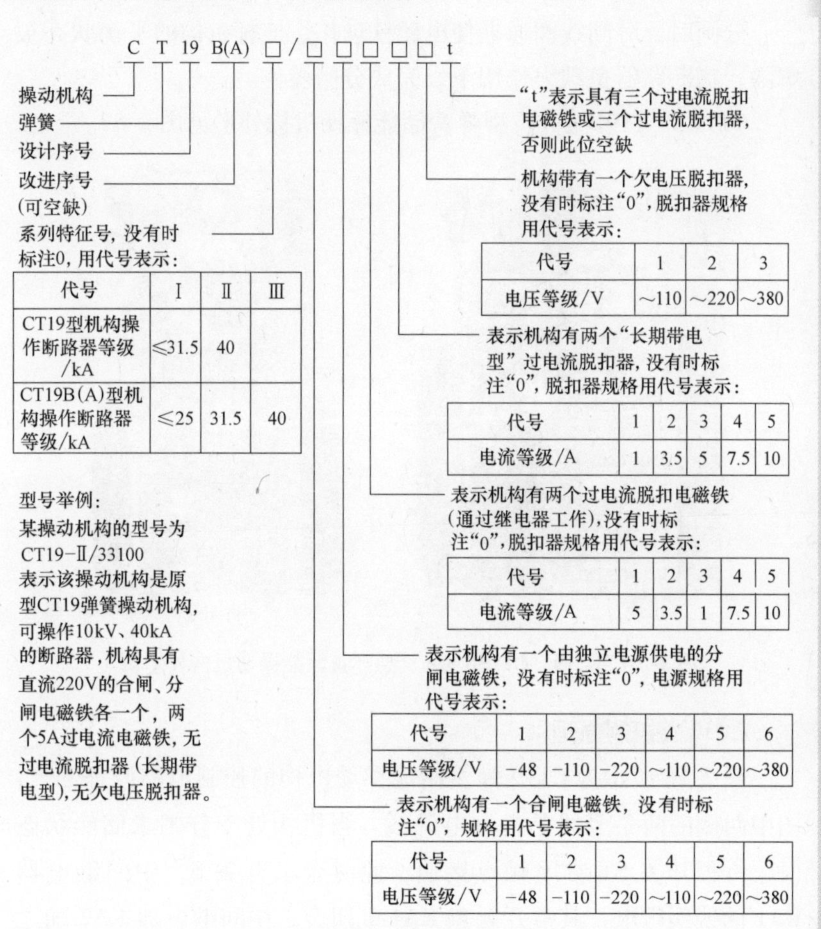

代号	Ⅰ	Ⅱ	Ⅲ
CT19型机构操作断路器等级/kA	≤31.5	40	
CT19B(A)型机构操作断路器等级/kA	≤25	31.5	40

代号	1	2	3
电压等级/V	～110	～220	～380

代号	1	2	3	4	5
电流等级/A	1	3.5	5	7.5	10

代号	1	2	3	4	5
电流等级/A	5	3.5	1	7.5	10

代号	1	2	3	4	5	6
电压等级/V	-48	-110	-220	～110	～220	～380

代号	1	2	3	4	5	6
电压等级/V	-48	-110	-220	～110	～220	～380

图 2-56　CT19 系列弹簧储能操动机构型号组成及含义

1. 机械部分原理简介

CT19、CT19B（A）型弹簧储能操动机构由电动机提供储能动力，经两级齿轮减速，带动储能轴转动，实现给储能弹簧储能。弹簧储能到位时，摇臂推动行程开关，切断电动机电源。

人力储能时，将人力储能操作手柄插入储能摇臂插孔中，然后上下摆动，通过摇臂上的棘爪驱动棘轮，并带动储能轴转动实现对合闸弹簧储能。

操动机构储能完成后即保持在储能状态，若准备合闸，可使合闸线圈通电，继而电磁铁动作，储能保持状态被解除，合闸弹簧快速释放能量，完成合闸动作。

分闸时，分闸线圈通电使电磁铁动作，连杆机构的平衡状态被解除，在断路器负载力作用下，完成分闸操作。

CT19、CT19B（A）型弹簧储能操动机构外形见图 2-57。

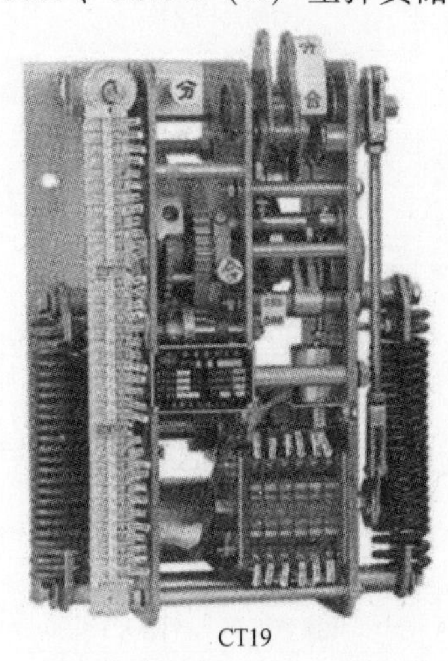
CT19

CT19B(A)

图 2-57　CT19、CT19B（A）型弹簧储能操动机构外形图

2. 电气控制原理

图 2-58 所示为 CT19 弹簧储能操动机构的控制电路原理图，图中两侧的两条竖线是控制电源线。当机构处于分闸未储能状态时，行程开关 ST 常闭触点接通，此时合上开关 S，中间继电器 KA1 的线圈得电，其常开触点 KA1-1 闭合，中间继电器 KA2 随之动作，KA2 的常闭触点 KA2-2 打开，常开触点 KA2-1 闭合，电动机 M 与电源接通，合闸弹簧开始储能。如果合闸弹簧未储能到位，即行程开关 ST 的常闭接点未被打开，则常闭触点 KA2-2 不会闭合，这时即使将控制开关 SA 投向合闸位置，合闸线圈 WC 也不会通电，以免产生误动作。储能完成以后，行程开关 ST 的常闭触点被打开，中间继电器 KA2 断电，触点 KA2-1 断开，电动机 M 断电停转。此时若将控制开关 SA 投向合闸位置，合闸线圈 WC 将通电使电磁铁动作，机构进行合闸操作。

在图 2-58 中，CT19 弹簧储能操动机构的储能弹簧储能后，断路器的合闸由 SA 开关控制，当操作 SA 开关使串联在合闸线圈 YC 回路中的触点闭合时，断路器合闸。断路器合闸后，操作 SA 开关使串联在跳闸线圈 YR 回路中的触点闭合时，断路器跳闸。

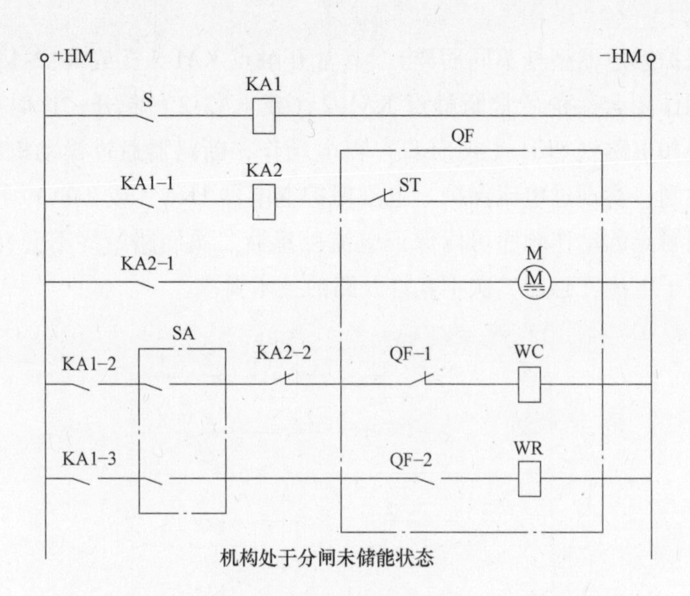

图 2-58　CT19 弹簧储能操动机构控制电路原理图

S—开关　KA1、KA2—中间继电器　QF—断路器　ST—行程开关
M—电动机　SA—控制开关　QF-1—断路器常闭辅助触点　QF-2—断路器常开辅助触点　WC—合闸线圈　WR—分闸线圈

操动机构使断路器合闸后，安装在操动机构内、被称作断路器辅助触点的 QF-1 和 QF-2 同时动作，其中常闭触点 QF-1 断开，切断合闸线圈的电源；常开触点 QF-2 闭合，为断路器分闸做好准备。此时若将控制开关 SA 投向分闸位置，分闸线圈 WR 将通电使电磁铁动作，操动机构使断路器实现分闸。分闸后常开触点 QF-2 断开，分闸线圈 WR 的电源被切断。

3. 过电流保护原理

弹簧操动机构的所谓合闸和分闸，即断路器的合闸和分闸。断路器合闸后，所控制的一次电路中就会有负载电流。一次电路中负载电流的过电流保护，是通过 CT19 型操动机构来实现的。保护原理如图 2-59 所示。

图 2-59 中的 TA_U 和 TA_W 是连接在一次电路中的电流互感器，KA1 和 KA2 是电流保护继电器，SLJ1 和 SLJ2 是弹簧操动机构内部的两个过电流脱扣电磁铁。当负载电流例如电动机运行电流出现过电流并超过电流保护继电器 1KA（或 2KA）的整定动作电流时，1KA（或 2KA）立即或按反时限特性延时后动作（因所选的过电

> 在图 2-59 所示的弹簧操动机构过电流保护电路中，电流继电器 1KA 和 2KA 各有一对常开触点和一对常闭触点。这款电流继电器的这两对触点的动作顺序与普通继电器不同，不是常闭触点先断开，之后常开触点才闭合，而是常开触点先闭合，而后常闭触点才断开。这样的特点使得电流互感器的二次电路始终不会开路，满足了电流互感器的运行技术要求，又能保证过电流保护功能的实现。

流保护继电器型号不同而异），其常开触点 KA1-1（或 KA2-1）首先动作闭合，稍后常闭触点 KA1-2（或 KA2-2）断开，这时过电流脱扣电磁铁 SLJ1（或 SLJ2）得电动作，断路器通过操动机构实施跳闸，实现过电流保护。电流保护继电器 1KA（或 2KA）常开、常闭触点的动作顺序可以保证电流互感器二次回路始终不会开路，满足了电流互感器二次不允许开路的技术要求。

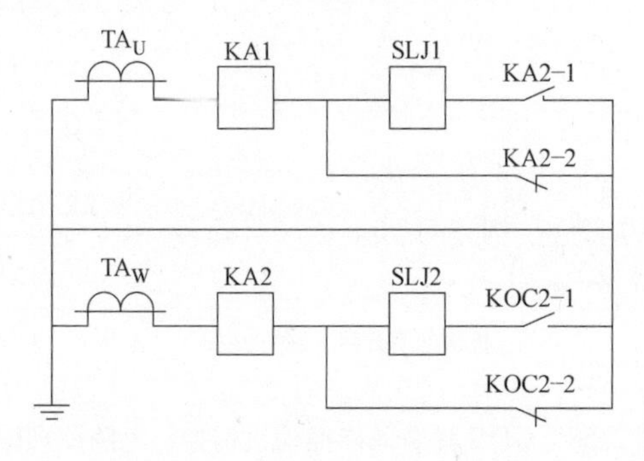

图 2-59　CT19 型操动机构过电流保护原理图

2.13.3　永磁操动机构

永磁操动机构是国内近些年来开始制造并投入应用的真空断路器操动机构，具有出力大、重量轻、操控方便、动作可靠等优点。永磁操动机构使用的零件数量比弹簧机构减少了 90% 以上，结构大为简化。在合闸位置，操动机构永久磁铁利用动、静铁心提供的低磁阻抗通道将动铁心保持在合闸位置；在分闸位置，通过分闸弹簧保持；因此机械传动非常简洁。真空灭弧室触点运动平稳，无拒合、拒分及误合、误分现象。手动分闸也灵活方便。

将永磁体应用于脱扣器，国外早在 20 世纪 60 年代就已开始研究，80 年代新型永磁体钕铁硼稀土材料的出现才为永磁技术应用奠定了基础，90 年代英国设计出第一台样机。国际著名电器生产商 ABB 公司研制成功的 VM1 真空断路器配置的就是双稳态双线圈永磁操动机构。国内目前已有几十个厂家能生产永磁机构，经过数年的运行实践，证明这种机构是一种简单可靠、性能卓越、免调试、免维护机构，寿命可达 10 万次以上。永磁机构近期内将与弹簧机构并驾齐驱，以后可能逐渐成为主流产品。

图 2-60 所示为一种永磁操动机构的外形图。

虽然弹簧储能操动机构解决了电磁操动机构合闸功率大的问题，但其机械结构复杂，许多机械故障的维修不是一般电气工作人员能够胜任的。永磁操动机构以其结构简单、维修方便、合闸耗能少的特点在人们的期待中应运而生。

永磁操动机构目前在国内已有生产，并大量推向市场，随着应用普及率的提高，价格逐渐降低，势必成为断路器操动机构的主流产品。

1. 工作原理

合闸时，智能控制器控制外部电路向线圈提供驱动电流，线圈电流产生的磁场与永久磁铁产生的磁场方向一致，相互叠加，当驱动力大于断路器的分闸保持力时，动铁心开始向下运动，并且驱动力随着磁隙的减小而急剧增大，最终将动铁心推到合闸位置。此时控制器按程序设定的保护时间切断线圈电源。由于这时铁磁回路已经闭合，永磁体的磁场力已足以满足断路器维持合闸的需求，从而使断路器处于合闸位置，并保持在合闸状态。

图 2-60　永磁操动机构的外形图

分闸时，向线圈施加一个与合闸时极性相反的分闸电流，该电流产生的磁场与永磁体产生的磁场方向相反，削弱了铁磁回路的磁场，使剩余磁力小于断路器的合闸保持力，在分闸电磁力、分闸弹簧和触点弹簧的共同作用下，动铁心回到分闸位置，并保持在分闸状态。

2. 关于操作电源

断路器操动机构使用的直流电源由配电室直流屏提供，为了保证直流系统异常停电时断路器仍能可靠跳闸，直流屏应配置蓄电池或电容器，正常工作时它们处于浮充电状态。当前常用配置蓄电池的直流屏作为合、分闸的直流电源，而永磁机构由于所需的电源容量较小，采用配置电容器的直流屏作为合、分闸的直流电源。原因分析如下：第一，永磁机构完成一次分—合—分的操作，所需能量在 250J 以下，电容器完全可以满足这一要求。由于电容器容量较小，只需几秒时间即可充满电，充电电流也在 2A 范围以内，所以电源容量一般在100V · A以下，即便停电 24h 仍能进行分闸操作。第二，从供电性质来看，合、分闸操作的冲击性负载性质很适合由电容器供电，而冲击性负载对蓄电池是很不利的。第三，从充电电源来考虑，电容器对滤波、稳压要求不高。第四，电容器能经受短路的冲击，可放电到任意电压不受损坏，而蓄电池在这些性能

> 永磁操动机构的合闸与分闸共用一个线圈，合闸时，控制电路向线圈提供驱动电流，线圈电流产生的磁场与永久磁铁产生的磁场方向一致，相互叠加，使断路器合闸。
>
> 分闸时，向线圈施加一个与合闸时极性相反的电流，该电流产生的磁场与永磁体产生的磁场方向相反，使断路器分闸。

> 由于永磁操作机构合闸所需能量较小，所以可采用配置电容器的直流屏作为合、分闸的直流电源。电容器作为操动机构的操作电源，很适合用作合、分闸操作的冲击性负载，而且电容器可放电到任意电压不受损坏，这都是原来使用蓄电池作直流备用电源的性能所不及的。

上都不及电容器。五是从经济上讲，电容器比蓄电池投资省、重量轻、寿命长、维护简单。因此，只要电容器容量足够大，作为合、分闸的能源是非常理想的。

3. 智能控制

智能控制器强大的处理功能可以方便实现各种自动化保护功能，所以只要开关柜内装配了永磁断路器，就可实现以往开关柜使用很多电器元件才能实现的所有继电保护与控制功能。

第3章 Chapter 3

应用电子技术的功能器件

3.1 JD-6型电动机综合保护器的原理与维修

JD-6型电动机综合保护器具有断相、过载和短路保护功能。电动机运行中出现断相异常时，保护器可在2s时限内将电动机与电源断开。电动机运行电流超过设定的过载临界电流值或出现接近短路的异常大电流时，保护器按照反时限特性（过载倍数大，动作时限短；过载倍数小，动作时限长）进入保护延时状态，延时结束则通过交流接触器断开电动机电源，保护电动机的安全。

3.1.1 工作原理分析

JD-6型电动机综合保护器的电气原理图如图3-1所示，与电动机的配合接线如图3-2所示。图3-1中变压器T二次侧的15V电压经二极管VD1～VD4桥式整流、电容器C1滤波后，得到15V左右的直流电压作为保护器的工作电源。双时基电路NE556是主控芯片。电动机运行时，串接在电动机主电路的电流互感器1TA～3TA用来检测电动机的运行电流，其中1TA二次的电流信号经VD5半波整流、C2滤波以及R1限流，使晶体管V1处于导通状态。同理，2TA、3TA的电流信号也使晶体管V2和V3分别导通。

1. 断相保护

电动机的断相保护由NE556的一个时基电路即8～13脚内外电路实施。电动机起动运行后，电流互感器1TA～3TA的一、二次回路均有电流，晶体管V1～V3均导通，电容器C1正极的15V电压经晶体管V1、V2、V3和电阻R12到地，此时R12两端电压约

电动机的过电流和短路保护可使用传统的元器件，例如热继电器、电流继电器等，也可以使用本章介绍的应用电子技术的功能器件，例如电动机综合保护器、微机综合保护器等。应用电子技术的功能器件保护更快捷，更准确，实现的保护功能更多。

图3-1中使用的NE556是两个时基电路NE555的组合。在本电路中的应用很巧妙。

NE555可组成单稳态、双稳态、无稳态、定时器等各种应用电路。

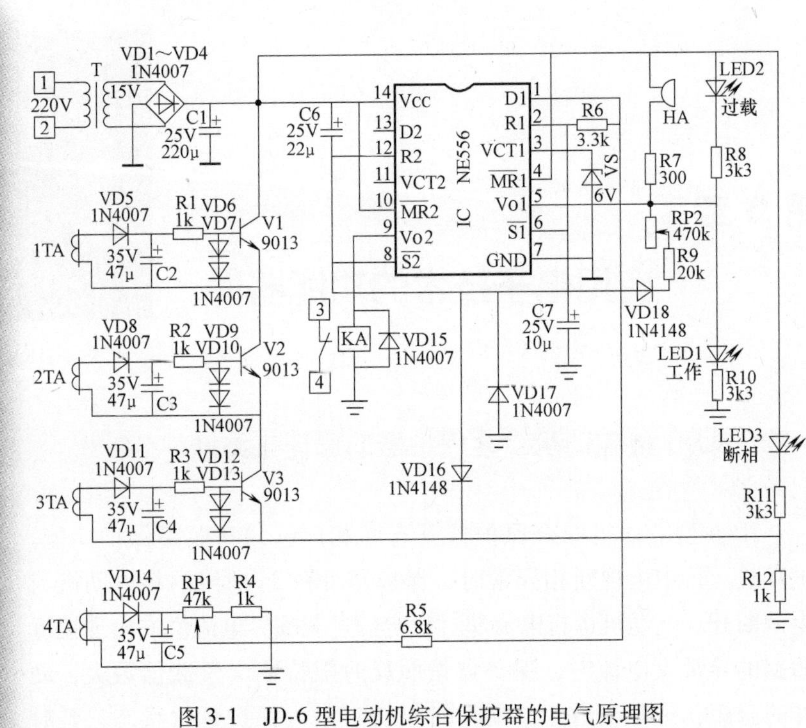

图 3-1　JD-6 型电动机综合保护器的电气原理图

为 14V。同时电容器 C6 经二极管 VD16 和 R12 充电，充电终止时 NE556 的 12 脚 R2 端和 8 脚$\overline{\text{S2}}$端电压约为 14.7V。根据时基电路的工作原理，此时其输出端 9 脚 Vo2 端被复位，为低电平，继电器 KA 线圈两端无电压不动作，常闭触点维持在闭合状态，由图 3-2 可见，已起动的电动机可以正常运行。

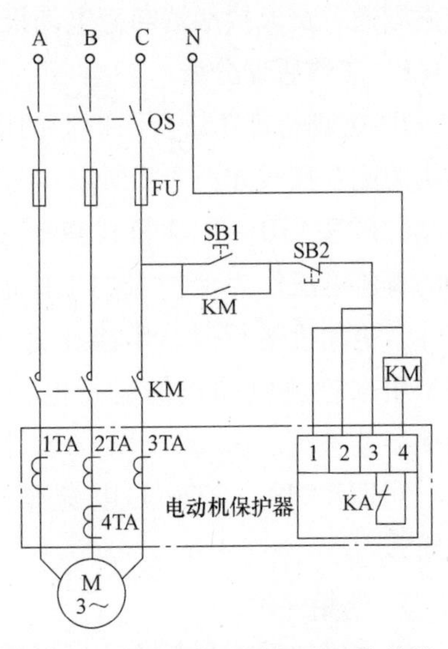

图 3-2　保护器与电动机的配合接线

如果电网断相，或有熔断器 FU 熔断，相应相别的电流互感器电流为零，由该电流信号控制的晶体管截止，电阻 R12 上的电压发生变化，其数值由断相指示灯 LED3、电阻 R11 和 R12 决定：断相时 LED3 点亮，其两

电动机运行时，电流互感器二次侧有电流，该电流信号可以打开一个电子开关，若有断相，对应的电子开关即被关断。由于各个电流互感器对应的电子开关呈串联关系，所以，一旦断相，必有一个电子开关断开，致使呈串联关系的总开关断开，最终实现断相保护。

端电压约为 2V。电阻 R11 和 R12 对 13V 电压（15V 电源电压减去 LED3 的 2V 压降）分压，R12 上可分得约 3V 电压。这时电容器 C6 经二极管 VD16 和电阻 R12 在新的电路状态下继续充电，当充电使 C6 下端即 NE556 的$\overline{S2}$端电位等于$\frac{1}{3}$Vcc（约 5V）时，时基电路被置位，输出端 Vo2 电位变高，继电器 KA 得电动作，常闭触点断开，由图 3-2 可见，交流接触器 KM 失电释放，电动机停止运行，得到保护。断相后 C6 充电至继电器动作的时间即为断相保护时限，大约为 2s。

2. 过载与短路保护

由于短路是过载的一种极端情况，且保护器对过电流的保护具有反时限特性，因此下面对过载和短路一并进行讨论。电动机的过载与短路保护由 NE556 的另一个时基电路，即 1 ~6 脚内外电路实施。这部分电路是一个较典型的多谐振荡器。过电流信号由电流互感器 4TA 拾取。4TA 二次的电流信号经二极管 VD14 整流、电容器 C5 滤波，由过载电流设定电位器 RP1 调整，再通过电阻 R5 和 R6 对电容器 C7 充电，使 C7 上有一个与电动机运行电流相对应的直流电压。时基电路的 VCT1 端即 NE556 的 3 脚接有一只 6V 的稳压管 VS，这使该时基电路的复位、置位阈值由原来的$\frac{2}{3}$Vcc、$\frac{1}{3}$Vcc 改变为 VCT 和$\frac{1}{2}$VCT，即 6V 和 3V。这实际上是给过载电流动作值提供了一个用于比较的准确基准电压，消除电网电压波动引起的阈值波动影响。当电动机正常运行时（未过载），电容器 C7 即复位端 R1（2 脚）上的电压低于 3 脚复位电平 6V（由电位器 RP1 调整设定），时基电路输出端 Vo1 为高电平，发光管 LED1 点亮，指示电动机运行正常。当电动机过载，运行电流超过设定值时，与电动机运行电流有对应关系的电容器 C7 两端电压也即复位端 R1（2 脚）电压等于或超过复位电平 6V 时，时基电路复位，时基电路进入多谐振荡状态，输出端 Vo1（5 脚）和放电端 D1（1 脚）电位同时变低；之后 C7 经 R6 向 1 脚放电，当 C7 上电压放电至$\frac{1}{2}$VCT 即 3V 电压时，时基电路置位，输出端 Vo1（5 脚）电位变高，放电端 1 脚呈开路状态，C7 重新开始充电，进入下一个振荡周期。

所谓反时限特性，是说电动机的过电流倍数越大，从出现过电流到保护停机所需的时间越短，过电流倍数越小，从出现过电流到保护停机所需的时间越长。

这样在电动机过载期间，输出端 Vo1（5 脚）电位会不断地进行高低电平转换。接在 Vo1 端的蜂鸣器 HA 和过载指示灯 LED2 间歇鸣叫或闪光，提示电动机过载。振荡使 Vo1 端低电平时，电容器 C6 经二极管 VD18、电阻 R9、电位器 RP2 充电，经过多个周期的充电，C6 负极电位逐渐降低，当低至 NE556 置位端$\overline{S2}$端 8 脚阈值电平时，输出端 Vo2 变高，继电器 KA 动作，电动机断电停止运行。电动机过载电流倍数较大时，电位器 RP1 中间头电压较高，C7 能较快地充电至 VCT 即 6V 电压，而 C7 的放电回路参数未变，因此，振荡脉冲中低电平所占时间相对较长，这时 C6 充电速度较快；相反，过载电流倍数较小时，振荡脉冲中低电平所占时间相对较短，C6 充电速度较慢。这使得电动机的过载保护具有反时限特性。

电位器 RP1 可对过载保护起动电流进行整定，RP2 可对过载保护的反时限特性进行调整。电动机停机，或断相、过载保护动作后，二极管 VD17 给电容器 C6 提供一个快速放电回路，例如，C6 正极经 LED3、R11、R12 和 VD17 到 C6 负极，为下一次起动电动机做好准备。并接在晶体管 V1 ~ V3 发射结上的 6 只二极管起限幅作用，当电动机出现异常过电流导致电容器 C2 ~ C4 上电压过高时，可保护晶体管发射结的安全。综合保护器内部使用的电源变压器 T，其一次电压有 220V 和 380V 等几种。

3.1.2 维修实例

实例 1：电动机起动时可见旋转动作，断相灯亮，2s 后交流接触器释放，起动失败。

电动机若在起动时就断相，不会有旋转动作。用万用表测量可知并不断相。将电动机综合保护器的 3 号和 4 号端子用导线短接再行起动，电动机起动成功，说明问题出在保护器内部。拆下保护器，打开外壳，检查与断相保护相关的电路元件，发现电阻 R2 虚焊，补焊后故障排除。应该说明的是，电流互感器二次可以短路，但不允许开路。电阻 R2 虚焊开路相当于电流互感器 2TA 二次开路，这将导致电流互感器二次出现异常过电压，使电容器 C3 击穿。当然电阻 R2 虚焊开路或 C3 击穿除了引发断相误保护外，不会出现其他异常。本例维修中检查 C3 并未损坏。

电路通电运行中，电流互感器二次是不允许开路的。若有开路，将导致二次电压大幅度增高，有可能导致绝缘击穿。本案例中，R2 虚焊开路初期，尚有电容器 C3 具有一定的充电空间，电流互感器 2TA 二次不能形成真正的开路状态，随之断相保护动作，电流互感器一次电流为零，二次侧开路的隐患彻底消除。参见下图。

实例2：电动机运行中过载指示灯闪烁，蜂鸣器鸣叫，但长时间后仍未保护停机。

过载灯闪烁说明过载保护电路已启动，长时间不保护停机应立即手动停机检查。因为保护器接在线路中检查非常不便，一般应拆下在实验台上检修。若无实验台具也可将保护器拆下，打开外壳，用万用表测量检查电容器C6，继电器KA，以及控制芯片NE556。NE556可更换试验，C6应检查其充放电特性及是否漏电。本例中发现继电器KA线圈断线，更换后故障排除。

3.2　XJ11型电动机保护器的原理与使用

目前在低压配电装置中大量使用的电动机保护器通常仅具有过电流和短路等电流保护功能，这里介绍的电动机保护器则具有功能完善的电压保护功能，这些功能包括过电压、欠电压、断相和相序异常等保护。如果电动机配置上电流和电压的双重保护，对于一些重要的设备来说，其安全运行的可靠性将会大大提高。

3.2.1　工作原理分析

XJ11型电动机保护器的电路原理图如图3-3所示。下面分析其工作原理。

图3-3中使用了4只集成块，其中IC1是四运放电路LM324；IC2是光耦合器，可使输入端和输出端之间具有良好的隔离与绝缘；IC3是三端稳压器LM7812，可输出稳定的+12V电压，额定输出电流1.5A；IC4是三输入端与非门电路CD4023，双列直插封装。

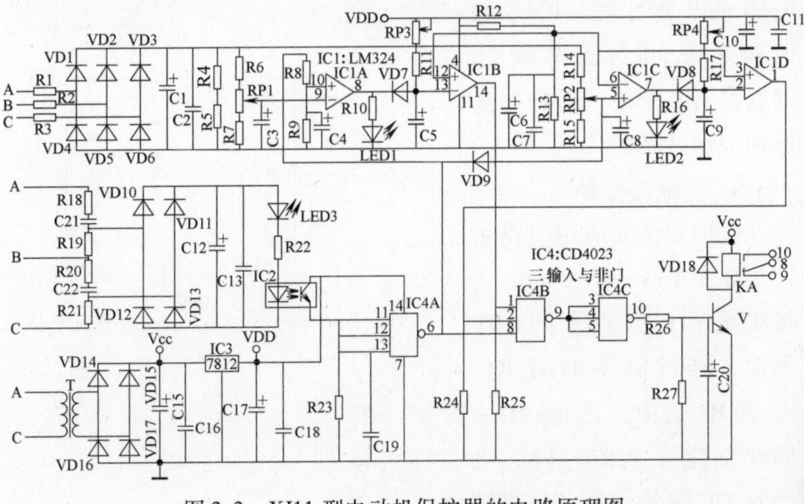

图3-3　XJ11型电动机保护器的电路原理图

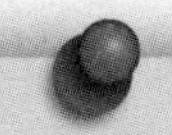

1. 工作电源

380V 电源经变压器 T 降压，二极管 VD14～VD17 整流，电容器 C15 滤波，形成约 27V 的直流电压，称作 Vcc，是继电器 KA 线圈的驱动电源。再经三端稳压器 LM7812 稳压，形成 12V 稳定电压，给其他电路供电。

> 三端稳压器有三个引脚。手持三端稳压器，将其引脚朝下，面对有型号的一面，左侧引脚为输入端，右侧引脚为输出端，中间引脚是输入、输出的公共接地端，应用很方便。三端稳压器具有良好的热保护和过电流、短路保护功能。
>
> LM7812 中的 78 表示这是一款输出正电压的稳压器，12 表示输出电压为 +12V。另有末两位为 05 的稳压器，表示输出电压为 +5V。末两位为其他数字的，其输出电压判断方法与此类同。

2. 相序与断相保护

参见图 3-3，三相电源接入电阻 R18～R21 及电容器 C21、C22 等元件组成的移相电路，如果相序正确，且没有断相现象，则在由二极管 VD10～VD13 组成的整流器输入端的矢量电压较小，整流后的电压也小，发光二极管 LED3 及光耦合器 IC2 中的二极管电流较小，LED3 不能点亮，IC2 中的晶体管不导通，这时 3 输入与非门 IC4A 的 11、12、13 脚为低电平，输出端 6 脚为高电平，对其后电路 IC4B、IC4C 以及继电器 KA 不产生影响，保护器的输出状态不变，电动机可正常运行。如果三相电源相序接错，或者出现断相现象，则上述整流输出电压升高，发光二极管 LED3 点亮，指示相序错乱或有断相；同时，光耦合器 IC2 中的晶体管导通，IC4A 的 11、12、13 脚变为高电平，输出端 6 脚变为低电平，与 6 脚直接连接的 8 脚电位同时变低，根据与非门输入输出逻辑关系，IC4B 的 9 脚变高，IC4C 的 10 脚变低，晶体管 V 截止，继电器 KA 释放，保护器呈保护工作状态。

3. 欠电压保护

保护器接入应用电路后（见图 3-4），其 A、B、C 接线端子上即获得了 380V 电源，经过降压电阻 R1、R2 和 R3 后由二极管VD1～VD6 整流（见图3-3），电容器 C1 滤波，在 C1 两端生成相应的直流电压。该电压经电阻 R6、R7 和电位器

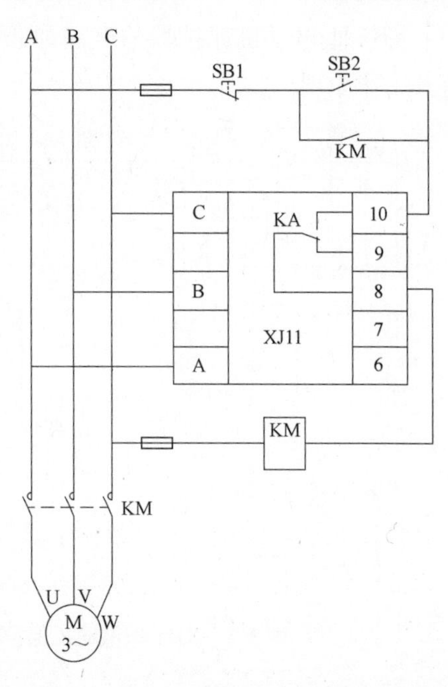

图 3-4　XJ11 型保护器与电动机的联合接线

RP1分压，并由RP1设置欠电压保护值，欠电压保护值设置范围对应于交流输入电压的300～380V，设置电压加在运算放大器IC1A（LM324，这里作电压比较器用）的9脚，与10脚电压（由电阻R8和R9对IC4A的6脚电压分压决定，当电源电压相序正确且没有断相时，IC4A的6脚为高电平）进行比较。当9脚电压因为三相电源电压降低而低于10脚电压时，IC1A的输出端8脚电位变高，这时二极管VD7截止，电容器C5经电位器RP3和电阻R11充电，充电电压使IC1B的13脚电压高于电阻R12、R13分压决定的12脚电压时，IC1B的输出端14脚电位变低，之后经IC4B和IC4C使保护器进入保护工作状态，实现欠电压保护。

调整电位器RP3，可改变C5充电速度，因此，RP3是欠电压保护的延时调整元件，延时时间可在1～10s间调整。当三相电源电压在正常范围时，IC1A的8脚为低电平，二极管VD7导通，电容器C5经VD7和IC1A的8脚放电，因此不能充电，保护器处于正常工作状态。

4. 过电压保护

电位器RP2设置过电压保护值，设置范围对应于交流输入电压的380～460V。当三相电源电压高于设定值时，IC1C的5脚电压会高于6脚（6脚电压由电阻R12、R13分压决定），这时IC1C的输出端7脚变为高电平，二极管VD8截止，电容器C9经电位器RP4和电阻R17充电，充电使IC1D的2脚电压高于电阻R12、R13分压决定的3脚电压时，IC1D的输出端1脚电位变低，之后经IC4B和IC4C使保护器进入保护工作状态。

过电压保护的延时时间，即过电压允许的持续时间可由RP4调整，设定范围为0.5～5s。当三相电源电压在正常范围时，IC1A的7脚为低电平，二极管VD8导通，电容器C9不能充电，保护器处于正常工作状态。

电动机的过电压保护很重要。过电压时，有可能对电动机的绝缘造成破坏，使电动机的输入功率出现异常变化，甚至损坏电动机。

3.2.2 应用电路

安装使用时的接线图如图3-4所示。图中XJ11是电动机保护器，SB2是电动机的开机按钮，SB1是停机按钮，KM是接通电动机三相工作电源的开关器件交流接触器。当三相电源电压正常且不断相时，保护器内的继电器KA得电吸合，其常开触点闭合，这时按下开机按钮SB2，电动机开始运行。运行中如果电源电压波动，且超过设定的过电压或欠电压值，或者电源因故断相，保护器实施保护，继电器 KA 释放，接触器线圈断电，电动机停止运行。

如果三相电源错相或断相，则电动机不能起动。

3.3 接触器与继电器的节电运行

交流接触器与继电器在工农业生产设备及电子电器产品中有着极为广泛的应用，其线圈的功耗不容忽视。采用节约线圈功耗的设计可制造出绿色产品，减小控制电源容量或延长电池寿命。因此，接触器与继电器的节电运行日益引起人们的重视。下面介绍接触器与继电器的节电运行电路方案。

3.3.1 交流接触器的节电运行方案

交流接触器通常使用 380V 或 220V 交流电源驱动，缺点是运行噪声大，线圈易烧毁，功耗大等，例如，600A 交流接触器的线圈吸合功率可达数千伏安，维持功率也有几百伏安。图 3-5 所示是可应用于交流接触器无声节电运行的电路方案。运行实践证明，该电路节电效果明显，性能稳定可靠。图中 T 是自耦变压器，VD1、VD2 是整流二极管，VD3 是续流二极管，通电后交流接触器 KM 为直流高压（约 100V）起动，直流低压（约 5V）运行。KM 吸合后，其常闭触点将直流高压回路断开，改由 VD2 整流得到的直流低压向 KM 的线圈供电，因此耗电很小，节电率可达 90% 以上，同时解决了运行噪声和线圈烧毁问题。该电路适用于使用量较大的 CJ12 系列 60～600A 交流接触器，CJ20 系列使用时须对其辅助触点的动作时间特性作适当调整。变压器 T 容量的选择可根据接触器规格的大小选 5～10W，低压抽头取 6～9V；二极管按需要选 1N5408 或 6A10，它们的具体参数分别是 3A 或 6A、1000V。各种规格接触器所需选用的元件选择见表 3-1。使用时无须考虑接触器原来由交流 380V 或 220V 驱动，均可改由本电路驱动。制作时将变压器和二极管焊装在环氧树脂印板上，再在印板上安装一只 JX10-5（10A，5 位）

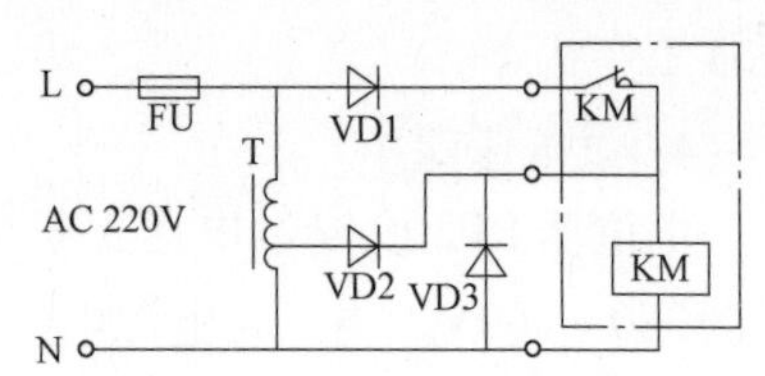

图 3-5 交流接触器无声节电运行电路

交流接触器的无声节电运行具有积极意义。图 3-5 中，原来额定电压 380V 的交流接触器线圈 KM，使用 100V 左右的直流电压起动，起动后由 5～10V 的直流电源保持，完全消除了接触器线圈烧毁的可能，并大幅度降低了线圈的功耗。接触器线圈运行时的“嗡嗡”噪声也不复存在。

的接线端子以方便连接即可。

表3-1 无声节电运行器元件选择

CJ12	T	VD1	VD2	VD3
60A	5W	1N5408	1N4007	1N5408
100A	5W	1N5408	1N4007	1N5408
250A	5W	1N5408 ×2	1N5408	1N5408
400A	10W	6A10	1N5408	6A10
600A	10W	6A10 ×2	1N5408	6A10

3.3.2 继电器的节电运行方案

继电器节电运行的理论基础是，电磁继电器的最低吸合电压为额定电压的75%，释放电压是额定电压的10%。据此，将继电器线圈接在图3-6a所示电路中，就可使功耗大为减小。开关S闭合前，电容器C经电阻R充电，充电电压可与电源电压V+几乎相等；开关S闭合后，电容器C向继电器线圈放电，继电器以全电压吸合。之后电容器C上电压降低，继电器线圈经电阻R供电，维持吸合状态。选择电阻的阻值，使其与继电器线圈直流电阻的分压结果，在线圈上形成40%~60%的额定电压，即可获得稳定的吸合状态。这样，继电器线圈的功耗可节约60%以上（功耗与电压的二次方成正比）。有的产品中使用几只甚至几十只继电器，节电效果相当可观。应注意的是，如果刚接通电源就需要某只继电器动作，则这只继电器不能使用该电路，因为相应电容器没有充电时间，可采用图3-6b所示的电路，工作原理类同。电阻阻值的选取，可使其等于继电器线圈直流电阻的1~1.5倍，并有适当的功率；电容器C的容量应根据继电器线圈的额定工作电流选择，通常每10mA额定电流选100μF电容，电容器的耐压应大于电源电压V+。开关S可以是机械开关、晶体管、晶闸管、集成电路或其他驱动元件。如果继电器K的动作频率较高，则要保证其释放时间大于RC的时间常数，否则应减小电阻R的阻值。

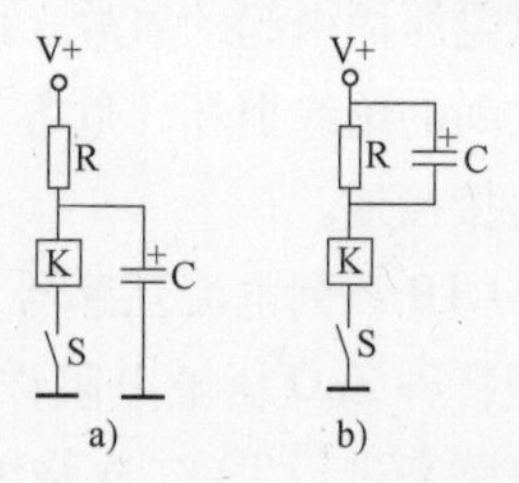

图3-6 继电器节电运行电路

这里的开关S可以是手动开关、继电器触点，也可以是工作在开关状态的晶体管，也可以是专门用于驱动继电器线圈的集电极开路输出型的集成电路，例如ULN2003。

3.4 电流互感器二次过电压保护器

3.4.1 原理概述及特点

电流互感器（TA）在电力系统中，广泛应用于一次电流的测量与控制。正常工作时，电流互感器二次侧输出电压很低。但在运行中如果二次绕组开路，或一次绕组流过异常电流（如雷电流、谐振过电流、电容充电电流、电感启动电流等），都会在二次侧产生数千伏甚至上万伏的过电压 。这不仅给二次系统绝缘造成危害，还会使互感器过激而烧损，甚至危及工作人员的生命安全。使用CTB系列电流互感器二次过电压保护器就能够有效防止二次侧的异常过电压而引起的事故。此外，为了防止电流互感器一次、二次线圈之间的绝缘损坏，危害人身安全，电流互感器的二次线圈应有一端直接接地。

电流互感器二次过电压产生的原因，是由于电流互感器二次开路或二次负载阻抗过大所致。开路时可能出现数千伏甚至更高的电压，危及本身的绝缘安全，或者使与之连接的元器件损坏，因此必须进行保护。

CTB系列电流互感器二次过电压保护器（开路保护器）采用新型特种ZnO压敏电阻作为基本限压元件，配之以合理的内部控制电路来进行TA二次绕组过电压保护及故障显示。保护器工作时并接于电流互感器二次绕组两端，正常运行时TA二次绕组两端的电压很小，通常不超过20V，远小于保护器内部ZnO压敏电阻的动作电压，呈高阻状态，漏电流极小，对该回路保护动作值和表计准确度的影响可以忽略不计。但当二次绕组开路或一次绕组流过异常电流时，在TA二次侧产生的过电压远远高于其正常运行电压，此时保护器内部限压释能元件ZnO压敏电阻瞬间进入导通状态，迅速动作限压，延时短路，同时面板上显示故障的部位，并有无源信号输出。当故障排除、电路恢复原状后，保护器又重新投入正常工作运行。

根据电力系统实际应用与需求，CTB系列电流互感器二次过电压保护器（开路保护器）可具有动作保持触点输出、自动发光显示、自动闭锁差动保护、手动或自动复位以及具有多元灵活组合等特点，有面板固定式、导轨固定式等不同的安装方式可选，可以满足各种类型及场合的TA保护需求，产品电路设计合理，工作寿命长，可靠动作10万次以上；动作速度快，过载能力强（短时间超过5倍额定值）；静态电流小，正常工作时流入保护器的电流小于

5μA，不影响TA正常工作。

3.4.2　使用范围

CTB系列电流互感器二次过电压保护器（开路保护器）可广泛地应用于TA二次侧的差动绕组、过电流绕组、测量绕组、母线保护绕组、备用绕组等作二次侧的异常过电压保护用，也可用于其他需要过电压保护的场合。

3.4.3　安装、使用及维护

保护器应安装在与被保护TA尽量近的地方，以便于巡视检测。运行使用中应注意以下问题。

（1）按要求正确接入控制及信号线，并接通电源及接地线，然后按测试按钮（TEST）试验动作指示情况。

（2）保护器动作后应及时检查故障原因，待故障排除后再按复位按钮（RESET）进行复位；具有自动复位功能的保护器在规定延时后自动复位。

（3）被保护TA若开路故障未排除而复位，将造成再次开路或烧坏保护器。

（4）更换保护器应在线路停电时进行，若不能停电则须将开路的CT二次绕组可靠短接后再进行。

（5）安装完成后应用压敏电阻测试仪测量过电压保护最大值U_{1mA}（由于电压升高，使流过压敏电阻的电流达到1mA时的电压值），测试值应在标称值的±10%以内，若无压敏电阻测试仪，可用绝缘电阻表并接高阻电压表测U_{1mA}，此值低于实际值5%～10%，仅作为下次检测参考之用。

（6）巡查维护：根据需要可每月巡查一次，每五年进行一次检测，若U_{1mA}偏离标称值20%则应更换。

3.5　电动机用软起动器

电动机用软起动器是基于计算机技术和大功率电力电子器件制造技术的一种新型电动机起动器，目前已经在各行各业得到相当程

根据参数设置，软起动器可以实现电流限幅起动模式，该模式可以限制电动机的最大起动电流；可以在电压斜坡模式下起动，使起动过程具有较平滑的加速效果；也可以将以上两种起动模式组合在一起，使起动过程兼具它们的技术特点；在起动转矩较大的应用中，还可以在起动瞬间先给电动机一个较高起动电压，使电动机克服起动阻力，然后配合以上三种起动模式中的任何一种来完成起动过程，这种起动模式称作突跳电压起动。

度的普及。现以 CMC-S 系列软起动器为例，简要介绍其基本结构、工作原理和应用方法。这里介绍的内容对其他不同厂家、不同品牌的软起动器均具有借鉴意义。

CMC-S 系列是一种新型智能化的异步电动机软起动装置，它是集起动、显示、保护、数据采集于一体的电动机终端控制设备。用户使用较少的元器件，就可实现较复杂的控制功能。而中文界面又使得操作更趋简便。

3.5.1 CMC-S 系列软起动器的特性

1. 具有多种起动方式

CMC-S 系列软起动器具有多种起动方式，包括电压斜坡起动、电流限幅起动、斜坡+限流起动，并可在每种方式下施加可编程突跳起动转矩。独特的基础算法使得电动机起动、停止更加准确、平滑。

2. RS-485 通信接口

起动器配有 RS-485 通信接口，具有先进的通信功能，方便用户通过网络将多台电动机连接成一个集中控制系统，提高系统的自动化水平及可靠性。

3. 实用的模拟信号控制功能

用户可输入 4～20mA 或 0～20mA 标准模拟信号，并可在操作面板上进行模拟量的上、下限设定，实现对电动机起、停控制及报警控制。还可通过软起动器进行数据（压力、温度、流量等）的传输。

4. 具有强大的抗干扰性能

所有外部控制信号均采用光电隔离，并设置了不同的抗噪级别，适应在特殊的工业环境中使用。

5. 三种停车方式

起动器有三种停车方式，即可编程软停车、自由停车、制动停车。

6. 保护显示功能

可以全程检测电流及负载参数，具有过电流、过载、过热、断相等微机保护功能。

7. 液晶中文显示

软起动器采用LCD液晶中文显示操作盒，使编程及调整更加方便。故障及实时监控更加直观，提高了工作效率。

3.5.2　使用及安装

1. 使用条件

使用条件对软起动器的正常使用及寿命有显著影响，因此请务必将软起动器安装在符合下列使用条件的场合。

供电电源：市电、自备电站、柴油发电机组。

三相交流380V或660V（±30%），50Hz。

控制对象：一般三相笼型异步电动机。

起动频度：可频繁或不频繁起动，建议每小时起停不超过10次。

防护等级：IP20。

环境条件：环境温度在－25～＋45℃之间；（液晶显示需在0℃以上环境）室内安装。室内相对湿度不超过95%（25℃±5℃），无凝露，无腐蚀性气体，无易燃、易爆物品，无导电性尘埃，通风良好，振动小于0.5g。海拔超过2km应降低容量使用。

2. 安装

为了确保软起动器在使用中具有良好的通风及散热条件，软起动器应垂直安装，并在设备周围留有足够的散热空间，柜内安装时柜体前后门应均可打开，为便于维护应将柜体后门与墙壁保持一定的距离。

3.5.3　接线方法

1. 主电路接线

如图3-7所示。软起动器主回路端子1L1、3L2、5L3接三相电源，2T1、4T2、6T3接电动机。软起动器可通过参数设定选择是否检测相序。旁路接触器KM可通过内置信号继电器K3控制。

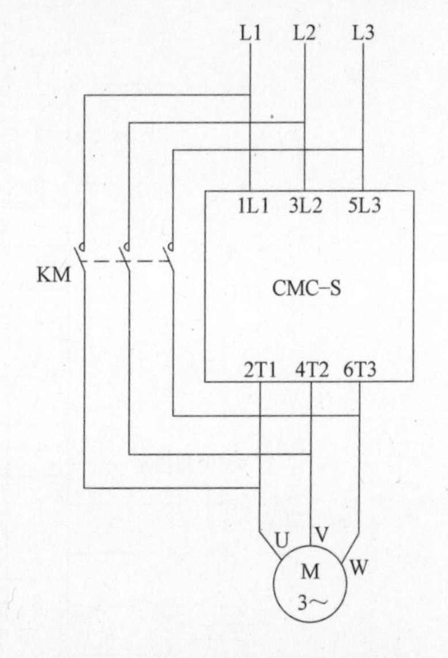

图3-7　软起动器的主电路接线

在软起动器的主电路接线中，如图3-7所示，可见有一个旁路接触器KM。在软起动器完成起动过程后，电动机的运行电流控制权就由软起动器转移给了旁路接触器KM。其意义在于，起动结束后，电动机需要获得100%的电源电压，这时尽管起动器内部的晶闸管可以工作在全导通状态，但元器件两端总是会有电压降的，该电压降与电动机运行电流值的乘积，就是晶闸管的运行功耗，三相电路中使用的晶闸管产生的功耗将使软起动器内部发热，既降低了电源利用率，又要为软起动器设法解决散热问题，势必增加设备成本。使用旁路接触器，上述问题就迎刃而解。

起动结束后，软起动器依然对电动机承担短路、过电流等保护功能。电动机运行异常时，用保护触点切断接触器线圈的电源，实施保护。

2. 控制电路接线

CMC-S 系列电动机软起动器的主控板上有 24 个外接控制回路端子，为用户实现外部信号控制、远程控制及系统控制提供方便。这些端子的排列如图 3-8 所示。

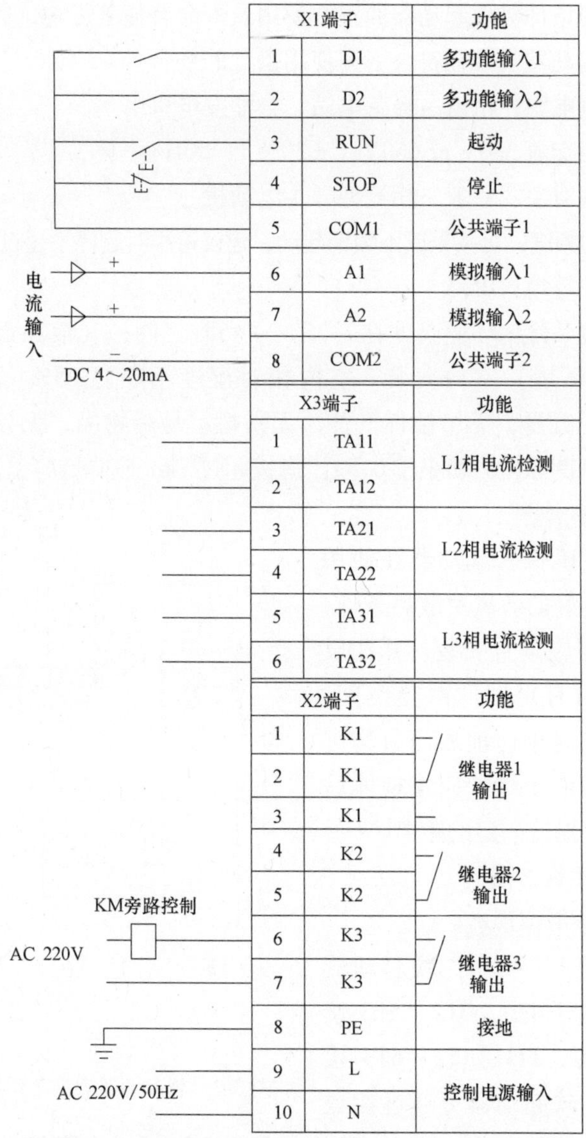

X1端子		功能
1	D1	多功能输入1
2	D2	多功能输入2
3	RUN	起动
4	STOP	停止
5	COM1	公共端子1
6	A1	模拟输入1
7	A2	模拟输入2
8	COM2	公共端子2

X3端子		功能
1	TA11	L1相电流检测
2	TA12	
3	TA21	L2相电流检测
4	TA22	
5	TA31	L3相电流检测
6	TA32	

X2端子		功能
1	K1	继电器1输出
2	K1	
3	K1	
4	K2	继电器2输出
5	K2	
6	K3	继电器3输出
7	K3	
8	PE	接地
9	L	控制电源输入
10	N	

电流输入
+
+
−
DC 4～20mA
KM旁路控制
AC 220V
AC 220V/50Hz

图 3-8　软起动器的控制端子

3. 端子说明

软起动器主电路和控制电路端子的功能说明见表 3-2。

表 3-2　软起动器主电路和控制电路端子的功能说明

端子符号				端子名称	功能说明
主电路	1L1,3L2,5L3			交流电源输入端子	接三相交流电源
	2T1,4T2,6T3			软起动器输出端子	接三相异步电动机
控制电路	数字输入	X1	1	可编程多功能输入端子(D1)	通过参数项 C03 设定
			2	可编程多功能输入端子(D2)	通过参数项 C04 设定
			3	外控起动端子	X1 的 3 与 X1 的 5 短接即可外控起动
			4	外控停止端子	X1 的 4 与 X1 的 5 断开即可外控停止
			5	数字信号公共端子 1(COM1)	
	模拟输入		6	模拟输入 1(A1)输入端子	通过参数项 C06 选择输入类型,即 4~20mA 或 0~20mA 标准电流信号输入
			7	模拟输入 2(A2)输入端子	
			8	模拟信号公共端子 2(COM2)	
	继电器输出 1	X2	1	继电器 1 输出 K11(常开)	通过参数项 C10 选择输出类型,输出有效时,K11-K12 断开,K12-K14 闭合。触点容量:交流 220V/5A,直流 30V/5A
			2	继电器 1 输出 K12(公共)	
			3	继电器 1 输出 K14(常闭)	
	继电器输出 2		4	继电器 2 输出 K22	通过参数项 C11 选择输出类型,输出有效时,K22-K24 闭合。触点容量:交流 220V/5A,直流 30V/5A
			5	继电器 2 输出 K24	
	继电器输出 3		6	继电器 3 输出 K32	起动完成后,K32-K34 闭合。触点容量:交流 220V/5A,直流 30V/5A
			7	继电器 3 输出 K34	
	控制电源		8	PE	功能接地
			9	控制电源输入端子 L	交流 200(1 ± 15%)V,50~60Hz
			10	控制电源输入端子 N	
	电流检测输入端子	X3	1	L1 相电流检测输入端子 TA11	L1 相电流检测
			2	L1 相电流检测输入端子 TA12	
			3	L2 相电流检测输入端子 TA21	L2 相电流检测
			4	L2 相电流检测输入端子 TA22	
			5	L3 相电流检测输入端子 TA31	L3 相电流检测
			6	L3 相电流检测输入端子 TA32	

3.5.4 参数设置

1. 基本参数

软起动器是一台智能化的产品，完成安装和接线任务后、投入运行前，应对其参数进行设置，即向软起动器下达如何起动电动机的命令。CMC-S系列软起动器可以用于两台电动机的起动控制，而且两台电动机的起动方式可以不同，所以对于电动机1（M1）有一套M1参数组，对于电动机2（M2）另有一套M2参数组。表3-3是M1的基本参数表，M2参数组的参数表与此类似。

任何智能化的电子产品，投入运行前都要进行参数设置，实际上是向设备发送运行命令，告知其在何种情况下应该自动采取何种技术措施。因此，对电子产品进行参数设置是每一位电气工作人员应该具备的基本功。

表3-3 电动机1（M1）的基本参数表

参数号	参数名称	设定范围	单位	出厂值	说明
1M00	起动时间	0～120	s	10	0：限流起动方式 非0：电压斜坡起动方式
1M01	初始电压	（20%～75%）U_N	（%）	30	电动机开始运转时的电压
1M02	突跳时间	0～2000	ms	0	见注1
1M03	突跳电压	（20%～100%）U_N	（%）	20	见注2
1M04	软停时间	0～120	s	0	0：自由停车， 非0：软停车，见注3
1M05	软停起始电压	（20%～100%）U_N	（%）	100	开始停车的起始电压
1M06	刹车时间	0～250	s	0	见注4
1M07	定时停车时间	0～999.9	h	0	见注5
1M08	电流限幅值	（100%～500%）I_N	（%）	300	最小设定量100%
1M09	电动机额定电流	1.5～9999	A	—	根据电动机铭牌参数设定
1M10	过载保护级别	10A、10、20、25、30	—	—	每一保护级的跳闸时间见表3-4

（续）

参数号	参数名称	设定范围	单位	出厂值	说　明
1M11	相电流不平衡度	10%～100%	(%)	50	见注6
1M12	运行过电流保护	(20%～500%) I_N	(%)	200	见注7
1M13	欠载保护	(0～99%) I_N	(%)	0	见注8
1M14	欠载动作时间	0～250	s	0	见注9
1M15	全压延时时间	0～250	s	0	见注10

注：1. 参数1M03设置的突跳电压持续的时间。
2. 软起动开始时瞬间给电动机一个短时间的较高电压，用于克服某些负载的较高静摩擦力矩。
3. 如果1M04设置不为0，则为软停车，软停时间是指从1M05设置的软停起始电压下降至1M01设置的初始电压所需的时间。
4. 需要设定该参数时，最小设定量1s，指当软起动器自由停止后，制动时间继电器输出信号在制动时间内保持有效。
5. 需要设定该参数时，最小设定量0.1h，指当软起动器运行后，在指定时间到达后，按照设定的停车方式进行停车。
6. 用于检测三相相电流不平衡度，使软起动器进行相电流不平衡保护。设定为100时，关闭该保护功能。
7. 软起动器在运行过程中超过设定的过电流保护范围，则进行过电流保护。
8. 软起动器运行过程中检测到实际运行负载在设定范围内，则进行欠载保护。设定为0时关闭该项功能。
9. 欠载持续时间达到设定值时保护动作。
10. 在软起动器起动完成开始延时，以保证电动机可靠在全电压运行。

表3-4　保护级别及跳闸时间（1M10参数的说明）

保护级别	跳闸时间($6I_N$)	跳闸时间($3I_N$)
10A	1.5s	7s
10	3s	16s
20	6s	30s
25	10s	47s
30	15s	70s

这里的“10A”只是一个保护级别的符号，并不是一个电流值。

2. 高级参数

软起动器的高级功能参数组见表3-5。

可以通过对参数 C00 的设置，选择使用中文显示或其他文种显示。

表 3-5　软起动器的高级功能参数组

参数号	参数名称	设定范围	出厂值	说　明
C00	中文显示	0	0	设定 LCD 液晶屏显示语言种类
C01	显示量选择	0～7	1	显示的检测量选择，见注 1
C02	操作控制方式	0～4	2	起动、停止控制方式选择，见注 2
C03	数字口 D1 功能	0～5	5	多功能可编程输入端子
C04	数字口 D2 功能	0～5	0	多功能可编程输入端子
C05	模拟口输入方式	0～3	0	见注 3
C06	宏控制功能	0～7	0	见注 4
C07	宏控制延时	0～250s	0	用于宏控制起动操作延时
C08	模拟信号上限值	0～100%	80	设定模拟输入信号的上限值
C09	模拟信号下限值	0～100%	20	设定模拟输入信号的下限值
C10	继电器 K1 功能	0～6	4	见注 5
C11	继电器 K2 功能	0～6	3	见注 5
C12	通信地址	0～31	0	只显示，不可修改，详见注 6
C13	通信波特率	600、1200、2400、4800、9600bit/s	9600	设定进行网络通信时的通信波特率
C14	密码设置	0～5535	0	设置密码，实现设置参数的密码保护

（续）

参数号	参数名称	设定范围	出厂值	说　明
C15	相序检测	0~1	0	0—相序检测禁止，1—相序检测允许

注：1. 显示的检测量选择如下：0—显示电动机额定电流；1—显示平均电流；2—显示L1相电流；3—显示L2相电流；4—显示L3相电流；5—显示模拟口A1值；6—显示模拟口A2值；7—显示输出电压。运行中可通过增减键选择检测量。

2. 0—键盘运行禁止，485通信控制禁止；1—键盘点动控制允许，485通信控制禁止；2—键盘控制允许，485通信控制禁止；3—键盘控制禁止，485通信控制允许；4—键盘控制允许，485通信控制允许。

3. 用于设置模拟信号A1、A2的最大值和最小值。0—A1/2选择4~20mA；1—A1/2选择0~20mA；2—A1选择4~20mA；3—A2选择4~20mA。

4. 用于宏功能的操作控制。0—无宏控制A1：没有宏控制功能，A1表示上下限设定（C08、C09设置）指向模拟口A1；1—无宏控制A2：没有宏控制功能，A2表示上下限设定（C08、C09设置）指向模拟口A2；2—D1接点输入A1：数字口D1接点宏控制功能，控制起动器宏起/停（起动命令有效后），A1表示上下限设定（C08、C09设置）指向模拟口A1；3—D1接点输入A2：数字口D1接点宏控制功能，控制起动器宏起停（起动命令有效后），A2表示上下限设定（C08、C09设置）指向模拟口A1；4—D2接点输入A1：数字口D2接点宏控制功能，控制起动器起/停，A1表示上下限设定（C08、C09设置）指向模拟口A1；5—D2接点输入A2：数字口D2接点宏控制功能，控制起动器起/停，A2表示上下限设定（C08、C09设置）指向模拟口A1；6—A1上下限输入：使用模拟口A1宏控制功能，高于上限则宏停车，低于下限起动（起动命令有效后）；7—A2上下限输入：使用模拟口A2宏控制功能，高于上限则宏停车，低于下限起动（起动命令有效后）。

5. 0—全电压输出：软起动器起动输出达到额定电压输出闭合；1—起动过程输出：软起动器处于起动过程时输出闭合；2—软停过程输出：软起动器处于软停车时输出闭合；3—故障时输出：软起动器检测到故障时输出闭合；4—制动时输出：制动时间内闭合；5—软起运行方式：得到运行指令后输出闭合直至软起动器回到停止状态断开；6—模拟信号上下限：低于下限闭合，高于上限断开。

6. 在进行网络连接通信时，可连接32台设备，此参数项只可查看通信地址，通信地址的设定通过主控板上的拨码开关设定。

3.5.5　故障检测与排除

CMC-S型软起动器有11种保护功能，当软起动器保护功能动作时，软起动器立即停机，LCD液晶显示屏显示当前故障。用户可根据故障内容进行故障分析。在故障排除后，通过按键STOP（按4s以上）或外接清故障输入（D1或D2多功能输入）端子进行复位，使软起动器恢复到起动准备状态。软起动器的故障原因及处理方法见表3-6。

电动机在运行过程中如果出现异常并达到需要保护停机的状态时，软起动器会有相应的保护动作，并在显示屏上显示故障代码，运行人员根据故障代码，可以大致判断出故障范围或原因，并据以较快地排除故障。

当然，不同品牌和不同型号规格的软起动器，故障代码可能各不相同。运行人员应熟悉自己操作维护的软起动器的故障代码。

表 3-6　故障原因及处理方法

故障代码	故障名称（LCD 显示内容）	故障原因	处 理 方 法
01	主电源断相	在起动或进行中断相？	检查三相电源是否可靠接入
02	相序错误	相序接反？	调整相序或参数设置为不检测相序
03	参数丢失	设定参数丢失？	检查各参数并重新设定
04	电动机过载保护	是否超载运行？	减少负载
05	运行过电流	负载突然加重？负载波动太大？	调整负载运行状况调整 1M12 参数相
06	电动机欠载保护	负载减小？	调整负载运行状况调整 1M13 参数相
07	相电流不平衡	负载突变？	检查电动机侧是否断相调整 1M11 参数相
08	晶闸管过热	内部散热器过热？机器通风不畅？	检查风机是否可靠工作降低起动频度
09	内部禁止	违反操作规程？	确认操作规程
10	起动超时	负载过重起动时间太短？限流幅值过小？	调整起动时间 1M00 参数项，调整电流限幅值 1M08 参数项

3.5.6　规格型号及附件选用

选用软起动器时应根据电动机的功率容量配用相应的规格型号，对于旁路接触器和配套应用的电流互感器等重要电器元件建议按表 3-7 推荐的规格选用。

表 3-7　软起动器规格型号及附件选用

适配电动机功率 /kW	规格型号	额定电流 /A	旁路接触器型号（选件）	电流检测互感器（选件）
7.5	CMC-S008-3	18	CJX4-25	50/5
11	CMC-S011-3	24	CJX4-32	50/5
15	CMC-S015-3	30	CJX4-32	100/5
18.5	CMC-S018-3	39	CJX4-40	100/5
22	CMC-S022-3	45	CJX4-50	100/5

（续）

适配电动机功率/kW	规格型号	额定电流/A	旁路接触器型号（选件）	电流检测互感器（选件）
30	CMC-S030-3	60	CJX4-63	100/5
37	CMC-S037-3	76	CJX4-80	200/5
45	CMC-S045-3	90	CJX4-95	200/5
55	CMC-S055-3	110	CJX4-115F	300/5
75	CMC-S075-3	150	CJX4-150F	300/5
90	CMC-S090-3	180	CJX4-185F	400/5
110	CMC-S110-3	218	CJX4-225F	500/5
132	CMC-S132-3	260	CJX4-265F	500/5
160	CMC-S160-3	320	CJX4-330F	600/5
185	CMC-S185-3	370	CJX4-400F	600/5
220	CMC-S220-3	440	CJX4-500F	800/5
250	CMC-S250-3	500	CJX4-500F	1000/5
280	CMC-S280-3	560	CJX4-630F	1000/5
315	CMC-S315-3	630	CJX4-630F	1500/5
400	CMC-S400-3	780	JWCJ20-800	1500/5
470	CMC-S470-3	920	JWCJ20-1000	1500/5
530	CMC-S530-3	1000	JWCJ20-1000	1500/5

3.5.7　不同应用的基本设置

表3-8是推荐的参数设置表，可供具体应用时参考。

运行维护人员应根据不同类别的应用，对软起动器的参数进行相应的设置。

表 3-8　不同应用时的参数设置推荐值

负载种类	初始电压 U_N(%)	起动斜坡时间/s	停止斜坡时间/s	电流限制($\times I_N$)
船前推进器	20	10	0	2.5
离心风机	15	20	0	3.5
离心泵	20	6	6	3
活塞式压缩机	20	15	0	3
提升机械	30	15	6	3.5
搅拌机	40	15	0	3.5
破碎机	30	15	6	3.5

电动机微机综合保护装置功能比较完善，技术比较先进，主要应用于10kV及以下各电压等级的电动机保护。可以直接安装在高压、低压开关柜上，也可以将多台保护器组屏安装，实现对多台电动机的集中保护。

目前生产微机综合保护器的厂家较多，有用于电动机保护的，用于变压器保护的，用于电力线路保护的等。

微机保护器采用多种隔离、屏蔽措施，以及数字滤波技术等各种抗干扰措施，所以工作稳定性较高。

（续）

负载种类	初始电压 U_N（%）	起动斜坡时间/s	停止斜坡时间/s	电流限制（$\times I_N$）
螺旋压缩机	20	15	0	3.5
螺旋传送带	15	10	6	3.5
空载电动机	20	10	0	2.5
传送带	20	15	10	3.5
热泵	20	15	6	3
自动扶梯	20	10	0	3
气泵	20	10	0	2.5

3.6 高压电动机微机综合保护装置

3.6.1 装置简介

WGB-150N系列电动机微机综合保护装置（又称保护器）是功能完善技术先进的保护器，主要应用于10kV及以下各电压等级的电动机保护。可以直接安装在高压开关柜上，也可组屏安装。由于保护器价格较贵，所以低压小功率电动机较少采用。

本系列保护器共分三种型号：WGB-151N、WGB-152N和WGB-153N。各型号保护器的保护功能配置见表3-9。

3.6.2 装置主要特点

WGB－150N系列保护器为数字式保护器，其元器件采用较高质量的工业品，稳定性、可靠性高，可以在高压开关柜等恶劣的环境中工作。

抗干扰性能强，保护硬件设计采用了多种隔离、屏蔽措施，软件设计采用数字滤波技术和良好的保护算法及其他抗干扰措施，使得保护抗干扰性能大大提高，通过了国家标准规定的十几种抗干扰试验。

表 3-9　各型号保护器的保护功能配置表

功能配置 \ 型号			WGB-151N	WGB-152N	WGB-153N
装置交流输入	电流	保护	I_a, I_c, $3I_o$	I_{a1}, I_{c1}, I_{a2}, I_{c2}, $3I_o$	I_a, I_b, I_c, $3I_o$
		测量	I_A, I_C		
	电压		U_a, U_b, U_c	U_a, U_b, U_c	U_a, U_b, U_c
起动时间过长保护			√	√	√
Ⅰ、Ⅱ段定时限过电流保护			√	√	√
负序电流保护			√	√	√
零序电流保护			√	√	√
过负荷保护			√	√	√
过热保护			√	√	√
过电压保护			√	√	√
低电压保护			√	√	√
差动速断保护				√	
比率差动保护				√	
CT 断线检测				√	
控制电路异常告警			√	√	√
PT 断线检测			√	√	√
跳位异常告警			√	√	√
装置故障告警			√	√	√
遥信、遥控及遥测			√	√	√

硬件、软件设计标准化、模块化，便于现场维护，在标准化硬件设计的基础上，采用各种标准化软件模块化组态，可构成不同的保护功能配置。如果用户需要更多的保护功能，可简单可靠地升级。

人机接口功能强大，全汉化液晶显示、菜单式操作。

工业级 RS-422、RS-485 或 LonWorks 总线网络，组网经济、方便，可直接与微机监控或保护管理机联网通信。

装置采集并向远方发送状态量、模拟量，遥信变位优先发送。

装置能通过通信上传故障报告，进行对时、定值调用和修改、定值区切换、合闸、跳闸等操作。

微机保护器采用工业级RS-422、RS-485 或 LonWorks总线网络，组网经济、方便，可直接与微机监控或保护管理机联网通信。所以可以实现远程操作、测量、控制、调度。

装置包含完善的操作电路。

3.6.3 技术指标

1. 装置测量或保护输入端的额定数据

交流电流：5A 或 1A。

交流电压：$100/\sqrt{3}$V，100V。

零序电流：1A。

额定频率：50Hz。

2. 装置电源电压

直流或交流，220V 或 110V。

3. 装置过载能力

交流电流回路：$2I_N$ 时可长期运行

$10I_N$　10s

$40I_N$　1s

交流电压回路：$1.2U_N$长期运行

4. 功率消耗

在额定电压下装置的功率消耗为：直流回路：正常工作时不大于 10W，保护动作时不大于 15W；交流电压回路：每相不大于 0.5VA；交流电流回路：$I_N=5$A 时，每相不大于 1VA；$I_N=1$A 时，每相不大于 0.5VA。

微机综合保护器功能非常强大，且功耗很小，这里介绍的电动机微机综合保护器耗电功率仅有 15W。其他品牌的综合保护器也有近似的低功耗的特点。

5. 环境条件

环境温度范围：-25～+55℃。

相对湿度：不大于 95%，无凝露。

6. 各保护组件工作范围及误差

电流工作范围：$0.1\sim15I_N$，误差不超过 ±5%。

电压工作范围：10～120V，误差不超过 ±0.5%。

零序电流工作范围：0.02～12A，误差不超过 $0.01I_{0N}$（I_{0N}为零序额定电流）或 ±0.5%。

7. 测量精度

测量电流误差不超过额定值的 ±0.5%。

功率误差不超过额定值的 ±1%。

开关量输入（24V）分辨率不大于 2ms。

3.6.4　装置硬件

保护器在整体设计、各插件设计上均充分考虑了可靠性的要求。

1. 机箱结构

保护器采用功能插件组合机箱结构。该结构具有插拔方便省力、机械可靠的特点。装置的安装方式为嵌入式，接线为后接线方式，插件之间的连接采用总线板连接方式。

2. 主要插件

本保护器由以下插件构成：交流变换插件、电源插件、CPU 插件、通信插件及人机对话插件。

综合保护器的各种功能插件，可以按需配置，实现所需的保护功能与控制功能。

交流变换插件，交流变换部分包括电流变换器和电压变换器，用于将系统电流互感器 TA、电压互感器 TV 的二次电流、电压信号转换为弱电信号，供 CPU 插件转换，并起强弱电隔离作用。

CPU 插件，CPU 插件采用了多层印制板及表面贴装工艺，外观小巧，结构紧凑。

电源插件，装置电源采用交、直流两用开关电源。本插件输出一路 5V、一路 24V 电压。5V 用于装置数字器件工作，24V 用于继电器驱动及状态量输入使用。本插件中含有跳闸、合闸、信号、告警、防跳等继电器。

通信插件，工业级 RS-422、RS-485 和 LonWorks 总线网络，组网经济、方便，可直接与微机监控或保护管理机联网通信。

人机对话插件，此插件有液晶中文显示、键盘操作及信号灯指示功能。

3.6.5　装置的功能与原理

1. 电动机起动过长保护

本保护能自动识别电动机起动过程，当整定的起动时间到达后，电动机的任一相电流仍大于额定电流的 105% 时，起动过长保护动作。动作方式有告警和跳闸两种选择。

装置设有电动机起动结束开入端子，当接入此端子，保护跳过电动机起动过程，电动机直接处于正常运行状态。本端子只在测试时使用。

在继电保护装置中，为了方便投入或退出某一项保护功能，常采用压板进行选择。压板的图形符号可参见图3-9中右上角的⊂⊃符号。需要跳闸功能时，如图3-9所示，压板两端接通；无需跳闸时，压板可将电路断开。

图3-9下部是保护电路示意图中常用的逻辑电路符号，这在以后的电路图中还会用到。

图3-10中使用了与门电路，该与门有两个输入端，其逻辑功能是，输入端的两个条件都具备时（负序电流保护投入、负序电流I_{fx}大于保护定值），才有可能经过延时最终实现图3-10中右端的各种功能。

2. 两段式定时限过电流保护

装置设有两段式定时限过电流保护，由压板选择投退。Ⅰ段为电流速断保护，用于电动机短路保护。电动机起动过程中，保护速断定值自动升为2倍的速断整定电流值，以躲过电动机的起动电流；当电动机起动结束后，保护速断定值恢复原整定电流值，这样可有效防止起动过程中因起动电流过大而引起误动，同时还能保证运行中保护有较高的灵敏度。

Ⅱ段为过电流保护，为电动机的堵转提供保护。Ⅱ段保护在电动机起动过程中自动退出。其保护原理如图3-9所示。图中横线以下的图形符号在本图或以后各图中会经常使用，这里给出了其名称，供读者参考。

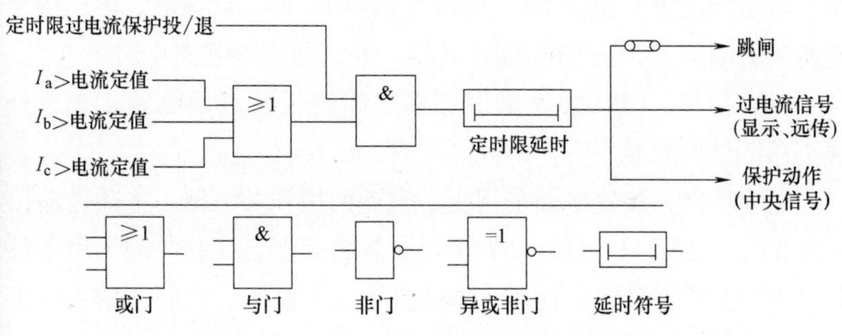

图3-9　两段式定时限过电流保护原理图

3. 负序电流保护

当电动机三相电流有较大不对称时，出现较大的负序电流，而负序电流将在转子中产生2倍工频的电流，使转子附加发热大大增加，危及电动机的安全运行。

装置设置负序电流保护，分别对电动机反相、断相、匝间短路以及较严重的电压不对称等异常运行情况提供保护。负序电流保护原理如图3-10所示。

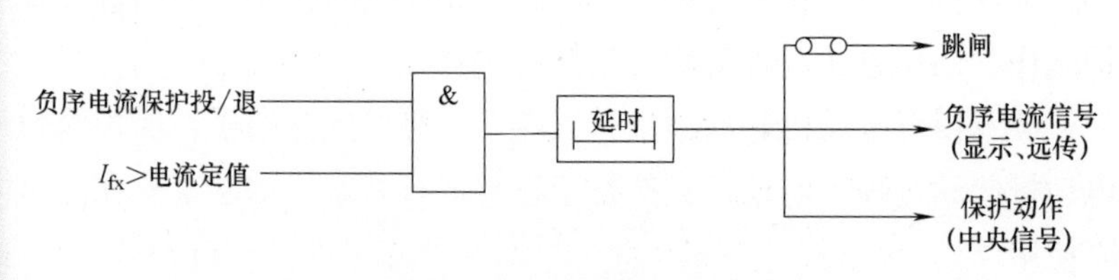

图3-10　负序电流保护原理图

4. 零序电流保护

装置设有零序电流保护功能，可选择动作于跳闸或告警。其保护原理如图3-11所示。

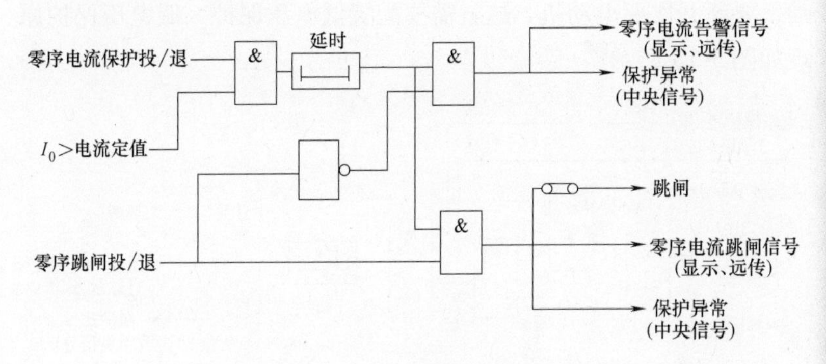

图3-11　零序电流保护原理图

5. 过负荷保护

装置设有过负荷保护功能。过负荷保护可选择动作于跳闸或告警。其保护原理如图3-12所示。

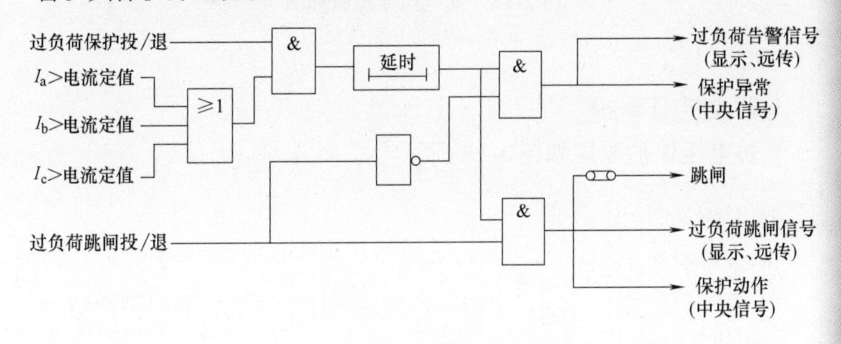

图3-12　过负荷保护原理图

6. 过热保护

过热保护主要为了防止电动机过热，考虑了电动机正序电流和负序电流产生的综合热效应、热积累过程和散热过程。

过热预告警：过热预告警由控制字进行投退，当热积累值达到热跳闸值的75%时发过热告警信号。

过热保护跳闸后，不能立即再次起动，等散热结束后方可再次起动。在需要紧急起动的情况下，可按住“+”键2s进行热强制

图3-11中使用了3个2输入端与门。用二进制数字电路技术解释与门的输入、输出关系，即条件成立时该输入端为1，否则为0，与门输出端状态是两个输入端状态的相乘（与）的结果，当有一个输入端条件不成立（为“0”）时，则乘积为0，输出端就为0，即没有输出。只有两个输入端条件都成立（都为“1”）时，输出端才能为1。

图3-12中使用了一个非门。非门即反相器，输入端为1时，输出端为0；输入端为0时，输出端为1。据此我们可以分析，图3-12中右侧的两个与门，至少有一个与门的输入端中含有0，因此，图3-12中右端的两组输出，至少有一组输出被封锁，其他一组输出状态则取决于图3-12左端的5个输入状态。

复归。

7. 低电压保护

当电源电压短时降低或短时中断时，为保证重要电动机自起动，要断开次要电动机，这就需要配置低电压保护。低电压保护原理如图 3-13 所示。

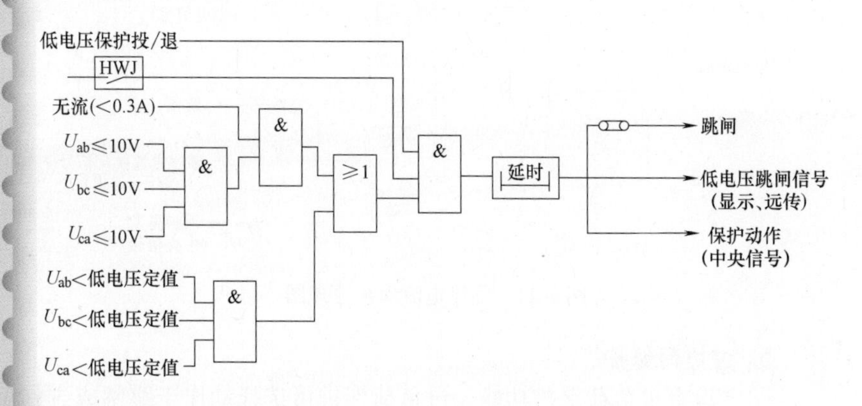

图 3-13　低电压保护原理图

8. 过电压保护

过电压保护原理如图 3-14 所示。

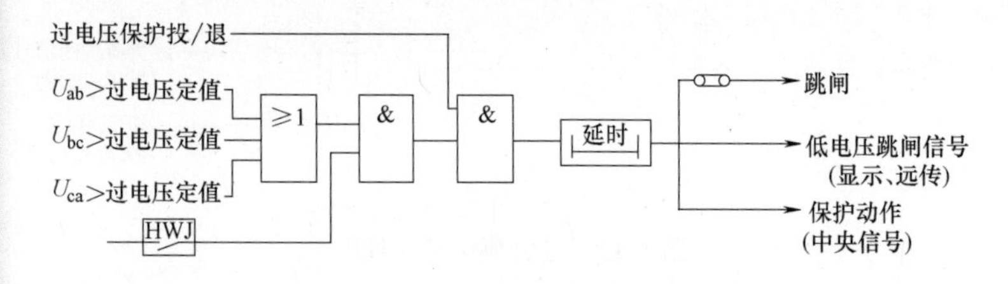

图 3-14　过电压保护原理图

9. 差动速断保护（WGB-152N）

差动速断保护功能，在电动机内部严重故障时快速动作。任一相差动电流大于差动速断整定值时瞬时动作于出口继电器。在电动机起动过程中，保护动作延时 120ms，以躲过电动机起动过程中瞬时暂态峰值电流，提高保护可靠性；起动结束后，保护无延时。

10. 比率差动保护（WGB-152N）

比率差动保护是电动机内部故障的主保护，能保证外部短路不

图 3-13 中使用了一个 2 输入端或门，或门的输入、输出端逻辑关系是，输入端有 1，则输出端为 1；输入端全为 0 时，输出端为 0。

图 3-13 是低电压保护电路，它对电压监测使用的是与门，即三相电压均衡降低时（与门三个输入端的逻辑状态均为 1 时），低电压保护才有可能启动；若有任意一相电压未降低，或者未降低到设定的阈值（逻辑状态为 0 时），则低电压保护不可能启动。

图 3-14 是过电压保护电路，它对电压的监测使用的是或门，即只要有一相电压达到过电压保护的阈值就可能启动过电压保护。至于最终能否使保护电路动作，还取决于或门后续电路中与门的其他控制条件。

动作，内部故障时有较高的灵敏度。比率差动保护在电动机起动过程中，延时120ms保护，以躲过电动机起动过程中瞬时暂态峰值电流，提高保护可靠性；起动结束后，保护动作无延时。

11. 电流互感器（TA）断线检测（WGB-152N）

在任一相差动电流大于$0.1I_N$时启动CT断线判别程序，满足下列条件时认为TA断线。TA断线后发告警信号。

（1）本侧两相电流中一相无电流；

（2）对侧本相电流与起动前相等。

12. 控制电路异常告警

装置采集断路器的跳位和合位，当控制电源正常、断路器位置辅助触点正常时，必有一个跳位或合位，否则，经2s延时报控制电路异常告警信号。

控制电路异常告警原理如图3-15所示。

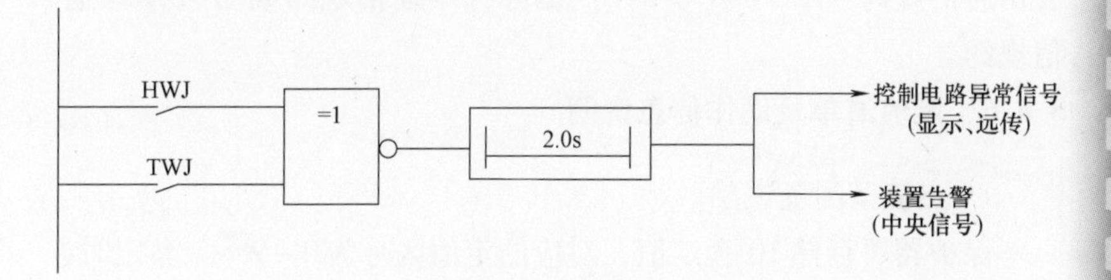

图3-15　控制电路异常告警原理图

13. 电压互感器（TV）断线告警

装置检测到TV断线延时发出告警信号，在母线电压恢复正常（线电压均大于80V）后，保护返回。其原理如图3-16所示。

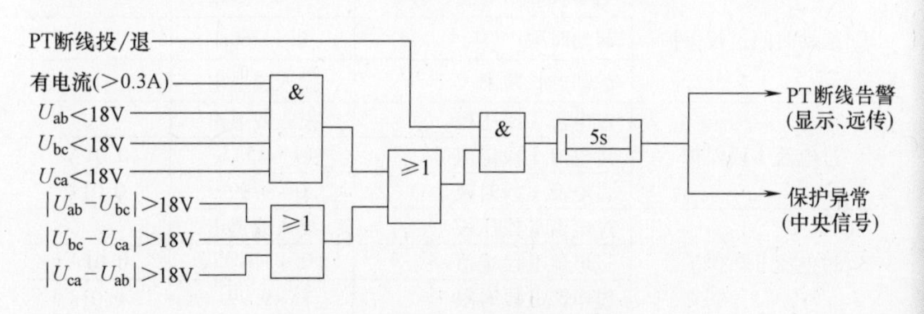

图3-16　TV断线检测原理图

电动机的控制开关合闸或者分闸时，其辅助触点必然有一个闭合、有一个断开。或者说合闸位置继电器HWJ和跳闸位置继电器TWJ，它们的常开触点必然有一个是闭合的，一个是断开的。不可能都闭合，也不可能都断开，否则电路会出现运行异常。图3-15对这种可能出现的异常进行监视。

图3-15中使用了一个异或非门，其输入、输出端的逻辑关系是，两个输入端均为1或者均为0时，输出端为1，启动报警电路；两个输入端的状态不相同时，输出端为0，不启动报警电路。

14. 跳位异常告警

装置检测到跳位有开入且有电流时，经延时报跳位异常告警信号，告警继电器动作。

15. 装置故障告警

保护装置的硬件发生故障，装置的LCD可以显示故障信息，并驱动装置异常继电器发告警信号，同时闭锁保护。

16. 遥信、遥控及遥测功能

（1）遥信：各种保护动作信号及断路器位置等开入量信号。

（2）遥控：远方控制跳合闸、调（修改）定值等。

（3）遥测：电流、电压、频率、有功功率、无功功率。

17. 通信功能

可直接与微机监控或保护管理机通信，通信接口可选用RS-422、RS-485或LonWorks。通信规约可选用Q/XJ11.050-2001许继公司通信规约、IEC 60870-5-103国际标准通信规约或MODBUS通信规约。

3.6.6 定值清单及动作信息说明

1. 定值范围及说明

保护器可存储10套定值，对应的定值区号为0~9。整定时，未使用的保护功能应设为退出，使用的保护功能设为投入，并对相关的电流、电压及时限等定值进行整定。WGB-150N系列定值清单见表3-10。

表3-10 WGB-150N系列定值清单

定值种类	定值项目	整定范围	整定步长
1. 起动时间过长保护	电动机额定电流(I_N)	$(0.1\sim4)I_N$	0.01A
	起动时限	0.1~60s	0.01s
	起动过长跳闸	投入或退出	
2. 过电流Ⅰ段保护	过电流Ⅰ段压板	投入或退出	
	过电流Ⅰ段定值	$(1\sim15)I_N$	0.01A
	过电流Ⅰ段时限	0~9.99s	0.01s
3. 过电流Ⅱ段保护	过电流Ⅱ段压板	投入或退出	
	过电流Ⅱ段定值	$(0.4\sim10)I_N$	0.01A
	过电流Ⅱ段时限	0~9.99s	0.01s
4. 负序电流保护	负序电流压板	投入或退出	
	负序电流定值	$(0.1\sim4)I_N$	0.01A
	负序电流时限	0~9.99s	0.01s

（续）

定值种类	定值项目	整定范围	整定步长
5. 零序电流保护	零序电流压板	投入或退出	
	零序电流定值	0.02～12A	0.01A
	零序电流时限	0～9.99s	0.01s
	零序跳闸投退	投入或退出	
6. 过负荷保护	过负荷压板	投入或退出	
	过负荷定值	$(0.2\sim4)I_N$	0.01A
	过负荷时限	0～100s	0.01s
	过负荷跳闸投退	投入或退出	
7. 过热保护	过热保护压板	投入或退出	
	发热时间常数	1～100min	1min
	负序发热系数	3～10	0.01
	散热系数	1～4.5	0.01
	过热预告警	投入或退出	
8. 低电压保护	低电压压板	投入或退出	
	低电压定值	10～100V	0.01V
	低电压时限	0～9.99s	0.01s
9. 过电压保护	过电压压板	投入或退出	
	过电压定值	100～120V	0.01V
	过电压时限	0～9.99s	0.01s
10. 差动速断保护（WGB-152N）	差动速断压板	投入或退出	
	差动速断定值	$(0.1\sim15)I_N$	0.01A`
11. 比率差动保护（WGB-152N）	差动保护压板	投入或退出	
	最小动作电流	$(0.1\sim0.9)I_N$	0.01A
	最小制动电流	$(0.1\sim2)I_N$	0.01A
	制动系数	0.1～0.9	0.01
12. CT断线检测（WGB-152N）	CT断线压板	投入或退出	
13. PT断线检测	PT断线检测压板	投入或退出	

2. 动作信息及说明

保护运行中发生动作或告警时，将动作信息显示于LCD，同时上传到保护管理机或当地监控。保护动作信息见表3-11。

保护动作后，液晶显示屏会将动作信息显示出来，如有多项信息，则交替显示。保护动作后如不复归，信息将不停止显示。

复归方式是按住“□”键2s。另外，动作信息自动存入事件存储区，事件存储区记录最后发生的20次事件，且掉电不丢失。

表3-11　保护动作信息

显示内容	动作信息
起动过长跳闸	跳闸继电器、跳闸信号继电器出口；跳闸指示灯亮
起动过长告警	告警继电器出口；告警指示灯亮
过电流Ⅰ段跳闸	跳闸继电器、跳闸信号继电器出口；跳闸指示灯亮
过电流Ⅱ段跳闸	跳闸继电器、跳闸信号继电器出口；跳闸指示灯亮
零序电流告警	告警继电器出口；告警指示灯亮

（续）

显示内容	动作信息
零序电流跳闸	跳闸继电器、跳闸信号继电器出口；跳闸指示灯亮
过负荷告警	告警继电器出口；告警指示灯亮
过负荷跳闸	跳闸继电器、跳闸信号继电器出口；跳闸指示灯亮
过热保护跳闸	跳闸继电器、跳闸信号继电器出口；跳闸指示灯亮
过热保护告警	告警继电器出口；告警指示灯亮
低电压跳闸	跳闸继电器、跳闸信号继电器出口；跳闸指示灯亮
过电压跳闸	跳闸继电器、跳闸信号继电器出口；跳闸指示灯亮
差动速断跳闸	跳闸继电器、跳闸信号继电器出口；跳闸指示灯亮
比率差动跳闸	跳闸继电器、跳闸信号继电器出口；跳闸指示灯亮
CT 回路断线告警	告警继电器出口；告警指示灯亮
PT 回路断线告警	告警继电器出口；告警指示灯亮
控制电路异常	告警继电器出口；告警指示灯亮
跳位异常	告警继电器出口；告警指示灯亮
定值故障	异常继电器出口；告警指示灯亮
定值区号故障	异常继电器出口；告警指示灯亮
开出回路故障	异常继电器出口；告警指示灯亮
RAM 故障	异常继电器出口；告警指示灯亮

3.6.7 装置接线

1. 接线图

该保护器在高压电动机起动柜中与断路器的配合参考接线如图3-17所示。装置的接线端子安排在机壳背部，具体排列如图3-18所示。

2. 工作电源

端子28、30为保护器电源输入端，电源为直流时，端子28接正极性端，端子30接负极性端，为交流时不分极性；端子29为装置屏蔽接地端子。

综合保护器的工作电源为交直流两用，若使用直流，则28脚接电源正极，30脚接电源负极，参见图3-18。若使用交流，则28脚和30脚连接AC 220V电源即可。

3. 保护或测量的交流电流及电压输入

交流电流输入：WGB-151N：端子1、2、3、4分别为A相、C相保护电流输入；端子5、6、7、8分别为A相、C相测量电流输入；端子9、10为零序电流输入。WGB-152N：端子1、2、3、4分别为机端A相、C相电流输入；端子5、6、7、8分别为中性点侧A相、C相电流输入；端子9、10为零序电流输入。WGB-153N：

端子1、2、3、4、5、6分别为A相、B相、C相保护电流输入；端子7、8为零序电流输入。

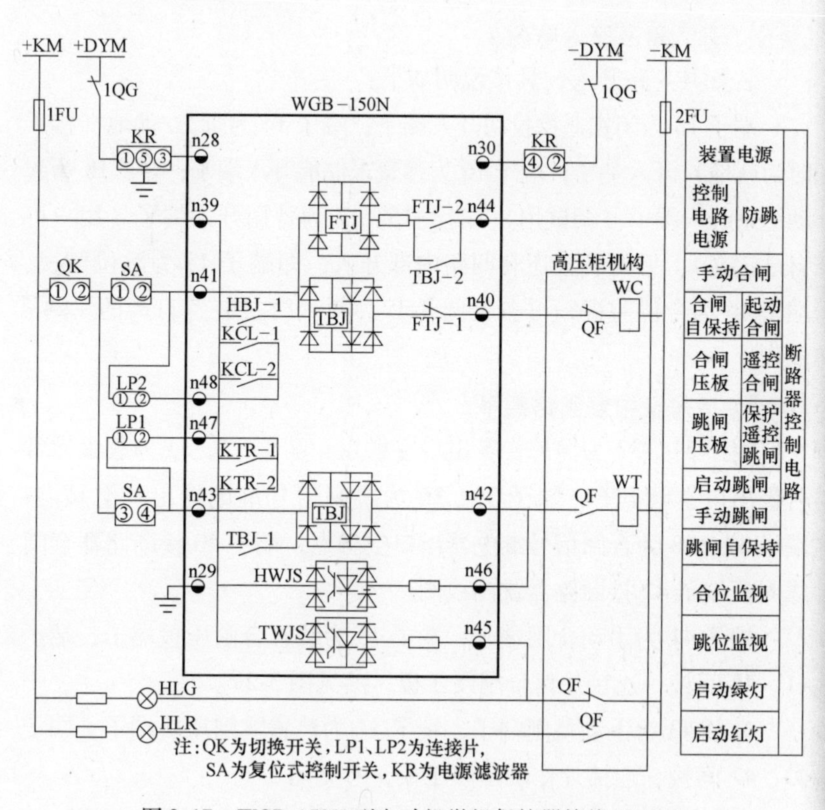

图3-17　WGB-150N型电动机微机保护器接线原理图

31	告警
32	告警
33	异常
34	异常
35	跳闸信号
36	跳闸信号
37	合闸信号
38	合闸信号
39	+KM
40	去合闸回路
41	手动合闸
42	去合闸回路
43	手动跳闸
44	−KM
45	跳位监视
46	跳位监视

47	跳闸压板
48	合闸压板
27	
28	220V+
29	PGND
30	220V−

11	24V+
12	24V−
13	闭锁遥控投切
14	远方/就地
15	开入5
16	弹簧未储能
17	开入7
18	起动结束
19	TXD+
20	RXD+
21	TXD−
22	RXD−
23	Ua
24	Ub
25	Uc
26	Un

1	I_a
2	I_a'
3	I_c
4	I_c'
5	I_A
6	I_A'
7	I_C
8	I_C'
9	$3I_0$
10	$3I_0'$

	WGB-151N	WGB-152N	WGB-153N
1	I_a	I_{a1}	I_a
2	I_a'	I_{a1}'	I_a'
3	I_c	I_{c1}	I_b
4	I_c'	I_{c1}'	I_b'
5	I_A	I_A	I_c
6	I_A'	I_A'	I_c'
7	I_C	I_C	$3I_0$
8	I_C'	I_C'	$3I_0'$
9	$3I_0$	$3I_0$	
10	$3I_0'$	$3I_0'$	

1~10号端子在不同型号中的差异接线

图3-18　微机综合保护装置接线端子排列图

交流电压输入：端子23、24、25、26分别为Ua、Ub、Uc、Un相电压输入。

4. 开入量及开入电源

装置共8路开入，具体说明如下：

端子13为闭锁遥控投切开入端子；端子14为远方/就地（接入时为就地）开入端子；端子16为弹簧未储能开入端子；端子18为起动结束开入端子（调试用）；端子15、17为备用开入端子（用户可自己定义）。另外装置还有两路内部开入，即端子45为跳位监视、端子46为合位监视，可参见图3-17。开入时接装置自产的+24V电压。

5. 信号及控制回路端子

端子31、32为保护告警出口空触点；端子33、34为装置异常告警出口空触点；端子35、36为跳闸信号继电器出口空触点；端子37、38为合闸信号继电器出口空触点；端子40接断路器合闸线圈；端子42接断路器跳闸线圈。

关于告警或信号用继电器的触点，可参见图3-18。其中端子31、32是综合保护器内部用于保护告警的常开触点；端子33、34是综合保护器内部用于异常告警的常闭触点。

端子41为手动合闸端子，端子48为装置合闸压板端子，端子41、48间接一连接片作合闸硬压板，参见图3-17。

端子43为手动跳闸端子，端子47为装置跳闸压板端子，端子43、47间接一连接片作跳闸硬压板，参见图3-17。

端子39、44为+KM、-KM，该操作电源可交直流两用。接直流时注意区分正、负极。

6. 通信端子

RS-422：端子19、20、21、22分别为TXD+、RXD+、TXD-、RXD-；

RS-485：端子19、20短接，作为data+；端子21、22短接，作为data-；

LonWorks：端子19为A，端子20为B，端子21、22不接线。

3.6.8 调试及异常处理说明

1. 检查程序校验码

在“检查”菜单下的“程序”子菜单中，可查看程序的校验码。如果程序的校验码正确，即可认为程序正确，装置的各种功能和逻辑正确。

2. 开关量输入检查

在“检查”菜单下，对开关量进行检查。将开关量输入端子13、14、15、16、17、18接入+24V端子，对应的开入量显示为on，否则应显示为off。

正常情况下，端子45、46开入一个为on，一个为off，否则发出“控制电路异常”报警信号，此时应检查端子45（跳位监视）、端子46（合位监视）是否按图3-17接线。

3. 继电器电路检查

在“主菜单”下，选择“传动”菜单下的传动项。传动结果见表3-12。

4. 模拟量输入检查

在装置的交流电流、电压输入端加入额定值，在“检查”菜单下，查看“模拟量”，显示值误差分别是：保护电流不超过±5%，电压不超过±5%；测量电流不超过±0.5%。如果某一路误差过大，应该在“刻度”菜单下对该路进行校准。

表3-12 传动结果

继电器	说明
跳闸继电器	跳闸继电器、跳闸信号继电器出口，跳闸指示灯亮
合闸继电器	合闸继电器、合闸信号继电器出口，合闸指示灯亮
告警继电器	告警继电器出口，告警指示灯亮
异常继电器	异常继电器出口，告警指示灯亮

5. 整组试验

如果上述检查全部正确，装置已没有问题。为谨慎起见，可整定装置的定值，然后检查装置的动作情况，确认所使用的保护功能全部正确。

6. 告警及异常处理

当显示屏上显示有表3-13所示的告警或异常内容时，可按该表中提示的方法进行处理。

综合保护器运行中如果出现告警或异常情况，将在显示屏上有所提示。

表3-13 出现告警及异常时的处理办法

显示内容	处理办法
PT断线告警	检查极性或PT二次保险
控制电路异常	检查开关辅助触点，+KM，-KM保险；跳、合位监视
跳位异常	检查跳位监视回路

（续）

显示内容	处理办法
定值故障	重新整定并固化定值
定值区号故障	重新切换定值区
开出回路故障	更换 CPU 插件
RAM 故障	更换 CPU 插件

3.7 LU-905M 系列数字式多回路显示报警仪

多回路显示报警仪也叫巡回检测仪，LU-905M 系列智能数字式多回路显示报警仪就是一台能最多可巡回检测 16 路不同输入信号的自动化仪表。这种仪表在电动机的控制中可以发挥优异的性能，例如在煤矿风机用电动机的检测保护中，可以同时检测每一台风机中两台电动机三相定子绕组的温度、轴承温度、出风压力、出风流量以及电压、电流等所有非电参数和电参数，并对这些参数设置上下限报警值，设备出现异常时，立即发出报警信号，提示运行人员及时采取相应措施。报警信号还可以通过 RS-485 通信接口远传至上位机或相关监控装置。因此这种仪表在电动机控制装置中得到广泛的应用。

LU-905M 系列数字式巡回检测仪最多可以检测 16 路电信号或非电信号。电信号包括电压、电流、频率等，非电信号包括压力、温度、液位、容量体积等。各种被测物理量可以巡回在显示屏上显示测量结果。当被测物理量出现危及运行安全的情况时，巡回检测仪可以选择报警或者停机；也可以在出现较低危险时报警，出现较高危险时跳闸停机。

LU-905M 系列智能数字式多回路（8/16 路）显示报警仪表具有多类型输入可编程功能，一台仪表可以配接不同的输入信号（热电偶、热电阻、线性电压、线性电流、线性电阻、频率等），仪表的显示量程、报警控制等可由用户现场设置，可与各类传感器、变送器配合使用，实现对温度、压力、液位、容量等物理量的测量显示、调节、报警控制、数据采集和记录，适用范围非常广泛。

智能数字式多回路（8/16 路）显示报警仪具有零点和满度修正、冷端补偿、数字滤波、通信接口，每路可选配 1～2 个继电器报警输出，还可选配变送输出，或标准通信接口（RS-485 或 RS-232C）输出等。

3.7.1 性能特点

1～16 通道数可选择（即可屏蔽 2～16 通道中的任何一个通道）。

各通道输入类型可任意设置（通过软件设置和硬件跳线相结合的方式完成）。

各通道可根据需要分别设置小数点位置和显示范围。

多种报警方式可选择：16通道相同输入类型情况下可实现集中设置报警值、统一继电器输出，独立设置报警值统一继电器输出、独立设置报警值独立继电器输出；16通道不同输入类型情况下可实现独立设置报警值统一继电器输出、独立设置报警值独立继电器输出。分别报警由副机完成。

多种变送输出类型和方式可选择：可选择输出0~10mA、0~20mA、4~20mA信号；可选择所有通道测量值的平均值、最大值、最小值变送输出；可指定16通道中任何一通道进行变送输出；所有输出方式的变送范围均可设置。

采用双窗口四位数码管显示方式。

具备手动巡检功能，可手动查看各通道测量值。

具备RS-485通信输出，采用标准Modbus协议，通用性强，可靠性高。

信号线采用进口卡接式接线端子，接线方便简单。

采用开关电源供电，电源适应范围宽（交流85~265V）。

3.7.2 技术指标

显示方式：采用双窗口数码管显示方式，显示范围：-1999~9999。测量状态时，左显示窗（CH窗口）显示通道号，右显示窗（PV窗口）显示测量值；设置状态下，左显示窗显示参数代码，右显示窗显示参数值。各通道报警状态采用双色指示灯指示，即16个指示灯指示16通道的报警状态，当任何一通道有报警信号时，该通道对应指示灯指示（上限报警红灯亮，下限报警绿灯亮），无报警时指示灯不亮。

双窗口数码管在巡回检测状态时，分别显示测量参数的通道号和测量值，在参数设置状态则分别显示参数代码和参数值。方便操作人员随时读取各通道的运行参数或者设置报警参数。

测量准确度：±0.2%FS±1字或0.5%FS±1字；还可特殊订制±0.1%FS±1字精度。

分辨率：末位一个字。

输入信号：热电偶：K、E、S、B、J、T、R、WRe；冷端温度自动补偿范围0~50℃，补偿准确度±1℃。

热电阻：Pt100、Cu100、Cu50、BA2、BA1；引线电阻补偿范围≤15Ω。

直流电压：0～20mV、0～75mV、0～200mV、0～5V、1～5V、0～10V。

直流电流：0～10mA、4～20mA 、0～20mA。

线性电阻：0～400Ω（远传压力表）。

输出准确度：同测量准确度。

模拟输入阻抗：电流信号 Ri =100Ω；电压信号 Ri =500kΩ。

模拟输出负载能力：

电流信号：4～20mA 输出时 Ro≤750Ω；0～10mA 输出时 Ro≤1.5kΩ。

电压信号：要求外接仪表的输入阻抗 Ri≥250kΩ，否则不保证连接外部仪表后的输出准确度。

配电输出：直流（24±1）V，30mA。

报警方式：每路 1～2 个报警点控制（1AL1、1AL2、2AL1、2AL2），LED 指示。

报警精度：±1 字。

保护方式：输入电路断线、输入信号超/欠量程报警。

设定方式：面板轻触式按键数字设定，设定值断电永久保存。

使用环境温度：－10～55℃；环境湿度：10%～90% RH。

耐压强度：输入/输出/电源/通信 ≥交流 1000V，1min。

绝缘阻抗：输入/输出/电源/通信 ≥100MΩ。

电源：交流输入 85～265V，频率：50Hz/60Hz；直流电源：24V±2V。

功耗：<5W。

3.7.3 仪表参数设置

智能化仪表的参数设置是电气操作人员的基本功，可以通过掌握 LU－905M 巡检仪的参数设置方法，触类旁通地逐渐掌握各类自动化仪表的参数设置方法。

1. 仪表面板简介

仪表面板示意图如图 3-19 所示。仪表采用两个数码管显示窗显示相关内容，测量状态时，左显示窗（CH 窗口）显示通道号，右显示窗（PV 窗口）显示当前通道的测量值；参数设置状态下，左显示窗显示参数代码，右显示窗显示参数值。

仪表面板上有 16 个 ALM 双色指示灯，分别指示 16 个通道的报警状态，当任何一通道有报警信号时，该通道对应指示灯点亮（上限报警红灯亮，下限报警绿灯亮），无报警时指示灯不亮。

在输入的线性信号（4～20mA 或 1～5V）、热电偶、热电阻输

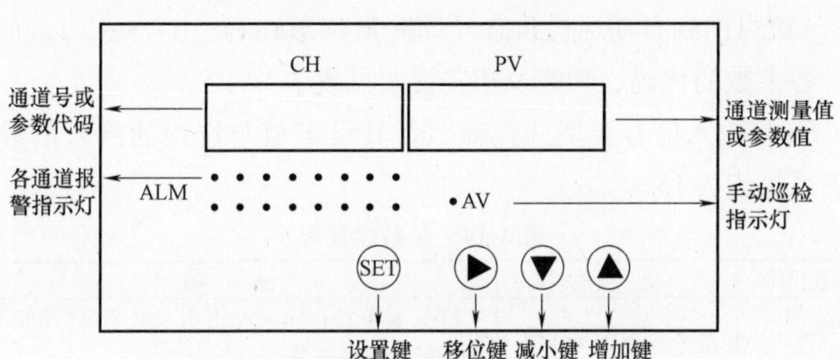

图3-19　多回路显示报警仪面板示意图

入断线，或者输入信号超过测量量程时，仪表会以数码管闪烁的方式进行报警，在右显示窗显示闪烁的“OFF”。

“SET”设置键：该键可以实现进入、退出参数设置功能；可以按序变换参数设定模式；可以保存已变更的设定值。

“▶”移位键：手动巡检或者参数设置时用于小数点移位。变更设定时，用于移动修改点的位置；变更设定时，与“▲”键组合可退回到上一步操作；进入和退出定点检测状态。

“▲”增加键：手动巡检时用于增加通道数或者参数设置时用于增加参数值；与“SET”键组合可以快速退回到CLK（密码输入）界面；定点检测时，可变更检测通道。

“▼”减小键：手动巡检时用于减小通道数或者参数设置时用于减小参数值；变更设定时，用于减少参数值；自动巡检时，可查看实时时钟。

2. 参数设置的操作方法

按SET键2s进入参数设置状态，左显示窗CH显示参数代码SN；或者按“SET”键2s，左显示窗CH显示CLK（参数锁），副窗PV显示0，将0修改为132，参数锁开禁，之后按“SET”键确认，左显示窗显示SN（可设置的第一个参数代码），即可进行参数设置。用增加键“▲”、减小键“▼”配合移位键“▶”修改参数值，用SET键确认并保存参数值，这时左显示窗显示内容跳至下一参数，可对下一参数进行设置。同时按“▶”键和“▲”键可回到上一个参数，同时按“SET”键和“▲”键即可退出设置状态；在设置状态下如果50s无按键操作，即自动退回测量状态。

在测量状态下按“▶”键可进入手动巡检状态，手动巡检时，“▲”键和“▼”键可用于切换显示通道；在手动巡检状态下按

增加键“▲”、减小键“▼”和移位键“▶”几乎是所有需要设置参数的自动化仪表的标配，增加键“▲”也称作加1键，操作之对应的数值加1。减小键“▼”也称作减1键，操作之对应的数值减1。增加或减小的数值也可能是1的倍数，例如0.1、0.5、10、100等。移位键“▶”则可以使欲修改的参数值在个位、十位、百位中移动选择。

"▶"键可回到自动巡检状态（即测量状态）。

各参数的代码、功能及相关说明见表3-14。

Sn是输入信号类型选择参数，其设定值与选择的输入信号对应关系见表3-15。

表3-14　参数设置表

参数代码	功　能	说　明
Sn	输入信号类型选择	详见表3-15；Sn=99时由INP菜单控制各通道的输入信号类型
dPS	小数点位置	16通道为同一输入类型时，用于小数点位数设置（提高显示分辨率），dPS=0显示XXXX，dPS=1显示XXX.X，dPS=2显示XX.XX，dPS=3显示X.XXX。Sn=99时此参数不显示
CHn	巡检通道控制	如各通道采用统一的报警设定值（AL1～AL4）、并共用报警接点时，输入1～16即可，如输入6，则对应接线端子的第1～6通道工作，后10个通道显示关闭。如需各通道分别设置报警值、共用报警接点时，则CHn+40。如需各通道分别设置报警值并分别对应独立报警接点时，则CHn+80。（巡检点数最小为1，最大为16，即CHn范围为：1～16或41～56或81～96）
CHt	通道显示间隔	单位：s（0.5～50），建议最短时间为1s
oFS	显示位移量	显示值零点迁移量，例：原显示为0～1000，当显示位移量设置为2时，显示改变为2～1002，设为-2时显示-2～998。若分别设置显示量程（即Sn=99）此参数不显示，各通道迁移量在"分别设置显示量程和报警值"菜单中独立设置
LoS	显示下限值	线性输入信号显示范围的上、下限值。热电偶或热电阻输入时由仪表内部自动设定，该参数无需设置。如输入4～20mA时需对应显示0～1000，则LoS=0，HIS=1000；Sn=99时不显示本菜单
HIS	显示上限值	
CH-1	1～4通道测量允许	1～4通道巡检控制，XXXX：个位至千位分别对应第1～4通道。X=0～3表示允许该通道测量和显示，且X值为该通道显示的小数点位数，X=0表示无小数，X=1表示1位小数以此类推。X≥4时表示禁止该通道测量和显示。如CH-1=0400表示第3通道禁止测量和显示，其余3个通道为整数显示；如CH-1=3241则表示第二通道不显示，第1通道1位小数，第3通道2位小数，第4通道3位小数。热电偶和热电阻只能最多设置1位小数，如CHn≤16，即各通道统一设置显示量程和小数点位置，则小数点位置由主菜单中dPS参数决定

有时需要设置显示的下限值和上限值，例如，输入4～20mA电流信号时，希望显示的对应值是0～1000，那么输入电流为4mA时，显示屏的右显示窗口显示值为0；输入电流为20mA时，显示屏的右显示窗口显示值为1000。输入电流值在4～20mA之间变化时，显示值是与输入电流呈线性变化的对应值。

（续）

参数代码	功　能	说　明	
CH-5	5～8 通道测量允许	5～8 通道巡检控制，XXXX：个位至千位分别对应第5～8通道。其余同 CH-1	
CH-9	9～12 通道测量允许	9～12 通道巡检控制，XXXX：个位至千位分别对应第9～12通道。其余同 CH-1	
CH-C	13～16 通道测量允许	13～16 通道巡检控制，XXXX：个位至千位分别对应第 13～16 通道。其余同 CH-1	
AL-C	AL1～AL4 报警允许	（XXXX）对应 AL4～AL1，X 为 0 禁止，非 0 允许	如各通道需分别设置报警值（即 CHn＋40 或 CHn＋80）时，这些菜单均不显示
AL1	上限报警值	上限报警值设定，上限报警时面板 AL1 指示灯亮	
A1h	上限报警点回差值	如 A1h＝1，则 PV±1 范围以内继电器不动作，避免测量值在报警值附近波动时继电器频繁动作。设置范围（0～127）	
A1c	上限报警方式	默认值 A1c＝33；A1c＝32 为下限报警方式	
AL2	下限报警值	下限报警值设定	
A2h	下限报警点回差值	定义方式同 A1h	
A2c	下限报警方式	默认值 A2c＝32；A2c＝33 为上限报警方式	
AL3	上上限报警值	上上限报警值设定，需保证AL3＞AL1	
A3h	上限报警点回差值	定义方式同 A1h	
A3c	上限报警方式	默认值 A3c＝33；A3c＝32 为下限报警方式	
AL4	下下限报警值	下下限报警值设定，需保证 AL4＜AL2	
A4h	下限报警点回差值	定义方式同 A1h	
A4c	下限报警方式	默认值 A4c＝32；A4c＝33 为上限报警方式	

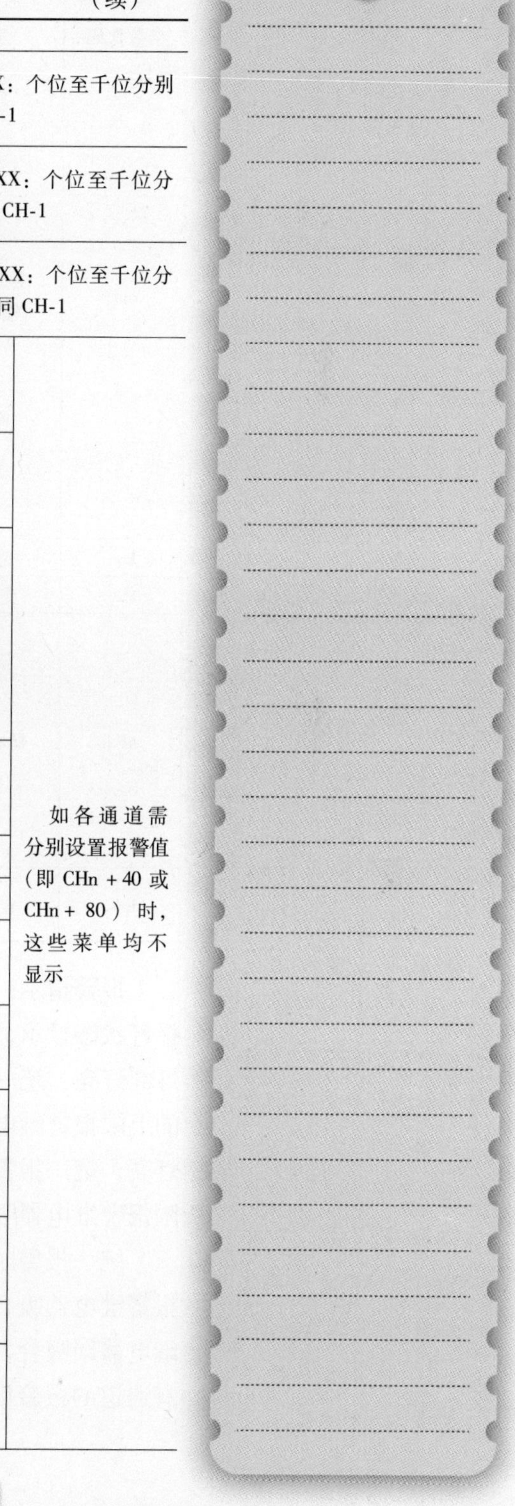

（续）

参数代码	功　能	说　明
out	变送输出类型和输出方式设置	一、输出类型：（X 为 0 ~ 3） X990：变送输出类型为 0 ~ 10mA X991：变送输出类型为 4 ~ 20mA X992：变送输出类型为 0 ~ 20mA 二、输出方式：（Y 为 0 ~ 2） 099Y：1-16 通道测量值的平均值变送输出 199Y：1-16 通道测量值的最大值变送输出 299Y：1-16 通道测量值的最小值变送输出 3XXY：指定通道变送输出；其中 XX（1 ~ 16）为输出通道选择 当某通道断线或断偶时：1）输出方式设为平均、最大、最小值输出时，则该通道测量值为 0；2）输出方式设为指定通道变送输出时，本通道输出电流（电压）为 0
Loo	变送输出零点	如变送输出范围为 0 ~ 1000℃，则 Loo = 0，Hio = 1000
Hio	变送输出满度	
oFS	显示通道偏移量	为适应某些用户的特殊需求，增加此参数设置，此菜单在 out 设置为 5XXX 时才显示。本参数为CH1 ~ CH16 单纯通道号的改变，其他菜单设置等都不变。（本参数设置范围 0 ~ 16。默认为 0，显示 CH1 ~ CH16。如改为 16，则显示 CH17 ~ CH32，此时其内部参数设置仍对应于 CH1 ~ CH16）
End	设置结束标记	再按一次“SET”键则退出参数设置，同时所修改参数被保存。仪表恢复到正常运行状态

报警指示：在巡检仪面板上有 16 只双色指示灯，用于各通道报警状态显示，即任意通道有上限报警信号时，其对应通道的指示灯红灯亮，统一报警时上限报警继电器吸合，分别报警时对应通道的上限报警继电器吸合；有下限报警信号时，对应通道的指示灯绿灯亮，统一报警时下限报警继电器吸合，分别报警时对应通道的下限报警继电器吸合，若没有报警信号则指示灯不亮。

统一报警时，16 通道中任何一通道进入报警状态，即相应的报警继电器吸合，例如第 2 通道有上限报警信号时，仪表上限报警继电器即吸合，如果有多个通道同时有报警信号存在，则只有当所有通道的报警信号解除后相应的继电器才释放。

统一报警时，有任何一个通道进入报警状态，报警继电器触点即会动作，当有多个通道的运行参数均达到报警阈值时，报警继电器的触点会维持在报警状态。只有所有通道的运行参数均在正常范围以内时，报警继电器才能退出报警状态。

表 3-15　Sn 代码表

Sn	分类	测量范围	Sn	分类	测量范围
00	K	0～1300℃	13	0～5V	-1999-9999
01	E	0～900℃	14	1～5V	-1999～9999
02	S	0～1600℃	15	0～10mA	-1999～9999
03	B	300～1800℃	16	0～20mA	-1999～9999
04	J	0～1000℃	17	4～20 mA	-1999～9999
05	T	0～400℃	20	Pt100	-199.9～600.0℃
06	R	0～1600℃	21	Cu100	-50.0～150.0℃
07	N	0～1300℃	22	Cu50	-50.0～150.0℃
10	0～20mV	-1999～9999	23	BA2	-199.9～600.0℃
11	0～75mV	-1999～9999	24	BA1	-199.9～600.0℃
12	0～200mV	-1999～9999	27	0～400Ω	-1999～9999

分别报警时，任何一通道有报警信号，则主机上由双色指示灯指示其报警状态（红色为上限报警，绿色为下限报警），由副机实现继电器动作过程。

如果各个测量通道输入的信号类型互不相同，则应将参数 Sn 修改为 99，并按“SET”键确认，然后再回到 Sn 菜单，将 Sn 菜单设置为 259，按“SET”键即可进入 INP 菜单，其参数菜单显示见表 3-16。

表 3-16　INP（各通道输入类型选择）菜单

代码	功能说明	代码	功能说明
Sn01	第 1～8 通道输入类型选择，具体输入类型参照 Sn 代码表（表 3-15）	Sn09	第 9～16 通道输入类型选择，具体输入类型参照 Sn 代码表（表 3-15）
Sn02		Sn10	
Sn03		Sn11	
Sn04		Sn12	
Sn05		Sn13	
Sn06		Sn14	
Sn07		Sn15	
Sn08		Sn16	

参数 Sn 可以用来设置选择传感器的类型。例如用热敏电阻 Pt100 检测温度变化时，可将参数 Sn 设置为 20，如表 3-15 所示。这样只要将热敏电阻 Pt100 连接到巡检仪的接线端子上，仪表内部的电路就会自动将 Pt100 的电阻值变化转换为相应的温度值。

分别报警时，任何通道出现报警信号，相应的报警继电器动作。各个通道均有自己专用的报警继电器。

分别设置每个通道的显示量程及上下限报警值的方法：

长按“SET”键进入参数设置菜单，先将 CHn +40，再回到 Sn 菜单将其改为 359，按“SET”键，左窗数码管显示 OPt2，右窗数码管显示 1（即为代码地址值），再按“SET”键则显示 Lo01，即进入每个通道的上下限报警值及显示量程设置菜单；如在 OPt2 位置直接输入相对应代码地址，按“SET”键确认后可直接跳转到相对应的参数，方便用户快速设置。

若相应通道的测量和显示被禁止（即 CH-1、CH-5、CH-9、CH-C 的任意一位大于等于 4 时），则该通道的相关参数均不显示（包括显示范围设置、报警值设定和通道的输入信号校准）。

3.7.4 接线方法

八通道巡回检测仪表接线图如图 3-20 所示。

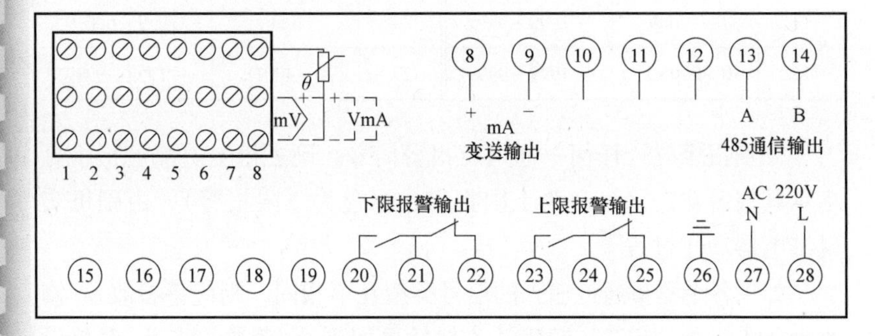

图 3-20　八通道巡回检测仪表接线图

十六通道巡回检测控制仪表接线图如图 3-21 所示。

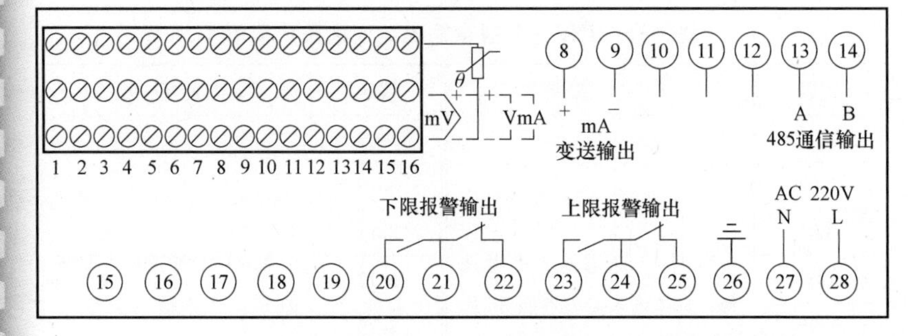

图 3-21　十六通道巡回检测控制仪表接线图

3.7.5　仪表选型方法

LU-905M 多路巡检显示控制仪表是一台多功能仪表，对于一个具体的用户来说，有的可能只使用其中的部分功能，这样可在选购时舍弃某些插件，从而降低成本。可参照表3-17进行选型。

用户应根据自己的应用需求，选择不同型号规格的巡检仪。这可以做到既满足项目测控需求，又可降低项目成本。

3.7.6　仪表报警设置

8/16 路多通道巡回检测报警仪表的报警点及报警方式是通过参数设置菜单设置，AL1、AL2、AL3、AL4 设置报警点，A1h、A2h、A3h、A4h 设置报警回差值，A1c、A2c、A3c、A4c 设置报警方式。

表 3-17　多路巡检显示控制仪型号表

LU-905M	□□□	□	□	□	□	□	□	□	□	□	注　释
控制作用	08R 08T 08F 16R 16C										08R：8 路巡检测量显示 08T：8 路巡检统一控制/报警 08F：8 路巡检分别控制/报警 16R：16 路巡检测量显示 16C：16 路巡检统一控制/报警
外形尺寸		D E									D：160×80（横式） E：80×160（横式）
输出			□								参见“仪表输出”
报警				□							参见“仪表报警方式”
报警记忆					N M						N：不带报警记忆功能 M：带报警记忆功能
馈电输出						N V					N：不带直流 24V 馈电输出 V：带一路直流 24V 馈电输出
通信方式							N R S P				N：无通信 R：RS-232C S：RS-485 P：RS-232C 打印口

（续）

LU-905M	□□□	□	□	□	□	□	□	□	□	□	注　释
输入								□			参见“仪表输入类型”
供电方式									A B C		A：交流 220V 供电 ±15% B：AC90-265V 供电（开关电源） C：直流 24V ±2V 供电
测量精度										H L	H：0.2% FS ±1 字 L：0.5% FS ±1 字

报警值设置必须遵循：量程下限≤报警下下限≤报警下限≤报警上限≤报警上上限≤量程上限。

1. 报警回差的设置

报警回差设置时可参见表 3-14 的参数设置表。例如图 3-22 中，下限报警点 AL2 为 50，下限报警回差 A2h 为 2，A2c = 32，为下限报警方式，若仪表输入信号小于 50 时，仪表报警，触点动作；当输入值增大，大于 50 时，仪表不会马上退出报警，直到仪表输入值大于 52 时，仪表才退出报警状态。同样图 3-23 中，上限报警值 AL1 为 80，回差值 A1h 为 2，A1c = 33，为上限报警方式，若仪表输入信号大于 80 时，仪表报警，触点动作；当输入值减小，小于 80 时，仪表不会马上退出报警，直到仪表输入值小于 78 时，仪表才退出报警状态。

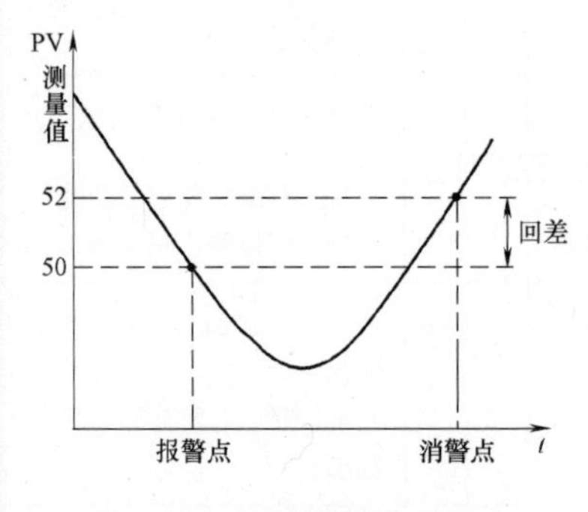

图 3-22　下限报警滞后解除

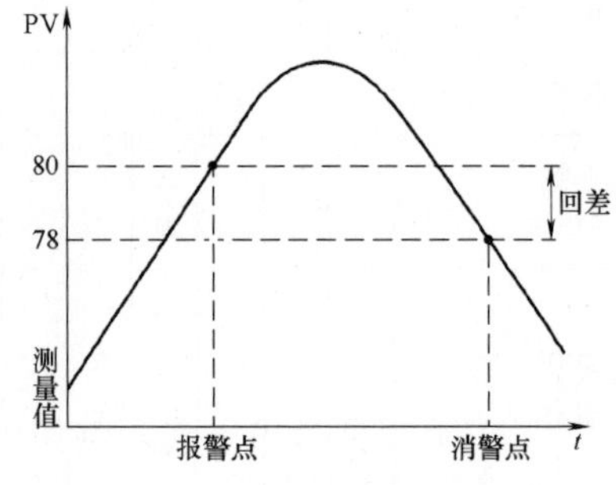

图 3-23　上限报警滞后解除

2. 报警方式

上限报警输出方式：例如 A1c = 33 设定为上限报警，AL1 = 上限

当测量信号在报警点附近波动时，巡检仪不断进入和退出报警状态，输出触点会频繁跳动，产生频繁报警，导致外部联锁装置产生故障。巡检仪的回差设置功能，可以减少这种情况的出现。

所谓报警方式，是指定上限报警或者下限报警，并确定有无报警回差。

设定值，A1h = 0，即无报警回差，则 AL1 报警输出状态如图 3-24 所示。

下限报警输出方式：例如 A2c = 32 设定为下限报警，AL2 = 下限设定值，A2h = 0，即无报警回差，则 AL2 报警输出状态如图 3-25所示。

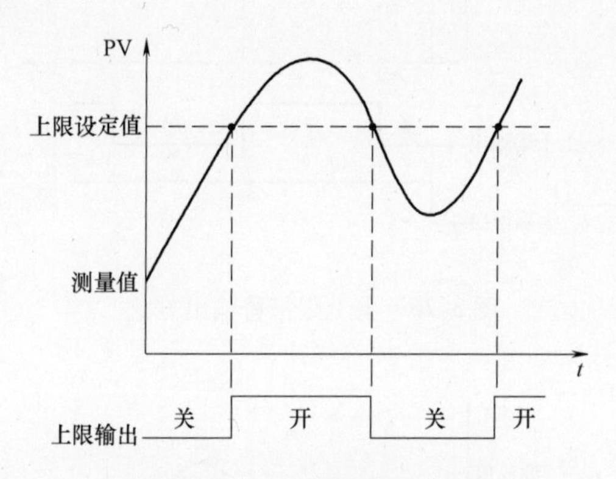

图 3-24　上限报警输出方式

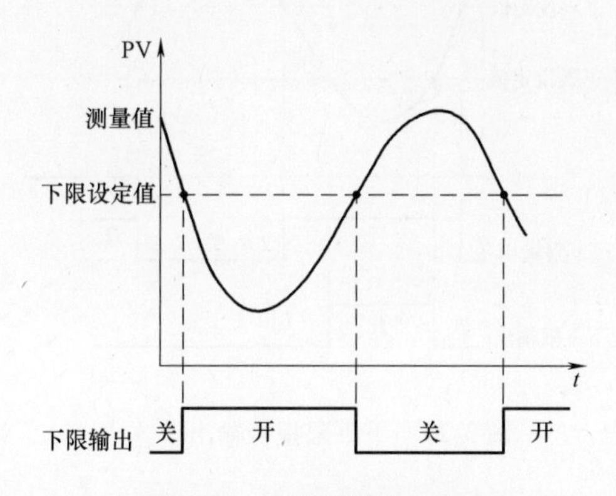

图 3-25　下限报警输出方式

上上限报警输出方式：例如 A3c = 33 设定为上限报警，AL3 = 上上限设定值，A3h = 0，即无报警回差，则 AL3 报警输出状态如图3-26 所示。

下下限报警输出方式：例如 A4c = 32 设定为下限报警，AL4 = 下下限设定值，A4h = 0，即无报警回差，则 AL4 报警输出状态如图3-27 所示。

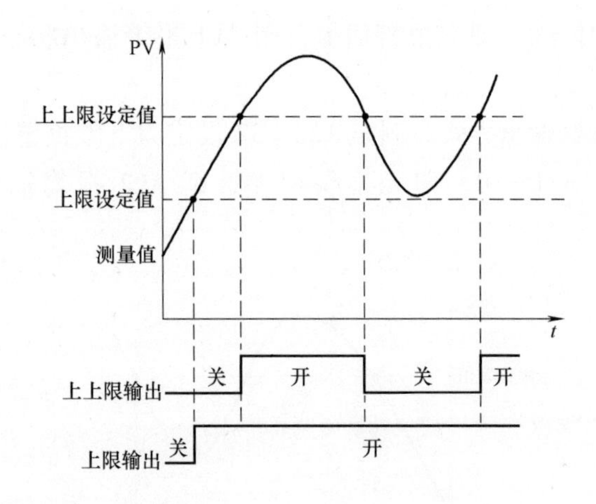

图 3-26　上上限报警输出方式

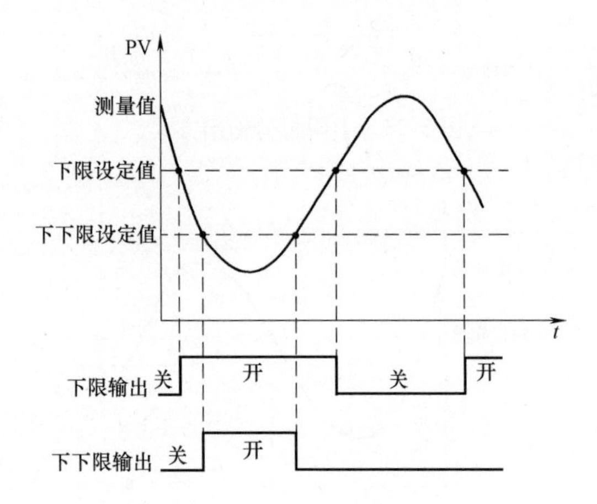

图 3-27　下下限报警输出方式

3.7.7　仪表常见故障处理

仪表常见故障的现象及其处理方法见表 3-18。

表 3-18　仪表常见故障的现象及其处理方法

故障现象	判断处理方法
无显示	1. 电源线正确接入指定端子 2. 用万用表测量电源接线端子上电压是否正常
显示值闪烁	1. 为输入线路断线报警，请检查输入线路是否断线或有接触不良现象 2. 信号超/欠量程 3. 检查 Sn01 ~ Sn16 菜单的输入代码是否与实际输入信号一致

（续）

故障现象	判断处理方法
显示值不变化	1. 检查接线是否正确 2. 检查接线是否有松动、有腐蚀、氧化、受潮等接触不良现象 3. 当为电压、电流输入时，检查 Sn 菜单是否设置正确 4. 检查 Los01（Los16）与 His01（His16）的设置是否正确，如该两组数据相同则显示不变化 5. 测量输入端信号是否在正确变化，如不变化则为输入信号有故障；如输入信号有变化、并以上项目检查正确则可能为仪表故障
显示值波动大	1. 检查接线是否有松动、有腐蚀、氧化、受潮等接触不良现象 2. 用数字万用表（4 位以上的测量分辨率）测量输入信号是否波动，也可直接输入标准信号源给定仪表稳定的信号进行检查 3. 如输入信号有波动为信号问题与本仪表无关，如输入信号无波动，则可能是有干扰，将抗干扰菜单数据进行适当增加，一般 5 级即可 4. 外部环境造成显示不稳定的主要原因有：输入信号线、电源线、空间等存在强电磁干扰，对此可采取加线路滤波器、外部屏蔽等方式解决
继电器 输出不正确	1. 检查接线是否正确 2. 检查接线是否有松动、有腐蚀、氧化、受潮等接触不良现象 3. 对应表 3-17，检查仪表型号是否具备该功能 4. 检查 A1c、A2c、A3c、A4c 的上下限报警控制方向是否正确 5. 检查端子接线是否正确并可靠
变送输出不正确	1. 如无变送输出，首先对应表 3-17，检查仪表型号是否具备该功能，再检查接线方法是否正确可靠 2. 如为输出不准确，检查 out 菜单设置是否正确 3. 检查 Loo 与 Hio 设置是否正确，特别注意的是，该菜单设置的数据是变送输出的电流或电压所对应的测量值，如温度、压力值等工程量，而不是电流、电压等电量 4. 如当输出的电流值越大误差越大（偏小），则可能是外接负载的输入阻抗大于 750Ω

3.8 低压电动机微机监控保护器

3.8.1 装置简介

WDB 系列微机监控电动机保护器是目前国内低压电动机保护器家族中的较新产品，它采用单片机技术和 E^2PROM 存储技术研制而成，具有参数测量精度高，故障分辨准确可靠，保护功能齐全，参数显示直观等特点。保护器可配置 RS-485 通信接口，实现与计算机的通信功能，并由计算机对电动机实施远程检测和控制，因此是目前较理想的低压电动机保护产品，广泛应用于石油、化工、电力、冶金、煤炭、轻工、纺织等行业。

这款微机监控保护器适用于交流 380V、660V 等电压等级的低压电动机，可对电动机进行参数测量、参数显示，以及实现功能完善的保护功能。

3.8.2 主要技术指标

（1）测量范围：电流 0～9999A，电压交流 150～500V。

（2）测量精度：1.5 级。

（3）保护触点容量：交流 220V/5A，交流 380V/3A，电寿命≥10^5次。

（4）起动时间整定范围：1～99s，在起动时间内，只对断相、过电压、欠电压、短路、漏电及三相电流不平衡进行保护。

（5）过电压保护：当工作电压超过过电压设定值时，动作时间≤5.0s。

（6）欠电压保护：当工作电压低于欠电压设定值时，动作时间≤10s。

（7）断相保护：当任何一相或两相断开时，动作时间≤2.0s。

（8）不平衡保护：当任何两相间的电流值相差≥60%时（不平衡电流百分比可设置），动作时间≤2.0s。

（9）堵转保护：当工作电流达到额定电流的 3～8 倍时（保护电流倍数可设置），动作时间≤0.5s。

（10）短路保护：当工作电流达到额定电流的 8 倍以上时，动作时间≤0.2s。

（11）漏电保护：漏电电流≥50mA 时，动作时间≤0.2s。漏电电流值可根据用户需要按设定值序号自行设定，漏电电流值与设定值序号的对应关系见表 3-19。

（12）过电流保护：过电流保护具有反时限动作特性，保护动作时间可根据用户需要自行设定。设定值序号对应的过电流倍数与保护动作时间特性见表 3-20。例如在表 3-20 中，将设定值序号设定为 3，则过电流倍数≥1.5 时，保护动作时间为 32s，而过电流倍数≥3.0 时，保护动作时间为 8s，可见过电流倍数越大，保护动作时间越短，保护动作具有反时限特性。

表 3-19　漏电电流值与设定值序号的对应关系

设定值序号	0	1	2	3	4	5	6	7	8	9
≥漏电电流值/mA	500	450	400	350	300	250	200	150	100	50

表 3-20　设定值序号对应的过电流倍数与保护动作时间特性表

设定值序号 / 动作时间/s / 过电流倍数	1	2	3	4	5
≥1.2	60	120	180	240	300
≥1.3	48	96	144	192	240
≥1.4	36	72	108	144	180
≥1.5	8	16	32	48	64
≥2.0	5	10	20	30	40
≥3.0	2	4	8	12	16
≥3.5	1	2	4	6	8

3.8.3　型号规格

1. 型号

WDB 系列微机监控电动机保护器根据功能要求的不同有表 3-21列举的五个型号，各型号及相应功能见表 3-21 中介绍。

2. 规格选择

WDB 系列微机监控电动机保护器根据被保护电动机功率的不同，有六种规格，详见表 3-22。

表 3-21　WDB 系列微机监控电动机保护器的型号及相应功能

型号	功　能
WDB-A	对电机实施监测、监控、保护和就地显示
WDB-B	由主体单元和显示单元组成，可分别安装于相距不大于 5m 的两个位置，对电机实施监测、监控、保护和显示

WDB 系列微机监控电机保护器各型号的功能或参数略有差异，用户应根据自己的功能需求和项目实情进行选择。

WDB 系列微机监控保护器，可对不同功率、不同工作电流的电动机实施保护。

（续）

型号	功　能
WDB-C	除了具有 WDB-A 型功能外，另有 RS-485 通信接口可与上位机通信，上位机可对多至 256 台保护器进行监测、监控、显示、参数设定、起停操作、故障复位及打印等功能。通信距离≤1200m
WDB-D	除了具有 WDB-B 型功能外，另有 RS-485 通信接口可与上位机通信，上位机可对多至 256 台保护器进行监测、监控、显示、参数设定、起停操作、故障复位及打印等功能。通信距离≤1200m
WDB-S	除正常保护外，增加起动过程的电流保护功能，另有 RS-485 通信接口可与上位机通信，上位机可对多至 256 台保护器进行监测、监控、显示、参数设定、起停操作、故障复位及打印等功能。通信距离≤1200m

表 3-22　WDB 系列微机监控电动机保护器的规格

规格/A	整定电流范围/A	适用电动机功率/kW	说明：1）应根据电动机的功率选择保护器的规格，使电动机的额定电流在保护器的整定电流范围以内 2）规格为 400A、600A 的保护器，必须加装三个二次电流为 5A 的电流互感器
10	1~10	1~5	
50	5~50	4~25	
100	10~100	20~50	
200	20~200	50~90	
400	50~400	75~200	
600	100~600	200~300	

3.8.4　操作使用方法

1. 电气接线

电气接线包括电动机主电路即一次电路接线和二次电路接线。

（1）一次电路接线。保护器要对电动机进行过电流和过电压保护就必须获取相应的电信号。为了方便接线，减少故障，保护器的一次接线采用穿线式或穿绕式，即 10A、50A、100A、200A 的保护器预留有一次线穿线孔，只需将电动机的一次导线从穿线孔一次性穿过即可。而对于 400A 和 600A 两种较大规格的保护器，则必须通过二次电流为 5A 的三只电流互感器接入，即将电流互感器二次导线在保护器的穿线孔中穿绕 5 匝就能使保护器获取相应的电流信号。

过电压和欠电压保护的电压信号从保护器的工作电源上获取。

（2）二次电路接线。二次电路接线因保护器的型号和功能不同而略有差异。

WDB-A 型和 WDB-B 型保护器无有通信功能，所以无须连接

RS-485通信线。WDB-C型、WDB-D型和WDB-S型具有通信功能，应将两条通信线连接在保护器接线端子的T_A和T_B端，如图3-28所示。

漏电保护功能是WDB系列保护器的可选功能，如果订货时指明保护器应具有漏电保护功能，则应选用适当规格的零序电流互感器，将该互感器的二次连接到保护器接线端子的K1和K2端，详见图3-28。

保护器的工作电源为AC220V ±15%或AC380V ±15%（用户订货时可选），50Hz ±2%。可参见图3-28接到①号和②号端子上。

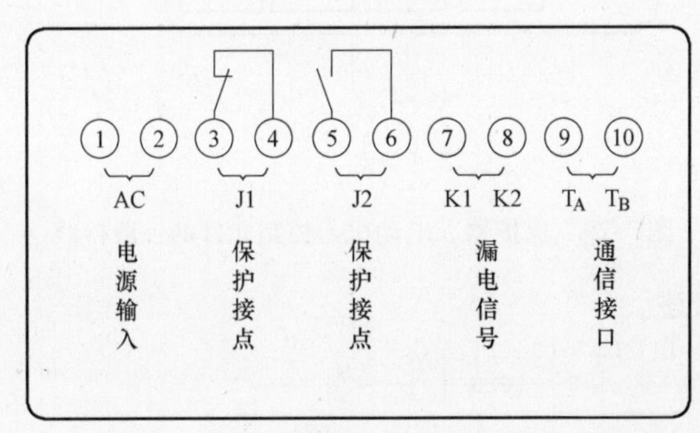

图3-28　WDB系列保护器接线端子示意图

10A、50A、100A、200A等四种规格保护器的保护触点与电动机、起动停止按钮等元件的一般接线如图3-29所示。其中一次导线直接从穿线孔穿过。图中J1是保护器保护出口继电器的常闭触点，电动机停运及运行正常时该触点闭合，任何一种保护动作时该触点都会断开。该触点一旦断开，交流接触器KM线圈即失电释放，电动机断电停止运行得到保护。保护器保护出口继电器常闭接点J1的连接参见图3-28，相关电路接至③号和④号端子即相当于将J1接入电路。

对于400A和600A两种较大规格的保护器，由于一次导线截面积较大，将其从穿线孔直接穿过具有一定难度，保护器设计时选择了一种方便操作的方案，即通过三只二次电流为5A的电流互感器接入，如图3-30所示。三只电流互感器的二次导线分别在三个穿线孔中穿绕5匝后连接成星形并接地，保护器即可获取电动机的电流信号。电动机的其他二次电路连接与图3-29的介绍类似，

保护器的工作电源兼具过电压和欠电压保护的电压取样信号功能，连接在保护器接线端子的①号和②号端子上。

一次导线与监控保护器之间的连接关系是，保护器的壳体上有三个穿线孔，可让一次导线从中穿过，一次导线与保护器内部的线圈构成三个电流互感器，从而检测电动机的运行电流，并在运行电流出现异常时实施保护。

对于较大电流规格的保护器，例如400A、600A的，须在保护器外部连接三只电流互感器，将互感器二次的电流信号线穿过保护器的穿线孔，并如图3-30那样，将穿出穿线孔的导线短接成星形。

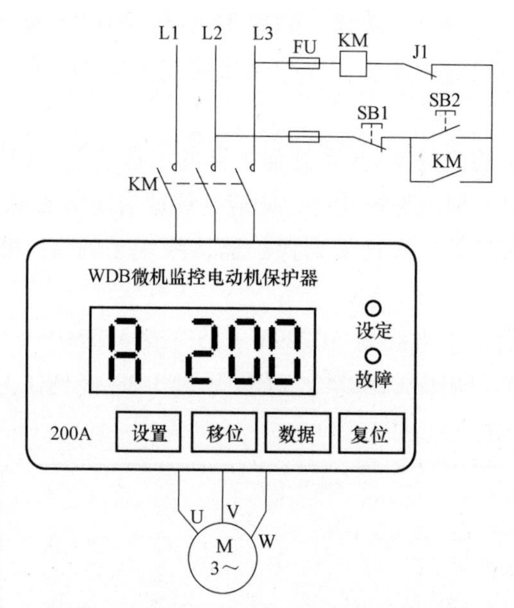

图 3-29　保护器、电动机与控制元件的一般接线

此处不再赘述。

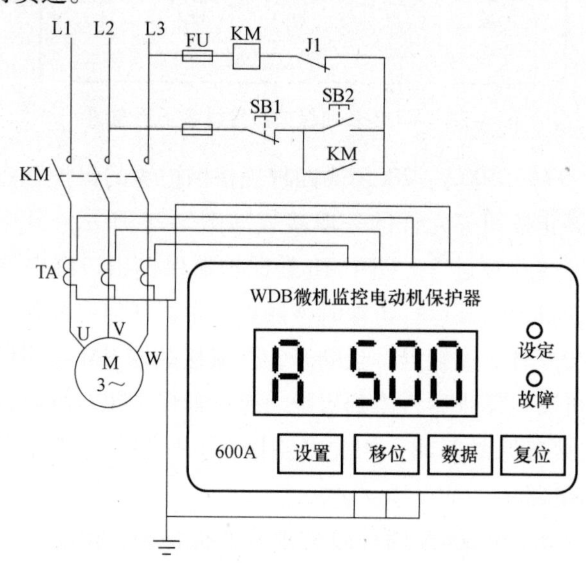

图 3-30　400A 和 600A 保护器的接线图

2. 参数设置

WDB 系列微机监控电动机保护器投入运行前必须对其进行功能参数设置才能正常工作。通过对保护器面板上的按键进行操作可以设置功能参数。保护器面板上的按键排列如图 3-31 所示。各按

键的功能说明如下：

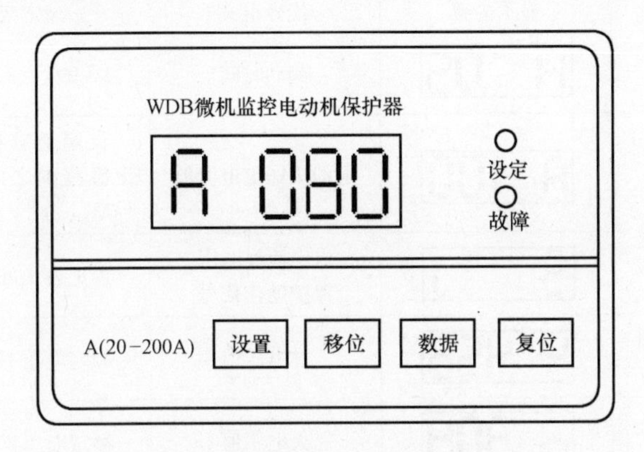

图3-31　微机监控电动机保护器面板图

设置键：按压该键可以进入设置状态，并选择设定的类别。

移位键：该键为多功能键，在设置状态按此键可以选择欲设定的字位，选中的字位会闪烁，之后通过数据键修改参数。正常状态下按移位键，显示以前发生的故障代码，按复位键退出故障代号显示。

"移位键"是一个多功能键，设置参数时可用来移动变换待修改参数值的"位"，运行监控状态按动该键，可以显示发生过的故障代码。

数据键：该键为多功能键，设置状态下按此键一次，闪烁位加1，这样即可修改参数值。电动机正常运行时，显示器循环显示的是三相电流值，按此键后显示内容变换为电压值，再按一次复位键恢复循环显示电流值。

复位键：该键为多功能键：在设置状态按复位键退出设置状态；保护动作后按此键保护器复位，可使电动机重新起动；正常运行中显示器循环显示三相电流值，按此键后暂停三相电流循环显示，改为显示当前某相电流值，再按此键恢复电流循环显示。

保护器的参数设置须在接通工作电源后、电动机起动之前进行，这时按一次设置键，设置指示灯亮，显示器显示"H　05"，提示可以设置起动时间，之后用移位键选择欲设置修改的位，选中的位数字会闪烁，用数据键修改闪烁位的数值（每按一下数据键数值加1），修改完毕再按一次设置键，即可进入下一个参数的设置状态。如此直至所有参数设置完毕，按复位键退出设置状态，显示器显示"STOP"，设置过程结束。具体的设置过程可参见表3-23。

表 3-23　参数设置的操作程序表

操作顺序	显示内容	代号定义	设定范围
第一次按设置键	H 05	起动时间	1～99s
第二次按设置键	A 100	电动机额定电流值	设定值应在整定电流值范围之内参见表 3-22
第三次按设置键	S 1	过电流反时限保护动作代号	参见表 3-20
第四次按设置键	u 456	过电压值	额定电压 120% 左右
第五次按设置键	n 304	欠电压值	额定电压 80% 左右
第六次按设置键	E 6	堵转倍数	3～8 倍之间的选择
第七次按设置键	d 000	设定通信地址号	0～255
第八次按设置键	L 1	漏电电流值代号	在漏电电流设定值序号 0-9 中选择，见表 3-19
第九次按设置键	P 60	三相电流不平衡百分比值	60% 左右
第十次按设置键	F 300	电流互感器额定变比	设定电流互感器一次的额定电流值

电动机在起动或运行状态时按设置键无效。

如果没有 RS-485 通信接口，没有漏电保护功能，则第七次按设置键和第八次按设置键之后的参数设置无效，可用连续按压设置键的方法跳过相应设置程序。

第十次按设置键后的设置只对 400A 和 600A 的保护器有效。

参数设定完毕，按复位键，保存设定值，退出设定状态。

3. 运行操作

保护器接入工作电源后，显示器显示“STOP”，即停止、停机之意。电动机起动时显示“----”，起动结束进入运行状态时显示电流相别代号和三位电流值，例如图 3-31 中显示器显示的“A 080”，表示当前显示的是 A 相电流，电流值为 80A。此时按数据键，显示电压值，之后按复位键则固定显示某相电流值，再按复位键则恢复三相电流循环显示状态。

4. 电动机故障时的保护及显示

电动机在运行过程中，如果有任何一项运行参数达到或超过了设定的保护值，保护器的显示器就会显示相应的故障代码，并在跳闸前不停闪烁，显示内容因故障而异可能是图3-32中的某一种。经过设定的延时时间后电动机会受保护器控制跳闸断电，从而使电动机受到保护。跳闸后继续显示故障代码及引起跳闸的故障参数值。例如图3-32中显示的“A 108”表示因出现了108A的过电流从而使电动机保护跳闸。

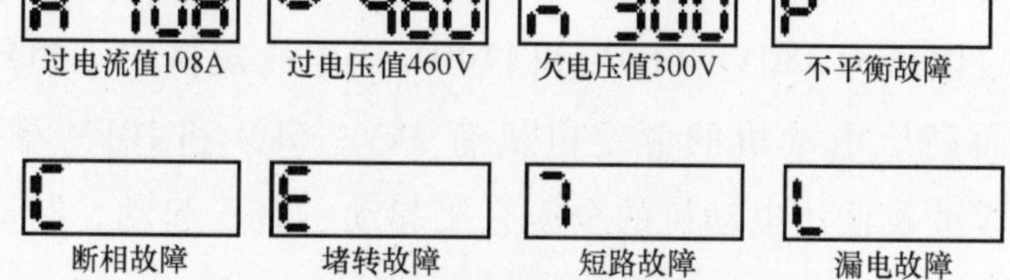

图3-32 电动机故障保护时的显示内容

5. 计算机远程通信系统与保护器的连接

WDB-C、WDB-D、WDB-S型微机监控电机保护器通过RS-485通信接口与远程计算机主机之间的连接示意图如图3-33所示。通信距离≤1200m。每台上位机（计算机主机）可与多至256台WDB-C、WDB-D、WDB-S型微机监控电机保护器进行通信。每台保护器都应设置自己的通信地址号。上位机可对每台电机保护器的保护参数进行修改，并能对每台电动机进行起动或停机的操作控制。

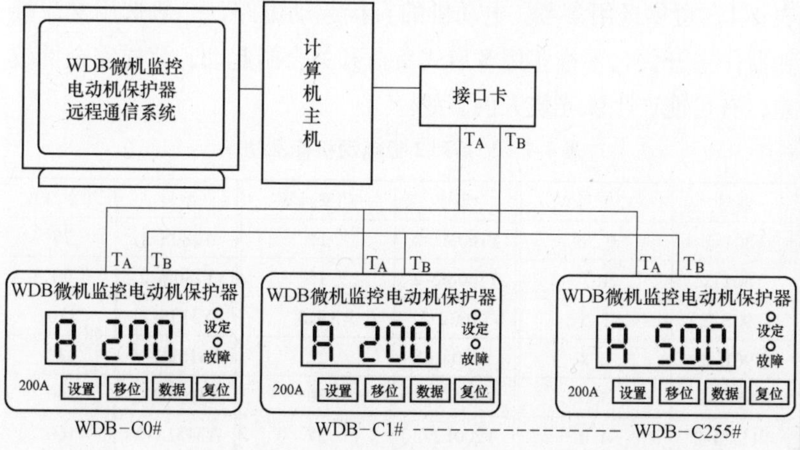

图3-33 带RS-485通信接口的保护器与远程计算机主机连接示意图

电动机运行过程中，可能因为各种原因使运行参数超过设定的保护阈值，这时保护器的显示器会显示相应的故障代码，并以闪动的方式提醒运行人员注意，直至保护跳闸。跳闸后继续显示故障代码和跳闸时的参数值。

保护器通过通信接口可与距离1200m以内的远程控制主机通信，实现遥控、遥调、遥测等监控功能。

第4章 Chapter 4

低压电动机的起动控制与无功补偿

所谓低压电动机，是相对于高压电动机而言的，低压电动机是指额定电压为380V、660V和1140V等电压规格的三相异步电动机，而高压电动机的额定电压有3kV、6kV和10kV等几种。本章内容涉及低压电动机的全压直接起动、减压起动、制动和调速等运行环节。

4.1 电动机的直接起动

全压直接起动也叫全压起动，是低压电动机最基本的起动方式，应用范围很广，一般中小企业和农村的农副产品电动加工机械多使用这种起动方式。在大多数情况下，功率10kW及以下的电动机可采用直接起动方式。国产Y系列2极电动机的标准功率见表4-1，可供选用参考。电动机的直接起动电路，一般选用交流接触器作主开关，不推荐用开启式负荷开关合闸起动，那样安全性较差，有可能产生弧光烧人的事故。

所谓电动机的直接起动，即在电动机起动通电的瞬间就把100%的额定电压加到电动机的定子绕组上。这种起动方式的优点是起动电路简单、使用的电器元件少，制作成本低、起动转矩较大，缺点是起动电流大，只能适用于较小功率的电动机起动。

表4-1 Y系列2极电动机标准功率

型号	功率/kW	型号	功率/kW	型号	功率/kW
Y801-2	0.75	Y160M1-2	11	Y280S-2	75
Y802-2	1.1	Y160M2-2	15	Y280M-2	90
Y90S-2	1.5	Y160L-2	18.5	Y315S-2	110
Y90L-2	2.2	Y180M-2	22	Y315M1-2	132
Y100L-2	3.0	Y200L1-2	30	Y315M2-2	160
Y112M-2	4.0	Y200L2-2	37	Y315L1-2	160
Y132S1-2	5.5	Y 225M-2	45	Y315L2-2	200
Y132S2-2	7.5	Y250M-2	55		

电动机直接起动的一次电路（主电路）和二次电路（控制电路）分别如图4-1和图4-2所示。所谓一次电路，是电动机定子绕组工作电流经过的电路元件和导线；二次电路是保证设备正常运行不可缺少的辅助电路，二次电路的主要功能有控制、测量、信号和保护等。使电动机起动运行和停止运行的电路是二次电路的控制功能电路；电压、电流、功率及功率因数等电参数的测量显示是二次电路的测量功能；运行和停止指示灯的交替亮灭、音响报警装置的鸣叫与停止等是二次电路的信号功能；热继电器、电动机保护器等元件实施的过电流、过电压及断相保护是二次电路的保护功能。下面具体分析电动机直接起动电路的工作过程。

电动机的直接起动电路如图4-1所示，由于功率较小，有时可以省却主电路中的电流互感器TA与控制电路中的电流表PA。电路中保护和测量功能元器件的配置，应根据设备在生产工艺中的重要性，以及自身的经济价值确定。

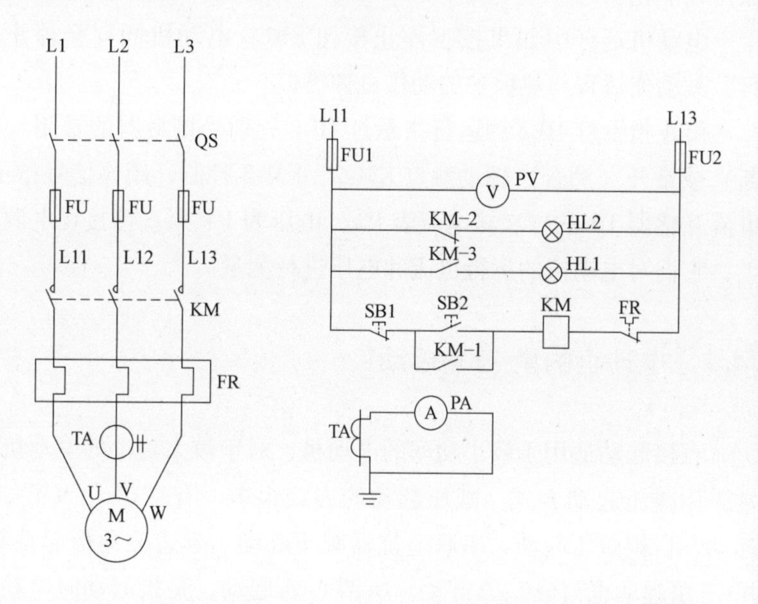

图4-1　电动机直接起动主电路　　　图4-2　电动机直接起动控制电路

图4-1中，三相电源的相线L1、L2和L3接在刀开关QS上端。QS的作用是在检修时断开电源，使受检修电路与电源之间有一个明显的断开点，保证检修人员的安全。FU是一次电路的保护用熔断器。准备起动电动机时，首先合上刀开关QS，之后如果交流接触器KM主触点闭合，则电动机得电运行；接触器主触点断开，电动机停止运行。接触器触点闭合与否，则受二次电路控制。

图4-2中，FU1和FU2是二次熔断器，SB1是停止按钮，SB2是起动按钮，FR是热继电器的保护输出触点。按下起动按钮SB2，

交流接触器 KM 的线圈得电，其主触点闭合，电动机开始运行。同时，接触器的辅助常开触点 KM-1 也闭合，它使接触器线圈获得持续的工作电源，接触器的吸合状态得以保持，从功能上讲，习惯上将辅助常开触点 KM-1 称为自保（持）触点。

电动机运行中，若因故出现过电流或短路等异常情况，热继电器 FR（见图 4-1）内部的双金属片会因电流过大而弯曲，在一定时限内使其保护触点 FR（见图 4-2）动作断开，致使接触器线圈失电，接触器主触点断开，电动机停止运行，保护电动机不被过电流烧坏。保护动作后，接触器的辅助常开触点 KM-1 断开，电动机保持在停止状态。

电动机运行中如果按下停止按钮 SB1，电动机同样会停止运行，其动作过程与热保护的动作机理类似。

停止指示灯 HL2 和运行指示灯 HL1 分别受接触器的常闭（动断）或常开（动合）辅助触点 KM-2、KM-3 控制，用作信号指示。电流互感器 TA 的二次接电流表 PA，电压表 PV 则直接接在电源线上，它们对电动机的运行电流和电压进行测量。

4.2　电动机的星-三角起动

直接起动适用于较小功率的电动机，对于较大功率的电动机通常采用减压起动方式。减压起动的方式很多，有星-三角（Y-△）起动、自耦减压起动、串联电抗器减压起动、延边三角形起动等。星-三角起动也写成Y-△起动。所谓Y-△起动，是指起动时电动机绕组接成星形，起动结束进入运行状态后电动机绕组接成三角形。这种起动方式只适用于定子绕组在正常工作时为三角形联结的三相异步电动机。

> 电动机的Y-△起动，通常适用于功率几十千瓦以下的电动机。由于这种起动方式的起动转矩较小，因此，仅可用于空载或轻载起动的电动机。
>
> 电动机在Y-△起动时，起动电流为直接起动时的 1/3，起动转矩也减小到直接起动时的 1/3。

Y-△起动方式可使每相定子绕组承受的电压在起动时降低到电源电压的 $1/\sqrt{3}$（57.7%），起动电流为直接起动时电流的 1/3。由于起动电流的减小，起动转矩也同时减小到直接起动的 1/3，所以这种起动方式只能工作在空载或轻载起动的场合。例如轴流风机应将出风阀门打开，离心水泵应将出水阀门关闭，使设备处于轻载状态，才能使用这种起动方式。

图 4-3 所示为电动机Y-△起动的主电路图，U1-U2、V1-V2、W1-W2 是电动机 M 的三相绕组。如果将 U2、V2 和 W2 在接线盒内短接，则电动机被接成星形；如果将 U1 和 W2、V1 和 U2、W1 和 V2 分别短接，则电动机被接成三角形。图 4-4 所示的控制电路可控制图 4-3 中的主电路元件实现电动机的Y-△起动。

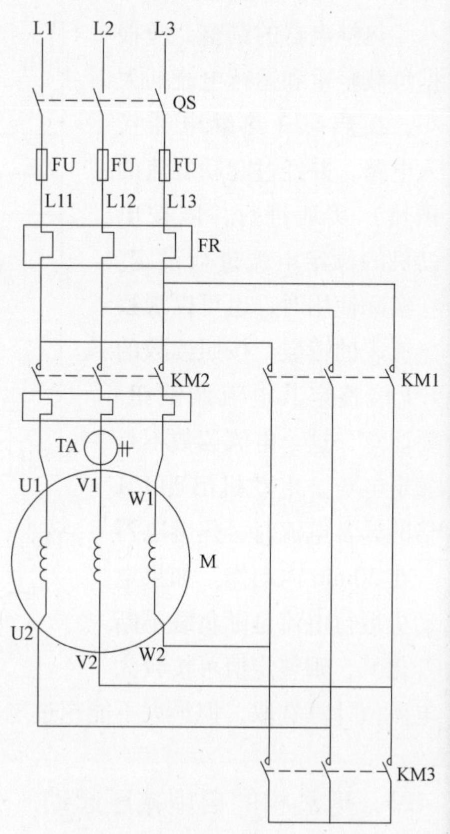

图 4-3　Y-△起动的主电路图

现在分析Y-△起动电路的工作过程。按下起动按钮 SB2，接触器 KM3 和时间继电器 KT 的线圈得电，KM3 的主触点闭合，将电动机的三相绕组接成星形；KM3 的辅助常开（动合）触点 KM3-3 同时闭合使接触器 KM2 动作，电动机进入星形起动状态，KM2 的辅助触点 KM2-1 闭合使电路维持在起动状态。待电动机转速接近额定转速时，时间继电器 KT 延时时间到，其延时断开常闭（动断）触点 KT-1 断开，接触器 KM3 线圈失电，主触点断开，辅助常闭（动断）触点 KM3-1 闭合，接触器 KM1 得电工作，电动机进入三角形运行状态。这里时间继电器 KT 的延时时间应根据电动机功率的大小、负载的轻重等因素进行调整，其时间长短应与电动机起动后转速达到接近额定转速所需的时间相接近。一般为 5 ~ 15s。

按一下停止按钮，或电动机出现异常过电流使热继电器 FR 动作，电动机均会停止运行。电动机停运时 HL2 点亮；起动过程中 HL3 点亮；运行过程则 HL1 点亮。电流表 PA 和电压表 PV 用于电动机运行参数的测量。

电动机的Y-△起动可以如图 4-4那样，使用时间继电器确定Y起动与全压运行的切换时间，也可以由现场的运行工人根据电动机的运行状态，操作按钮进行切换。

按钮切换的二次电路见下图。起动时按压按钮 SB2，交流接触器 KM3 和 KM2 线圈先后得电，电动机开始Y起动；待转速升高到接近额定转速时，按一下按钮 SB3，KM3 线圈断电，KM1 线圈得电，电动机进入△运行状态。

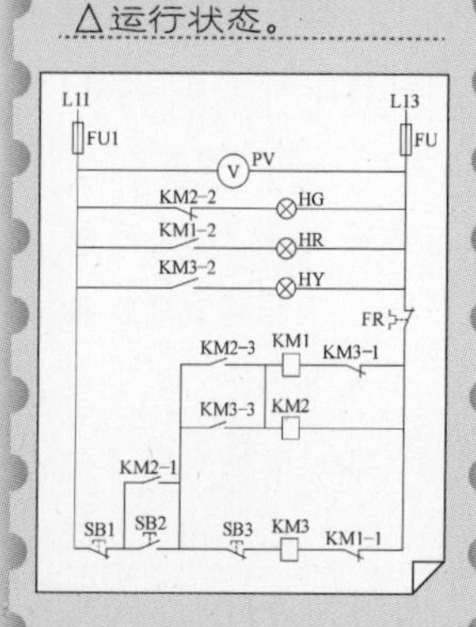

热继电器的调整，应根据负载轻重和运行电流的大小，在热态（热继电器接入电路，并经过起动电流的预热）实地进行，应按电动机的额定电流进行设定。在实际使用时，也可以观察电流表的读数，按照读数的1.1倍整定其电流调整钮。要注意，这个电流读数不是额定电流。电动机出现1.1倍的异常电流时，热继电器会在20min内动作。如果电动机运行电流是随负载不断变化的，则整定值可按较大电流值计算选取，但最大不能超过电动机额定电流的1.1倍。

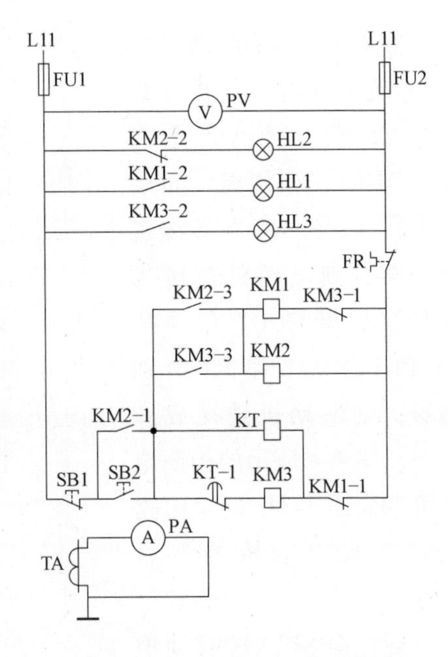

图4-4　Y-△起动的控制电路

4.3　电动机的自耦减压起动

电动机采用Y-△起动方式具有电路简单、成本较低、设备重量轻等优点，通常适用于功率在几十kW以内、负载较轻的电动机。自耦减压起动方式也能涵盖这个功率范围，而如果功率更大，或负载较重，则不宜采用Y-△起动，可选用自耦变压器减压起动方式。

电动机的自耦减压起动适用于起动力矩要求较大、电动机功率较大的场合。以自耦变压器抽头为80%为例，电动机的转矩与电源电压的平方成正比，起动转矩可达全压起动时的64%，明显高于Y-△起动时的33.3%。

电动机起动用的自耦变压器是一台三相变压器，在每一相绕组中间设有两个抽头，其输出电压分别是额定电压的65%和80%。接入起动电路时，可根据负载轻重和电网容量选择一组抽头。

图4-5所示为自耦减压起动的主电路，图4-6所示为控制电路。下面分析起动过程。SB11和SB12分别是就地起动柜上的停止与起动按钮；点划线框内的SB21和SB22分别是远程停止与起动按钮。两处的按钮具有相同的控制权限（均不具有优先控制权）和控制功能。按下起动按钮SB12（或SB22），交流接触器KM3得电动作，其主触点在电流为零的情况下将自耦变压器T的三相绕组

接成星形；接触器 KM3 的辅助触点 KM3-1 使接触器 KM2 和时间继电器 KT 得电进入工作状态，并由辅助触点 KM2-1 自保持。接触器 KM2 的主触点接通自耦变压器 T 的三相电源，电动机开始减压起动过程。时间继电器 KT 的延时时间应根据负载等情况调整为 8 ~ 20s，延时结束后，其延时闭合常开触点 KT-1 闭合，这将依次出现以下动作：

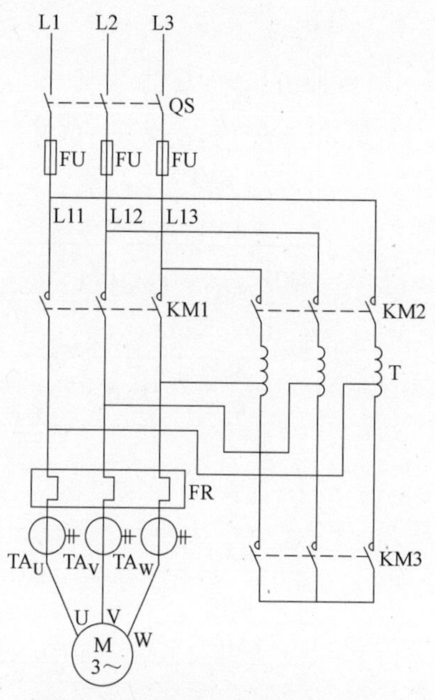

图 4-5 自耦减压起动的主电路

1）中间继电器 KA 线圈得电动作，触点 KA-1 进行自保持；它的常闭触点 KA-3 切断接触器 KM3 的线圈电源，KM3 线圈失电释放，变压器 T 的星中点打开；KM3 的辅助常闭触点 KM3-3 复位闭合，为接触器 KM1 吸合做好准备。

2）中间继电器 KA 的常开触点 KA-2 闭合，接触器 KM1 线圈得电动作，主触点闭合，电动机由起动状态转为全压运行状态；

3）接触器 KM1 的辅助触点 KM1-4 断开，使接触器 KM2 和时间继电器 KT 线圈断电而退出工作。

4）KM2 断电释放后，其常开触点 KM2-2 断开，中间继电器 KA 断电释放。至此，电动机完成起动过程。

这里有一点需要说明，KM2 是因为 KM1 吸合才断电的，所以有一个 KM2 和 KM1 共同吸合的短暂瞬间。变压器 T 从两个回路接入电源电压，是否会导致变压器损坏，回答是：变压器是安全的。因为接触器 KM3 的主触点已先期断开，变压器Y联结中点已打开，接入的两路电源因为电压相等而不会在变压器中形成电流。

SB11 和 SB21 是停止按钮，按压其中之一，则电动机停止运行。热继电器 FR 可对电动机的过电流等异常进行保护。出现异常时，其依据热继电器的反时限特性，常闭触点断开，接触器 KM1 线圈断电释放，电动机停止运行。一次回路中的熔断器 FU 可对短

电动机的自耦减压起动可以如图 4-6 那样，使用时间继电器确定自耦减压起动与全压运行的切换时间，也可以由现场的运行工人根据电动机的运行状态，操作按钮进行切换。

按钮切换的控制电路见下图。起动时按压按钮 SB2，交流接触器 KM3 和 KM2 线圈先后得电，电动机开始自耦减压起动；待转速升高到接近额定转速时，按一下按钮 SB3，KM3 线圈断电，KM1 线圈得电，电动机进入全压运行状态。

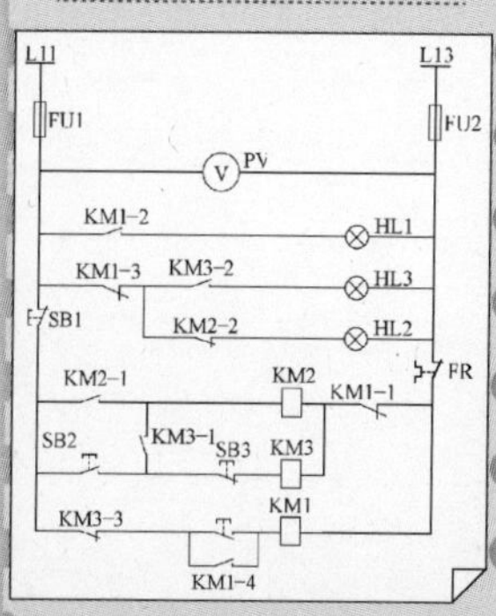

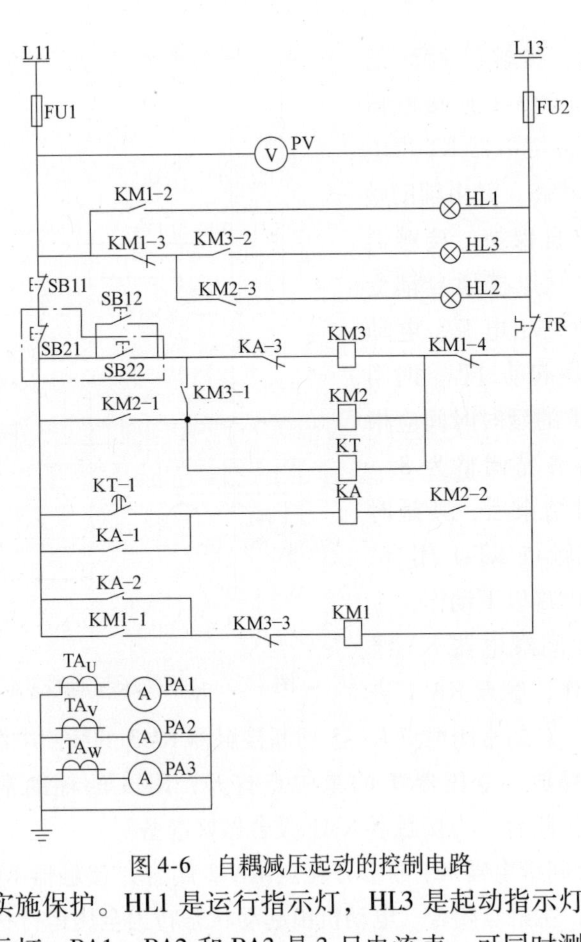

图 4-6　自耦减压起动的控制电路

路故障实施保护。HL1 是运行指示灯，HL3 是起动指示灯，HL2 是停止指示灯。PA1、PA2 和 PA3 是 3 只电流表，可同时测量三相电流。电压表 PV 可用来测量电源电压。

以上介绍的是自耦减压起动电路的一种典型应用，根据电动机功率大小的不同、电网容量的差异、对测量和保护功能的要求变化，电源电压有 380V 和 660V 的区别，控制电路也有很多种派生方案，这些方案之间的主要区别有：

1）功率几十千瓦以下的小功率电动机，二次电路中可不使用中间继电器，直接由时间继电器的触点去控制接触器线圈的通断电。

2）电网供电系统空余容量不足、电动机负载较轻，起动时电动机可接自耦变压器 65% 的抽头，用以减小起动电流；否则接 80% 抽头。

3）短时间运行的电动机，或保护功能完善的场合，可仅用一只电流表测量单相线电流。

4）增加一只电压换相开关，配合一只电压表，可选择测量UV、VW 和 WU 之间的线电压。

5）大功率电动机自耦减压起动柜往往装有手动/自动转换开关，该开关转向“自动”档时，起动状态与全压运行状态的转换，由时间继电器控制自动完成；转向“手动”档时，状态的转换由操作人员根据起动电流的变化幅度以及电动机的转速上升情况通过操作按钮实现。

6）电源电压为 660V 的电动机，其二次控制电源应通过控制变压器将 660V 降低为 380V，因为各种接触器的线圈工作电压最高为 380V；同时，接触器主触点的额定工作电压应选 660V 的。

图 4-7 所示为一台 660V、160kW 电动机的控制电路，图中

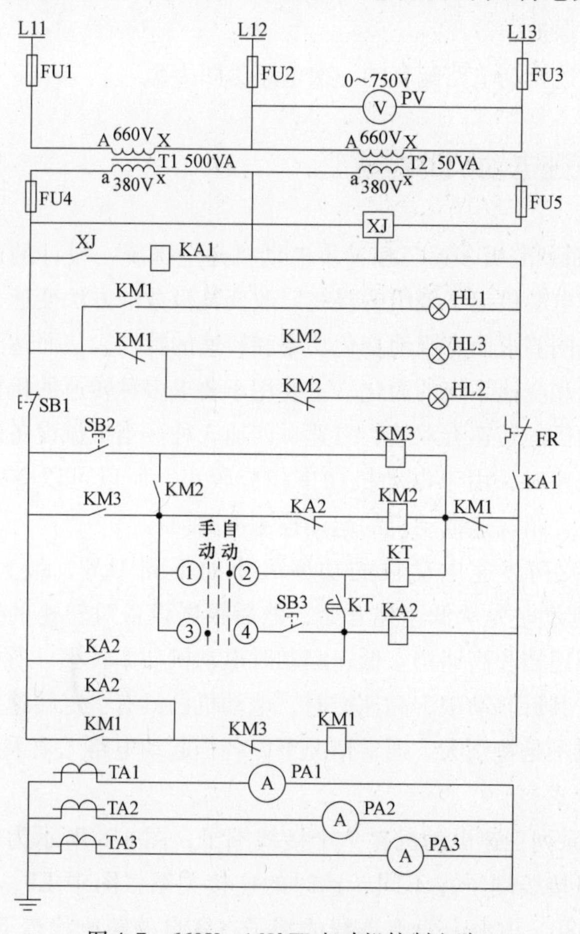

图 4-7　660V、160kW 电动机控制电路

L11、L12、L13 是 660V 电源输入端；FU1 ~ FU5 是二次熔断器；T1 和 T2 是两台控制变压器，电压比是 660V/380V；它们输出的 380V 电压作用有两个，一是作为控制电路的控制电源，二是给电动机保护器 XJ 提供电压信号；这里使用的电动机保护器 XJ 具有功能完善的电压保护功能，这些功能包括过电压、欠电压、断相和相序异常等保护。变压器 T1 的容量是 500VA，T2 的容量是 50VA。电路工作时，如果电源电压正常，而且相序正确，电动机保护器的常开触点 XJ 闭合，中间继电器 KA1 线圈得电，其常开触点闭合，二次电路可以正常工作。如果电源电压偏高、过低或相序错误，电动机保护器的常开触点 XJ 断开，中间继电器 KA1 线圈失电，其常开触点断开，则所有交流接触器线圈断电并退出运行，实现对电动机的电压保护。

与上述控制电路配套的一次电路见图 4-5。

额定电压为 660V 的低压电动机，其控制电路使用的通常是 380V 电压，因为电路中配套使用的中间继电器、时间继电器、信号灯等，它们的额定电压以 380V 电压为多。以图 4-7 为例，控制电路就是用了两台变压器将 660V 电压变换成 380V 电压。其中变压器 T1，额定容量 500VA，用于信号灯的点亮指示、交流接触器、中间继电器和时间继电器的线圈用电。另一台变压器 T2 其额定容量为 50VA，仅用于给电动机保护器 XJ 提供工作电压及信号电压。

4.4 三速电动机的起动

YD 系列变极多速三相异步电动机是全国统一设计的产品，它利用改变电动机定子绕组的接线以改变其极数的方法变速，具有随负载的不同要求而有级地变化功率和转速的特性，从而达到功率的合理匹配和变速系统的简化。主要用于要求多种转速的机械设备装置。电动机的转速有双速、三速、四速 3 种。当机械设备的合理转速为中低速时，由于电动机功率相应较小，所以可以有效节约电能。这里介绍三速电动机的起动控制电路。

YD 系列多速电动机的功率最小的不到 1kW，最大的 70 ~ 80kW。起动时先从低速档开始，然后根据设备对转速的要求，依次起动中速档和高速档。低速起动时电动机功率较小，所以起动电流较小。其后起动中、高速档时，电动机已具有一定转速，因此起动电流也不是特别大。通常情况下，各档起动电路无须采用减压限流起动方式。

YD 系列三速电动机有 9 个接线端子，图 4-8 所示为三相电源与电动机接线端子在不同转速时的连接关系，图中 L1、L2 和 L3 是三相 380V 电源，没有连线的端子在各自的转速状态下被悬空。图 4-9 和图 4-10分别所示为起动电路的主电路和控制电路。起动

前，HL2 点亮，指示控制电路正常。起动时，先按下低速起动按钮 SB2，接触器 KM1 吸合动作，其主触点将三相电源接至电动机的 1U、1V、1W 端，由图 4-8 可见，电动机在 8 极低速下起动运行。辅助触点 KM1-1 进行自保持；KM1-2 接通中间继电器 KA1 的线圈回路，并由 KA1-2 对其自保持。KA1 的触点 KA1-4 切断 HL2 电源，HL2 熄灭；触点 KA1-1 闭合，HL4 点亮，指示电动机在 8 极低速下运行；触点 KA1-3 闭合，是电动机中速起动的允许信号。

4极(高速)	6极(中速)	8极(低速)
1U 1V 1W	1U 1V 1W	L1 L2 L3 1U 1V 1W
2U 2V 2W	2U 2V 2W	2U 2V 2W
3U 3V 3W	3U 3V 3W	3U 3V 3W
L1 L2 L3	L1 L2 L3	

图 4-8　三速电动机的接线端子

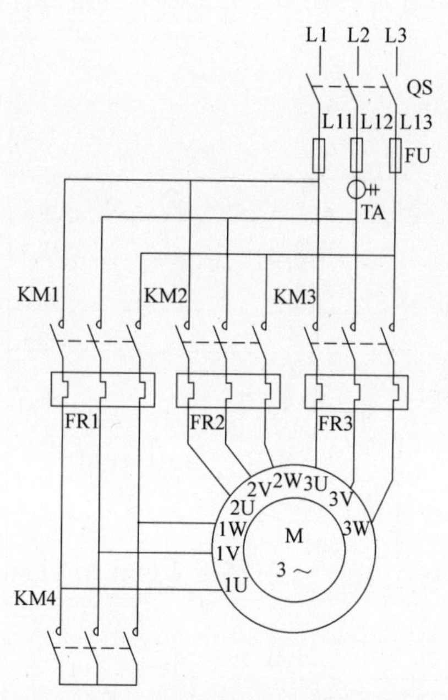

图 4-9　三速电动机起动电路的主电路

如果低速档不能满足设备要求，可接着起动中速档。按一下中速起动按钮 SB3（SB3 是具有常开和常闭双触点的按钮），接触器 KM1 线圈断电释放，接触器 KM2 得电吸合，并由 KM2-1 保持。KM2 的主触点将电源接至电动机的 2U、2V、2W 端，由图 4-8 可见，电动机在 6 极中速下起动运行。KM2-2 接通中间继电器 2KA

的线圈回路，并由 KA2-2 对其自保持。KA2 的触点 KA2-5 切断 HL4 电源，HL4 熄灭；触点 2KA-1 闭合，HL3 点亮，指示电动机在 6 极中速下运行；触点 KA2-3 闭合，是电动机高速起动的允许信号。

如果需要更高的转速，可接着按压按钮 SB4（SB4 也是具有常开和常闭双触点的按钮），之后接触器 KM2 线圈断电释放，接触器 KM3、KM4 同时得电吸合，并由 KM3-2 保持。KM3 的主触点将电源接至电动机的 3U、3V、3W 端，KM4 的主触点将 1U、1V、1W 端短接，这种接线效果如同 4 极高速状态。KM3 的辅助触点 KM3-3 使 HL3 熄灭，KM3-1 使 HL1 点亮，指示电动机在 4 极高速下起动运行。

若欲将电动机从高转速调整到较低的转速档，必须先按一下停止按钮 SB1，然后从低速档逐级起动到合适的转速档位。

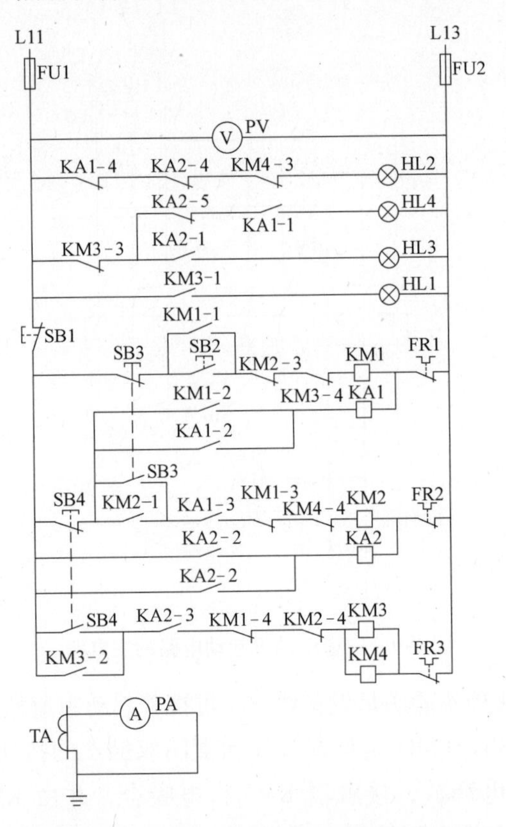

图 4-10　三速电动机起动电路的控制电路

热继电器FR1、FR2和FR3可在各自的功率（转速）档位上实施过电流保护。PV和PA分别是电压表及电流表。

4.5　绕线转子异步电动机的起动

绕线转子异步电动机是区别于笼型异步电动机的另一类电动机。笼型异步电动机的转子铁心上刻有凹槽，凹槽内浇铸金属铝，凹槽及铝条整体结构呈笼状，所以称笼型电动机。绕线转子电动机的转子铁心上则镶嵌有绕组，绕组由电磁线制作，通过电动机轴上的集电环将转子绕组与外电路连接。绕线转子电动机对外有6个接线端子，其中3个连接内部定子绕组，3个通过集电环连接内部转子绕组。这种电动机具有较大的起动转矩和较强的过载能力，在起重、冶金等行业中有着广泛的应用。绕线转子异步电动机的功率范围为几十千瓦至两千多千瓦。

为了限制绕线转子异步电动机的起动电流，起动时通常在转子回路串接频敏变阻器。起动结束后将频敏变阻器短接切除。频敏变阻器是一种无触点电磁元件，相当于一个等效阻抗。在电动机起动过程中，由于等效阻抗随转子电流频率减小而自动变阻，故称频敏变阻器。从结构上讲，它由铁心和线圈两大部分组成。铁心由数片E形钢板（不是硅钢片）叠成，因此它是一个铁心损耗非常大的三相电抗器。为了使单台频敏变阻器的体积、重量不至于过大，当电动机功率大到一定程度时，就由多台频敏变阻器连接使用，连接种类有单组、两组串联、两组并联、两串联两并联等。这里介绍采用一组频敏变阻器的一种起动电路。

图4-11和图4-12分别所示为起动电路的主电路和控制电路。合上开关QS，控制电路带电，HL2点亮，指示控制电路正常。SB2是电动机起动按钮，按一下SB2，交流接触器KM1得电动作，其主触点接通电动机定子绕组电源，电动机开始起动。由于接触器KM2未吸合，频敏变阻器BP接入电动机转子回路，起到限制起动电流的作用。接触器KM1的辅助常闭触点KM1-3断开，HL2熄灭；辅助常开触点KM1-1闭合，HL3点亮，指示电动机处于起动状态；KM1-2闭合，使KM1自保持，同时时间继电器KT得电工作。根据电动机功率的大小以及负载的轻重，将时间继电器KT的

三相绕组的另外3个端子在电动机内部短接形成星形点。

绕线转子型异步电动机起动时通常在转子回路串接频敏变阻器。顾名思义，频敏变阻器对频率比较敏感，它的交流阻抗随着流过其电流频率的高低变化而变化。绕线转子异步电动机在起动瞬间，由于转差率最大，在转子绕组上感应的电流频率最高，所以此时阻抗最大，相当于起动初期在转子回路中串接了一个较大的阻抗。随着电动机转速逐渐提高，转子电流的频率逐渐降低，频敏变阻器呈现的阻抗逐渐减小。起动结束后将频敏变阻器短路切除。

绕线转子异步电动机也可以在转子回路串联电阻起动，同样具有良好的起动性能。

延时时间调整为 10～20s。延时时间到达，延时常开触点 KT-1 闭合，由于时间继电器的瞬时常开触点 KT-2 已先期闭合，所以此时中间继电器 KA 得电动作，并由触点 KA-1 自保持；触点 KA-2 闭合使接触器 KM2 得电动作，KM2-2 对其自保持；KM2 的主触点闭合，将频敏变阻器 BP 短接切除；KM2-4 断开，时间继电器 KT 断电；KT 断电后 KT-2 断开，中间继电器 KA 释放；KM2-3 断开，HL3 熄灭，KM2-1 闭合，HL1 点亮，指示电动机进入运行状态。按压停止按钮 SB1，电动机停止运行。

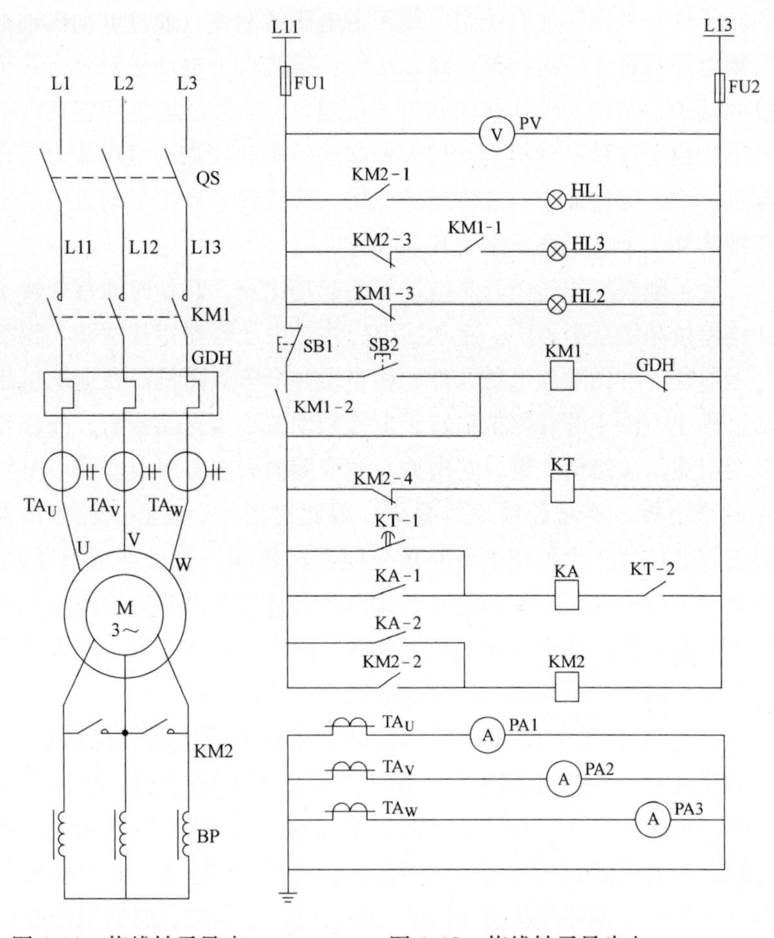

图 4-11 绕线转子异步电动机起动的主电路

图 4-12 绕线转子异步电动机起动的控制电路

绕线转子异步电动机一般功率较大，价格较高，所以选用保护

性能更好的GDH型电动机保护器，可对过电流、三相电流不平衡、断相等故障进行保护，出现异常时，其常闭触点GDH断开，接触器KM1、KM2先后释放，电动机停止运行。

电流表PA1～PA3可测量三相电流，电压表PV可监视U、W相间的电压。

4.6　电动机的软起动

电动机的软起动，是一种将电力电子技术、微处理器技术和模糊控制理论相结合的新型电动机起动技术。它能无阶跃地平稳起动和停止电动机，避免各种传统起动方式引起的机械与电气冲击等问题，并能有效地降低起动电流及配电容量。为了降低设备成本，除了一台软起动器专用于一台电动机外，还可实现一台软起动器用于起动两台或三台电动机的所谓一拖二方案或一拖三方案。

软起动器是一台嵌有微处理器的智能产品，将其组装在软起动成套装置后，应对其功能参数进行设置，使其按照操作人员的意愿完成电动机的起动、停止和保护功能。现以一拖一方案为例，简要介绍软起动装置的性能、参数设置等方面的知识。

4.6.1　设置参数的方法

软起动器通常有一个带有轻触按键的操作面板，面板上有液晶屏和若干个按键。CMC-S型软起动器的面板示意图如图4-13所示。其中各按键的功能见表4-2。

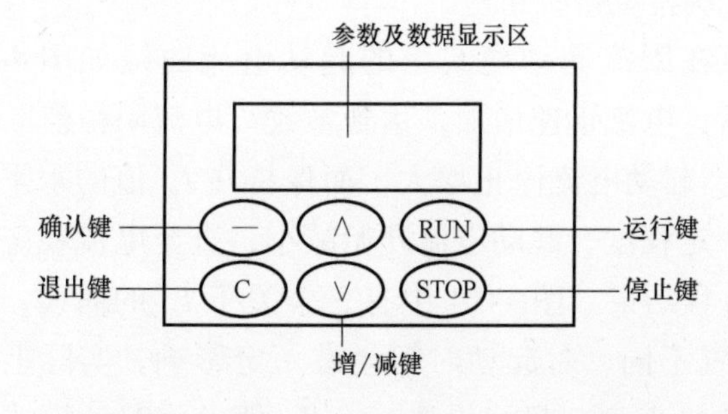

图4-13　CMC-S型软起动器的面板示意图

电动机使用软起动器起动时，可以选用的起动方式有限流起动、电压斜坡起动、限流+斜坡起动、突跳转矩起动等；停机方式有自由停机、软停机和制动刹车停机等，还可实现一台软起动用于起动两台或三台电动机的所谓一拖二方案或一拖三方案。

软起动器对电动机具有过电流、断相、短路等保护功能；对软起动器本身有过热、晶闸管短路等各种完善的保护，可确保电动机及软起动器在各种起动和运行工况下的安全，延长电动机和机械设备的使用寿命。

必须按照应用需求，对软起动器进行正确的参数设置。

表 4-2 CMC-S 型软起动器面板按键的功能说明

符号	名　称	功 能 说 明
—	确认键	1. 进入参数菜单；2. 确认需要修改的参数项
^	递增键	1. 递增选择参数项；2. 参数值的递增修改
∨	递减键	1. 递减选择参数项；2. 参数值的递减修改
C	退出键	1. 保存修改后的参数值；2. 退出参数菜单
RUN	运行键	可用于起动电动机
STOP	停止键	1. 可用于停止电动机；2. 复位当前故障

设置参数的步骤：按“确认键”进入参数菜单，液晶屏上会有相应显示（每一步操作液晶屏上都会有与最新操作按键对应的显示内容，以下仅介绍操作的按键及顺序）；用“递增键”或“递减键”选择欲修改的参数项；按“确认键”确定该参数项；用“递增键”或“递减键”修改刚才确定的参数项的参数值；按“退出键”保存修改后的参数值；至此，一项参数修改设置完毕。不断循环上述操作过程，直至完成所有需要设置参数的设置。

在参数设置过程中，软起动器中的软件按照操作按键发出的指令自动完成显示、参数修改和参数保存的任务。以上只是对软起动器参数设置的概略描述，具体操作时应根据所选软起动器的生产厂家、产品型号，依据使用手册的说明和介绍去完成设置。

4.6.2 软起动电路的起动控制模式

电动机软起动时具有较软的电压、电流变化曲线，而传统起动方式的电压、电流起动曲线明显较硬较陡。下面结合软起动装置可供选用的几种起动方式介绍其起动特性。

软起动装置的起动模式有限流起动、电压斜坡起动、限流 + 斜坡起动、突跳转矩起动等。

电动机在限流起动模式下的起动电流曲线如图 4-14 所示，起动开始后，电流迅速增加，达到参数“电流限幅值”规定的电流值 I_m 时，起动电流停止增大，而保持在 I_m 值的水平上。当转速升高至一定程度，起动电流开始减小，直至电流稳定在额定值 I_N，起动过程结束。图 4-14 中有 3 个关于 I_m 的曲线，是为了说明 I_m 值设置不同，对起动时间会有一定影响，实际上对于一台具体的电动机来说，只能设置一个 I_m 值。该起动模式必须设置的参数有：“起动时间”，设置为 0；“电流限幅值” I_m，根据需要设置为（2 ~5） I_N。

图 4-14 所示是限流起动模式时，起动电流设置倍数不同，对起动所需时间的影响。图中 I_{m3} 设置的起动电流倍数最大，相应的起动时间最短；I_{m1} 设置的起动电流倍数最小，相应的起动时间最长。

电动机在电压斜坡起动模式下的起动电流曲线如图4-15所示。该起动模式必须设置的参数有：起动时间 t，可在1～120s之间选择设置一个值，但不能为0，否则即无电压斜坡可言；电流限幅值 I_m，设置为 $5I_N$；初始电压 U_i，是合闸瞬间加在电动机上的电压，也是电压斜坡开始的电压，可在额定电压 U_N 的20%～75%之间选择某值设置。合闸后，电压迅速上升至"初始电压" U_i，然后按照设置的起动时间 t 平滑升高输出电压，并在起动时间 t 的结束时刻刚好达到额定电压 U_N。如果起动时间设置合理，这时电动机的转速已达到或接近额定值，起动过程宣告结束。图4-15中画了3条电压斜坡曲线，表示设置的"起动时间"不同，电压斜坡的陡度也会变化。

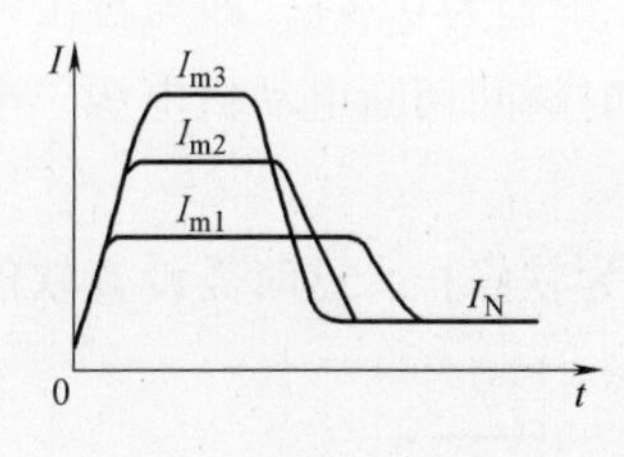

图4-14　限流起动模式

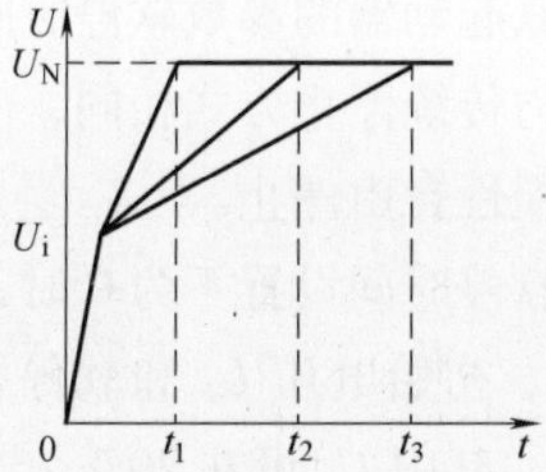

图4-15　电压斜坡起动模式

电动机在电压斜坡＋限流软起动模式下的起动曲线如图4-16所示。该起动模式必须设置的参数有：起动时间 t，可在1～120s之间选择设置一个值，但不能为0；电流限幅值 I_m，设置为 $(1\sim5)I_N$；初始电压 U_i，可在额定电压 U_N 的20%～75%之间选择某值设置。

突跳转矩软起动模式主要应用在静态负载阻力比较大的电动机上，通过施加一个瞬时较大的起动力矩以克服大的静态摩擦力。电动机在突跳转矩软起动模式下的起动电流曲线如图4-17所示。该起动模式必须与其他软起动模式配合使用，并设置配合模式的相关参数。本模式必须设置的参数有：初始电压 U_i，可在额定电压 U_N 的20%～75%之间选择某值设置；突跳电压 U_K 设置为20%～100% U_N；突跳时间 T_K 为1～2000ms。起动时电压瞬间达到设置的突跳电压 U_K，当 U_K 电压持续到设置的突跳时间 T_K 结束时，电压

虽然电流限幅值 I_m 也被设置为 $5I_N$；但在起动过程中，起动电流通常不会达到该设置值，因此它只是一个后备保护参数。

采用电压斜坡起动模式时，需要设置参数：起动时间 t；初始电压 U_i。电动机起动时，电压迅速上升至初始电压 U_i，然后按照设置的起动时间 t 平滑升高输出电压，并在起动时间 t 的结束时刻刚好达到额定电压 U_N。参见图4-15。

电动机在电压斜坡＋限流软起动模式下起动时，须设置参数：起动时间 t；电流限幅值 I_m；初始电压 U_i。电动机起动初期的电压曲线与电压斜坡起动相同，首先电压迅速上升至初始电压 U_i，然后按照起动时间 t 规定的升压速率平

滑升高输出电压，之后由于电压升高使起动电流达到 I_m 时，电压停止升高，从而保证电流能维持在 I_m 值上。随着电动机转速提高，起动电流开始下降，电压再次开始升高，直至达到各自的额定值，起动过程结束。

下降为初始电压 U_i，然后按照配合模式的特性完成起动过程。

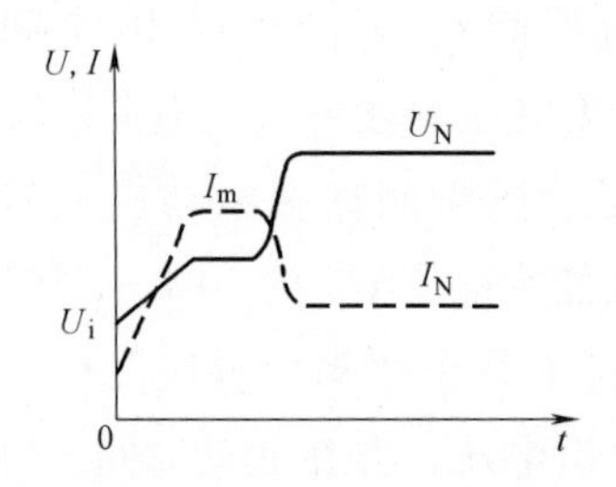

图 4-16　电压斜坡 + 限流软起动模式

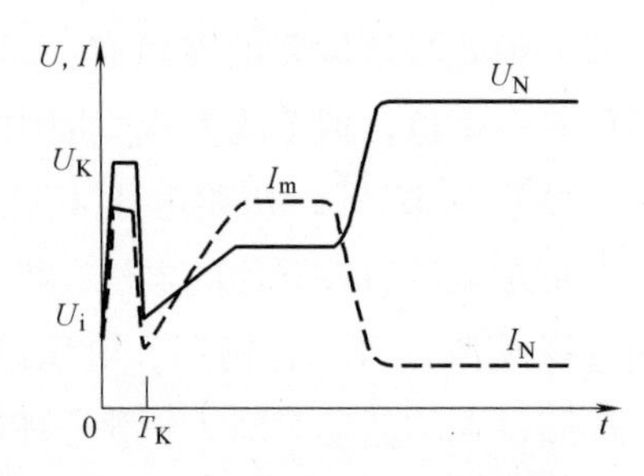

图 4-17　突跳转矩软起动模式

4.6.3　软起动电路的停止控制模式

软起动器具有自由停止、软停止等停止模式，有的还有制动器制动功能。下面介绍软起动器的停止特性。

当软起动器的参数软停时间 T_r 设置为 0s 时，即为自由停止模式。它与传统停止方式相同，停止时瞬间切断电动机电源，电动机依负载惯性自由停止。

当软停时间设置不为 0 时，则为软停止，这时需设置软停起始电压 U_t、初始电压 U_i 和软停时间 T_r，其中 U_t 可在 20% ~ 100% U_N 之间选择，而初始电压 U_i 的设置值应小于 U_t。软停机的电压变化曲线如图 4-18所示。停机时软起动器首先将电动机主电路的通断控制权切换至内部晶闸管（软起动器在软起动和软停止时具有控制权），并将输出电压由额定电压 U_N 下降至软停起始电压 U_t，然后在设定的软停时间 T_r 内逐步降低至初始电压 U_i 后断电，至此，软停过程结束。其后电动机自由停止。

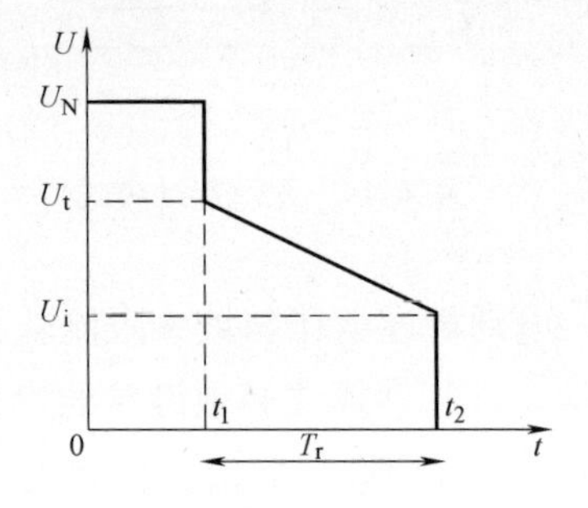

图 4-18　软停机的电压变化曲线

旁路接触器是软起动器控制电路中的重要器件。它可减少电动机运行过程中软起动器内部的发热量，省去软起动器内部的散热装置，同时具有降低系统功耗、提高用电效率的功能。

4.6.4　软起动装置的运行控制

图 4-19 和图 4-20 分别所示为软起动控制的主电路和控制电路。图 4-19 中，软起动器的端子 1L1、3L2、5L3 接三相电源，2T1、4T2、6T3 接电动机。KM 是旁路接触器。TA_U、TA_V、TA_W 是 3 只电流互感器，它们的二次接至软起动器的端子 X3，用于电

流测量显示和各种电流保护；端子 X2 的 10、9、8 接交流 220V 工作电源及接地；端子 X1 是起动与停止控制端，中间继电器 KA1 的触点 KA1-1 闭合，则电动机起动，断开则停止；软起动器的另两组输出触点也从端子 X2 引出，编号为 4、5 和 6、7，画在图 4-20中。

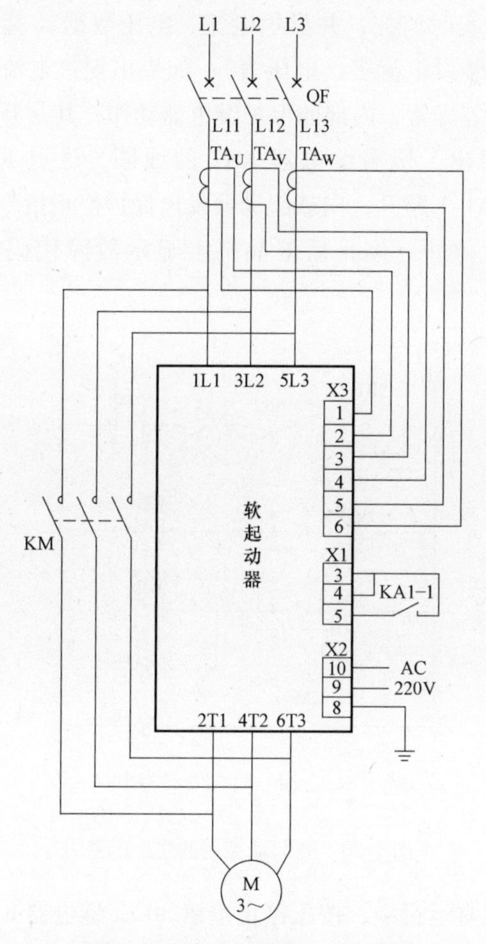

图 4-19　软起动控制的一次电路

在图 4-20 中，KA2 是保护出口继电器，只有电动机运行正常，或故障停机后已将故障排除，并使用软起动器面板上的“STOP”键复位，才能起动电动机，或使电动机维持在运行状态。KA2 的常闭触点 KA2-1 串联在中间继电器 KA1 的线圈回路中。准备起动电动机时，按压起动按钮 SB1，继电器 KA1 线圈得电动作，其常开触点 KA1-2 进行自保持，常开触点 KA1-1 闭合向软起动器发出起动指令，软起动器按照已设置参数规定的起动模式控制电动机起动，起动过程结束后，软起动内部有一个继电器动作，其常开触点从端子 X2 的 6、7 引出，接通旁路接触器 KM 的线圈（见图 4-20），其主触点闭合，将电动机的电流回路通断权接管，电动机进入运行状态。运行过程中，软起动器对电动机的运行电流大小、电源是否断相等情况进行实时监控，并显示电流、电压数据（所以软起动装置可以不另行装设电流表、电压表）；如果出现过电流、三相电流不平衡、断相等异常，内部的保护继电器动作，其常开触点从端子 X2 的 4、5 引出，接通继电器 KA2 的线圈，触点 KA2-1 断开，KA1 释放，KA1-1 断开，向软起动器发出保护停止指令，并控制接触器 KM 释放停止。停止后液晶屏上显示故障代码，提示故障原因。

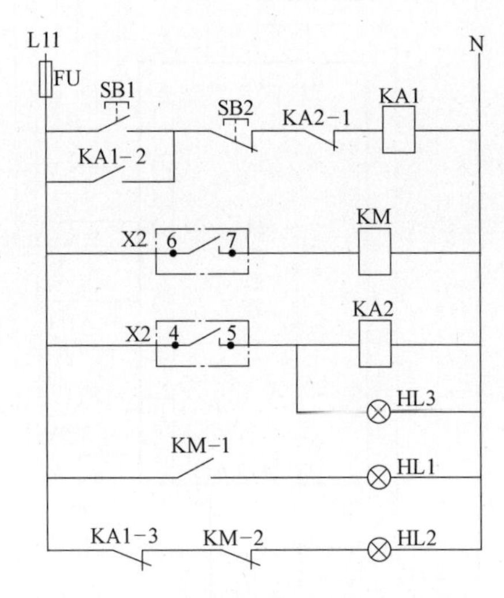

图 4-20　软起动控制的二次电路

电动机正常运行中，按压停止按钮 SB2，继电器 KA1 释放，软起动器按照参数设定的停止模式停止。

HL3 与继电器 KA2 线圈并联，用作故障指示；HL1 在电动机运行时点亮；HL2 在停止时点亮。

4.7　电动机的变频起动

电动机的变频起动具有其他起动方式无法比拟的优越性，随着

变频器型号规格的不同，起动电路也会略有区别，图 4-21 所示为一款典型的变频起动应用电路，其控制电路采用 220V 控制电源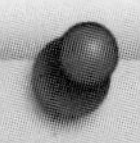。

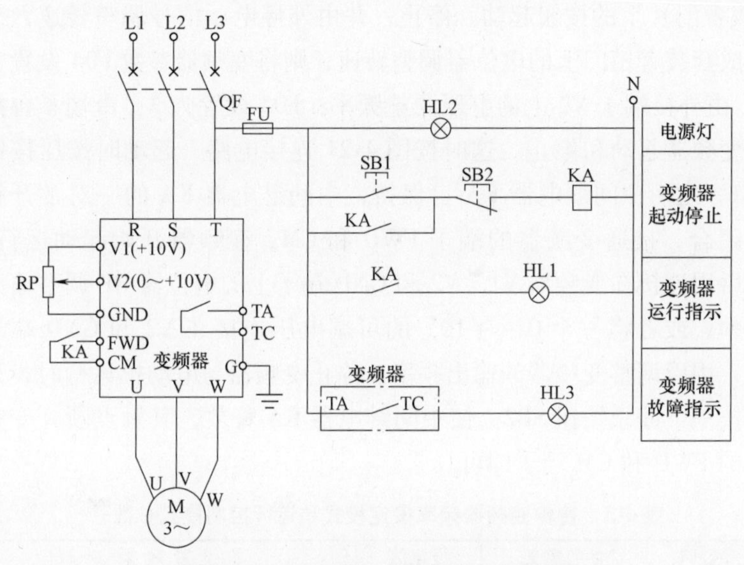

图 4-21　电动机的变频起动应用电路

图 4-22 所示为普传变频器 JP5E7000 型键盘示意图。变频器的起动方式由参数设定确定，表 4-3 是普传变频器频率设定模式和运行控制模式参数的设置表。如果希望使用变频器面板上的按键起动变频器，并由面板上的电位器调整频率，则将参数 F04 设置为 8，确定由键盘电位器给定频率；将 F05 设置为 0，确定由键盘控制变频器起动、停止，这时只要按压变频器面板上的“RUN”键，即可使变频器起动，之后用变频器面板上的电位器可以调整变频器

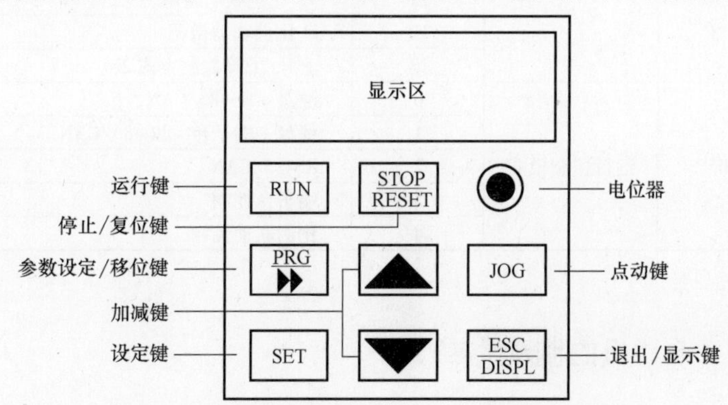

图 4-22　普传变频器 JP5E7000 型键盘示意图

电动机的变频起动已经极其普遍，设备的价格也在逐渐平民化。由于它具有节约电能、改善生产工艺、提高产品质量等诸多优异性能，已被越来越多的工程技术人员所接受。

变频器驱动电动机时，其运行控制模式可由变频器面板上的运行键“RUN”起动控制，由面板上的正转键“FWD”起动控制，由变频器面板上的点动键“JOG”起动点动运行，由二次端子上的触点起动控制，这些触点可以是按钮、继电器触点、PLC 送来的触点信号。也可以由键盘 + RS485/CAN 控制，或者键盘 + 端子台 + RS485/CAN 起动控制。

的输出频率。若要停止变频器的运行，按压变频器面板上的“STOP/RESET”键即可。如果希望通过变频起动成套装置柜面板（或者门）上的按钮起动、停止，并由外接电压信号调整转速，或者成套装置柜门上的电位器调整转速，则将变频器参数F04设置为1，由外接端子V2上的电压调整频率；F05设置为3，由端子台控制变频器起动和停止。这时按图4-21连接电路，起动时按压按钮SB1，之后中间继电器KA自保持，中间继电器KA的一对常开触点闭合，接通变频器的端子FWD和CM，变频器开始起动运行。之后用连接在变频器V1、V2和GND端子上的电位器RP调整输出频率，或者将一个0～+10V的可调电压连接在V2和GND端子上，用以调整变频器的输出频率。停止变频器与电动机运行时，只需按一下停止按钮SB2，使中间继电器KA释放，其触点断开变频器的FWD和CM端子即可。

变频器的频率调整，方式更是多种多样，仅普传变频器就有表4-3中参数“F04”设置的十几种方法。各种变频器都有自己不同的多种调频方法。

表4-3　普传变频器频率设定模式和运行控制模式参数

参数码	参数定义	设定值	设置效果
F04	频率设定模式	0	键盘或RS485设定频率
		1	由外接端子V2设定频率
		2	由外接端子I2设定频率
		3	V2+I2设定频率
		4	上升/下降控制方式1
		5	程序运行
		6	摆频运行
		7	PID调节方式
		8	键盘电位器给定
		9	V2正反转给定
		10	键盘电位器正反转给定
		11	V2比例联动微调
		12	I2比例联动微调
		13	上升/下降控制方式2
F05	运行控制模式	0	键盘+RS485/CAN
		1	键盘+端子台+RS485/CAN
		2	RS485/CAN
		3	端子台控制
		4	比例联动控制

所谓电动机的制动，就是电动机断电后，以什么样的方式停止运转。

4.8　电动机的制动

电动机断电后，由于惯性作用，不会马上停止转动。这种情况

对于某些生产机械是不适宜的。往往需要在电动机断电后采取某些制动措施。制动的方法一般有两类：机械制动和电气制动。

4.8.1　机械制动

机械制动采用制动闸紧紧抱住与电动机同轴的制动轮来产生机械制动力。由于结构上的区别，这种制动又有通电制动和断电制动两种方法。即一种方法是电磁抱闸的线圈通电时产生制动作用，另一种方法是电磁抱闸的线圈断电时产生制动作用。电磁抱闸的线圈虽然要受电源控制才能启动制动或解除制动，但制动力的产生和解除是依赖于电磁抱闸装置的弹簧等机械结构，因此称作机械制动。

> 利用外部机械作用力使电动机转子迅速停止转动的方法称作机械制动。应用较多的机械制动装置是电磁抱闸。

1. 通电制动的电磁抱闸控制电路

通电制动方式的控制电路如图 4-23 所示，电动机通电运行时，电磁抱闸线圈 YB 断电，起制动作用的闸瓦和闸轮分离，不影响电动机的正常运行。当电动机断电停止运行时，电磁抱闸的线圈 YB 得电，闸瓦紧紧抱住闸轮使电动机迅速停车，实现了制动。电动机被制动停车后，电磁抱闸的线圈处于断电状态。这时操作人员可用手动方法扳动传动轴调整工件或进行对刀操作。具体操作与动作的顺序如下：

首先合上电源开关 QS，之后如果准备起动电动机，则按下起

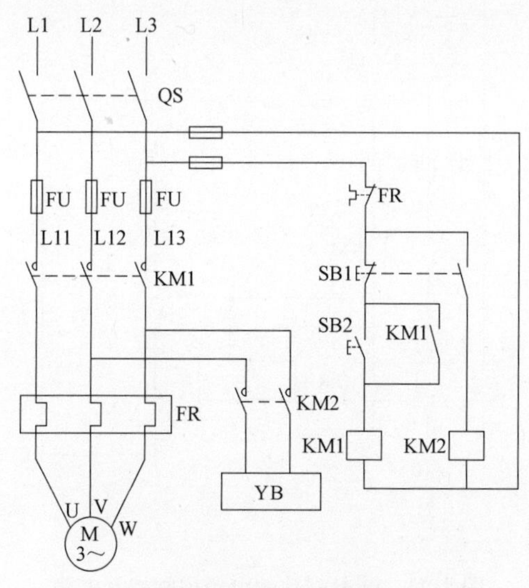

图 4-23　通电制动的电磁抱闸控制电路

动按钮SB2，交流接触器KM1线圈通电，其常开辅助触点闭合自锁，同时，其主触点闭合，电动机M得电起动运转。

电动机停机制动时，按下复合按钮SB1，其常闭触点首先断开，接触器KM1的线圈断电，常开辅助触点断开，KM1的自锁解除，主触点断开，电动机M断电停机；之后，SB1的常开触点迅即闭合，接触器KM2线圈得电，主触点闭合，电磁抱闸线圈YB通电，电磁抱闸的闸瓦紧紧抱住闸轮使电动机迅速停车，实现制动。电动机制动停转后，松开复合按钮SB1，接触器KM2线圈断电，电磁抱闸线圈YB断电，抱闸松开。

2. 断电制动的电磁抱闸控制电路

这种制动方式的控制电路见图4-24，它是在电源切断时才起制动作用，机械设备在停止状态时，电磁抱闸的闸瓦紧紧抱住闸轮使电动机可靠停车。广泛应用于起重机、卷扬机、电梯等升降机械设备上。当设备运行到一定高度时，如果突然停电或供电线路出现故障导致电动机断电时，电磁抱闸线圈YB也断电，起制动作用的闸瓦和闸轮迅速抱紧起到制动作用，这样可以保证被起重的重物停留在断电位置，电梯被迅速制动则能保证乘客的安全，防止发生意外。这种制动方式的具体操作与动作的顺序如下：

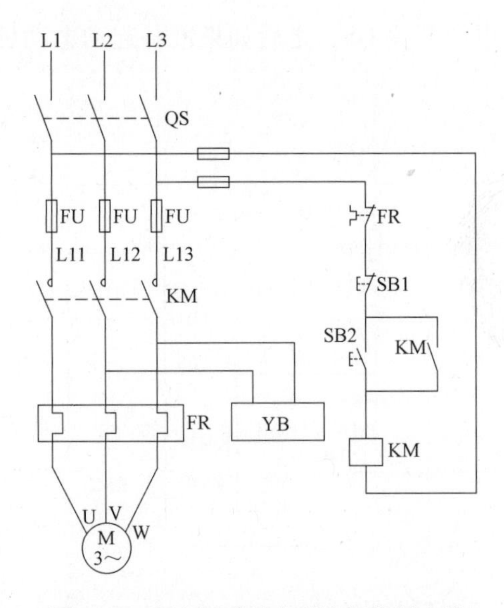

图4-24　断电制动的电磁抱闸控制电路

首先合上电源开关QS，之后如果准备起动电动机，则按下起动按钮SB2，交流接触器KM线圈通电，其常开辅助触点闭合自锁；使接触器保持在吸合状态；其主触点闭合，电磁抱闸的线圈YB得电，松开电磁抱闸的闸瓦和闸轮，与此同时，电动机M得电起动运转。

电动机停机制动时，按下停止按钮SB1，接触器KM的线圈断电，常开辅助触点断开，KM的自锁解除，主触点断开，电动机M断电停机；电磁抱闸的线圈YB同时断电，电磁抱闸的闸瓦紧紧抱住闸轮使电动机迅速停车，实现制动。

4.8.2　电气制动

电气制动可将轴上吸收的机械能转换成电能，该电能消耗于转子电阻上或反馈回电网。电气制动有能耗制动、反接制动、再生回馈制动和电容制动等。电气制动可以使电力拖动系统尽快停车或减速，对于位能性负载还能获得稳定的下降速度。

1. 反接制动

三相异步电动机的反接制动可分为电源反接制动和倒拉反接制动两种。

(1) 电源反接制动：使用改变电动机定子绕组电源相序的方法来获得制动转矩叫做反接制动。当电动机需要停转制动时，先使电动机脱离电源，然后迅速给电动机接上一个与电动状态相序相反的电源，使电动机产生一个与原转动方向相反的电磁转矩，电动机转速迅速下降并最终停转。

单向运转电动机的电源反接制动控制电路如图4-25所示，图中KM1是运转接触器，KM2是反接制动接触器，KS是速度继电器，R是反接制动限流电阻，可以防止制动过程中电流过大。

单向运转电动机电源反接制动方式的具体操作与动作顺序如下：

首先合上电源开关QS，之后如果准备起动电动机，则按下起动按钮SB2，交流接触器KM1线圈通电，其常开辅助触点闭合自锁，使接触器保持在吸合状态；KM1的常闭辅助触点串联在KM2的线圈回路中实现互锁；KM1主触点闭合，电动机M得电起动运转。当电动机转速达到较高数值时，速度继电器KS的常开触点闭合，成为反接制动接触器KM2线圈通电的条件之一。

电气制动的特点是电动机停机时使其产生一个与电动机旋转方向相反的电磁转矩，起到制动作用。

电动机反接制动使电动机转速接近零值时，应立即切断反接制动电源，否则，电动机将反向起动。为了防止反向起动，通常在制动电路中接入一个速度继电器KS，速度继电器的转子与电动机的轴相连，电动机运转时，速度继电器KS的转子跟随旋转，当转速等于或超过120r/min时，KS的常开触点闭合；电动机在制动过程中转速接近零值时，例如转速从几千转降至低于100r/min时，KS的常开触点断开。

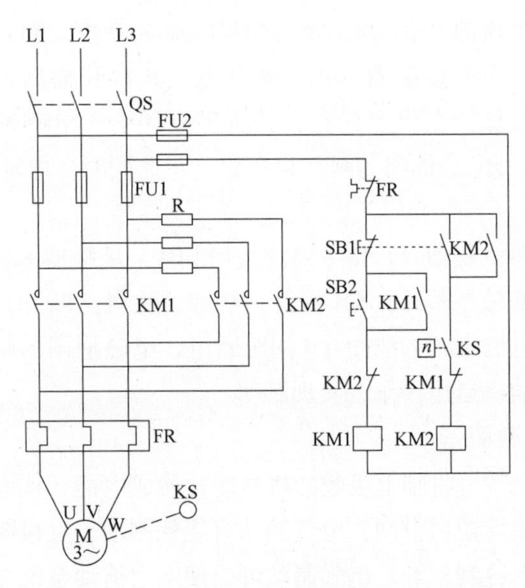

图 4-25　电动机单向运转反接制动控制电路

电动机停机制动时，按下停止按钮 SB1，接触器 KM1 的线圈断电，常开辅助触点断开，KM1 的自锁解除，主触点断开，电动机 M 断电；KM1 的常闭辅助触点闭合，成为反接制动接触器 KM2 线圈通电的另一个条件；按下停止按钮 SB1 使该按钮的常开触点闭合，由图 4-25 可见，反接制动接触器 KM2 线圈的电源已经接通，KM2 的主触点闭合，经限流电阻 R 将电动机接入一个与电动状态相序相反的电源，电动机开始反接制动，转速迅速降低，当电动机转速降低至 100r/min 左右时，速度继电器 KS 的常开触点断开，接触器 KM2 线圈断电释放，制动过程结束。

双向运转电动机也可应用电源反接制动功能，其主电路和控制电路如图 4-26 所示，该电路使用的电器元件见表 4-4。

表 4-4　双向运转电动机的电源反接制动控制电路电器元件表

符号	名称	电 路 功 能
KM1	交流接触器	1. 正转运行接触器　2. 反转运行时的反接制动接触器
KM2	交流接触器	1. 反转运行接触器　2. 正转运行时的反接制动接触器

（续）

符号	名称	电 路 功 能
KM3	交流接触器	电动机起动时转速达到 120r/min，KM3 动作短接限流电阻 R
KA1	中间继电器	电动机正转运行停机时，触点 KA1-1 接通 KM2 线圈电源，使反接制动开始
KA2	中间继电器	电动机反转运行停机时，触点 KA2-1 接通 KM1 线圈电源，使反接制动开始
KA3	中间继电器	电动机停机时，经 KA1 或 KA2 触点接通 KM2 或 KM1 线圈电源，启动反接制动
KS	速度继电器	检测电动机正转或反转的转速，低于 100r/min 时控制结束制动过程
SB1	复合按钮	停机及制动按钮
SB2	按钮	正转起动按钮
SB3	按钮	反转起动按钮
R	限流电阻	起动及反接制动时的限流电阻
FU1	熔断器	电动机短路保护
FR	热继电器	电动机过载保护

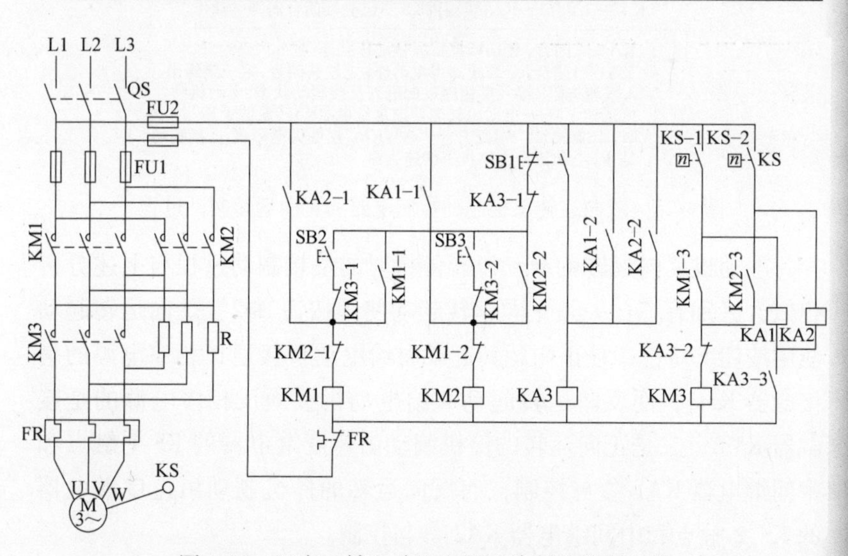

图 4-26　双向运转电动机电源反接制动控制电路

双向运转电动机的电源反接制动控制电路，正向运转时的起动过程分析如图 4-27 所示。

按压正转起动按钮SB2→接触器KM1线圈得电→常开辅助触点KM1—1闭合自锁

→ 常闭触点KM1-2断开，与接触器KM2互锁
主触点闭合，定子绕组串入电阻，按正相序减压起动
→转速达到120r/min→速度继电器KS常开触点KS-1闭合
KM1-3闭合

→KM3线圈得电动作

→ 主触点闭合→短接限流电阻R→电动机M进入全压运行状态
KM3-1断开
KM3-2断开

图 4-27　双向运转反接制动控制电路的正向运转起动过程

双向运转电动机的电源反接制动控制电路，正向运转时的制动过程分析如图 4-28 所示。

按压复合按钮SB1

→ SB1常闭触点断开→KM1线圈断电→KM1—1断开，KM1自锁解除

→ KM1主触点断开
KM1—3断开→KM3释放→主触点断开

→定子绕组断开正相序电源，转子因惯性继续高速旋转

SB1的常开触点闭合→KA3线圈得电动作吸合

→ KA3-2断开→KM3释放，保证制动时限流电阻接入
KA3-3闭合→KA1线圈因KS-1已先期闭合而得电动作

→ KA1-2闭合，使KA3维持吸合动作状态
KA1-1闭合，KM2线圈得电动作，主触头闭合，定子绕组串入限流电阻R接入反相序电源进入反接制动状态，电动机转速迅速下降→电动机转速使速度继电器KS转速低于100r/min时，KS触点KS—1断开→KA1、KM2相继失电释放，反接制动结束，电动机自由停机至转速为零

图 4-28　双向运转反接制动控制电路的正向运转制动过程

电动机反向运转的起动以及停机时的反接制动过程与上述分析相似，区别有三：一是正向运转起动使用按钮 SB2，反向运转起动使用按钮 SB3；二是正向运转起动时给电动机接通正相序电源的是接触器 KM1，而反向运转起动时给电动机接通反相序电源的是接触器 KM2；三是正向运转的停机制动由速度继电器的 KS-1 触点和中间继电器 KA1 参与控制，而反向运转的停机制动由速度继电器的 KS-2 触点和中间继电器 KA2 参与控制。

（2）倒拉反接制动：三相绕线转子异步电动机拖动位能性负载倒拉反接制动的原理可参见图 4-29a ，这里我们引用三相异步电动机的机械特性曲线进行讨论。电动机转速与电磁转矩关系的曲线称为机械特性曲线，它是研究电动机起动、控制、制动、调速的重

要工具，用机械特性曲线来分析电动机的工作情况有时更为方便。电动机工作在额定电压和额定频率下，定子绕组按规定方式连接，定子和转子电路不外接电阻等其他元件，由电动机本身固有的参数

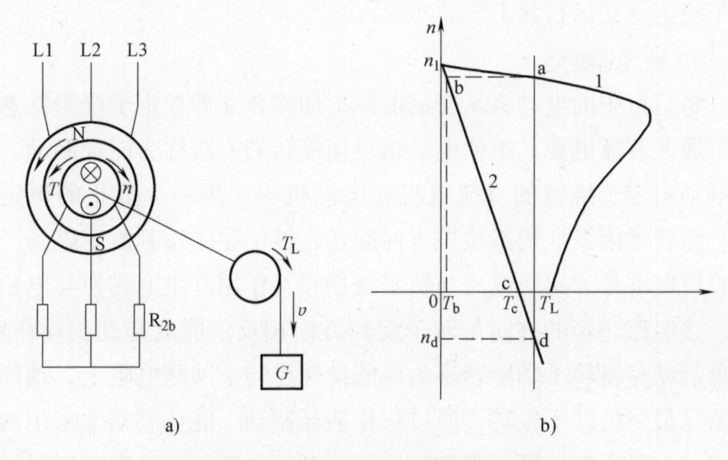

图 4-29　三相异步电动机倒拉反接制动

a）原理图　b）机械特性曲线

所决定的机械特性称为固有机械特性。电动机正常运行时其工作点就在这条固有机械特性曲线上，如图 4-29b 曲线 1 的 a 点。人为地改变异步电动机定子电压、电源频率、定子极对数、定子回路电阻或电抗、转子回路电阻或电抗等参数中的一个或多个参数所获得的机械特性，称为人为机械特性，例如图 4-29b 中曲线 2 就是在电动机转子回路中串入电阻 R_{2b}（见图 4-29a）以后获得的人为机械特性。

电动机正常提升重物时运行在图 4-29b 的固有机械特性曲线 1 的 a 点，如果在电动机转子回路中串入电阻 R_{2b}，则得到一条新的人为机械特性 2。在串入电阻瞬间，电动机转速因机械惯性来不及变化，所以电动机的工作点从固有机械特性曲线 1 的 a 点平移至人为机械特性 2 的 b 点（因为 a 点和 b 点对应的转速相同），由于 b 点对应的电磁转矩 T_b 小于 a 点对应的负载转矩 T_L，拖动系统开始减速，当转速降低为 0 工作点已经到达曲线 2 的 c 点时，电动机的电磁转矩 T_c 仍然小于负载转矩 T_L，在位能负载的重力作用下拖动电动机反向旋转，此时电动机的转速 $n<0$，而电磁转矩 $T>0$，所以电磁转矩 T 成为制动转矩，电动机进入反接制动状态。在位能负

只要适当选择电动机转子回路的串联电阻 R_{2b}，倒拉反接制动能获得任意低的转速来下放重物，所以安全性较好。

载重力作用下，电动机反转加速，由人为机械特性 2 可见，其电磁转矩逐渐增大，当达到曲线 2 的 d 点时，$T_d = T_L$，即电磁转矩等于负载转矩，此时电动机转速稳定在 n_d 上，以稳定的转速下放重物，处于稳定制动运行状态。

2. 能耗制动

将运行中的电动机从交流电源上切除并立即在定子绕组任意两相中通入直流电源，迫使电动机迅速停转的方法称为能耗制动。流过电动机定子绕组的直流电流在电动机中产生一个静止的恒定磁场，而转子因惯性仍然按原方向旋转，转子导体切割恒定磁场产生的感应电动势和感应电流与恒定磁场相互作用产生电磁力与电磁转矩，该电磁转矩的方向与转子旋转方向相反，因此起到制动作用。这种制动是将转子动能转换为电能消耗在转子回路电阻上，动能消耗殆尽最终使转子停转，所以称作能耗制动。能耗制动常采用两种方法，一是无变压器的半波整流能耗制动电路，二是有变压器的桥式整流能耗制动电路。

（1）无变压器的半波整流能耗制动电路：这种能耗制动电路的控制电路如图 4-30 所示，采用 1 个二极管进行半波整流作为直流电源，因此电路简单、成本低，常用于 10kW 以下电动机。这种制动电路的工作过程分析如下。

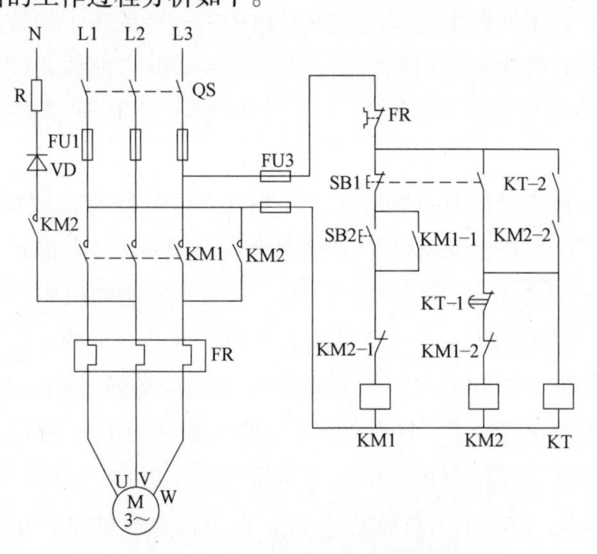

图 4-30　无变压器的半波整流能耗制动电路

电动机起动运行时，按下起动按钮 SB2，这时交流接触器 KM1 线圈得电动作，其辅助常开触点 KM1-1 闭合自锁；辅助常闭触点 KM1-2 切断接触器 KM2 的线圈通路实现互锁；主触点闭合，电动机起动开始运转。

电动机停机能耗制动时的工作过程分析如图 4-31 所示。

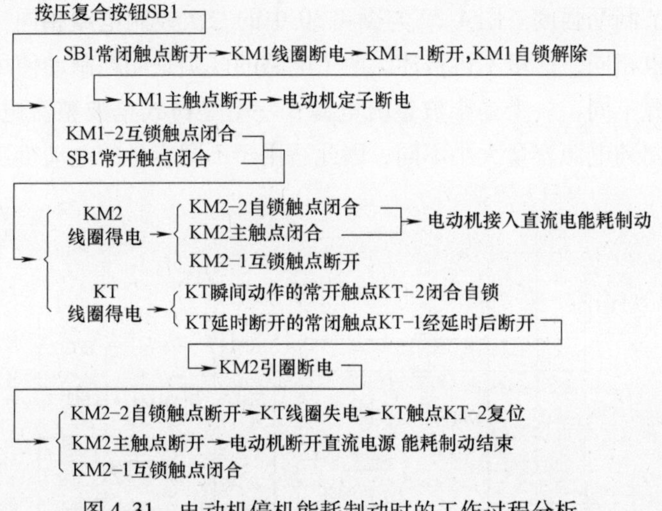

图 4-31　电动机停机能耗制动时的工作过程分析

电动机能耗制动时的直流电流通路是：电源相线 L1→开关 QS→熔断器 FU1→接触器 KM2 主触点→热继电器 FR→电动机 W 与 V 接线端子内部的绕组→热继电器 FR→接触器 KM2 主触点→二极管VD→电阻 R→电源中线 N，形成一个完整回路，其中电阻 R 用于调整能耗制动电流大小即制动强度。

图 4-30 中时间继电器 KT 瞬间动作的常开触点 KT-2 的作用分析如下：如果不使用该触点，而时间继电器线圈开路使时间继电器失效时，能耗制动电源将不能切断，可能引发设备事故。设计的思路是，时间继电器正常时由 KT-1 延时断开接触器 KM2 的线圈电源，结束能耗制动；时间继电器线圈开路损坏时，由于不能用使用 KT-1 延时断开接触器 KM2 的线圈电源，则由瞬动触点 KT-2 断开接触器 KM2 的线圈自锁通路，使制动电源不至于长时间通电。如果操作人员事先知晓时间继电器故障，可以通过持续按压停机制动按钮 SB1 的方法直至制动结束松开按钮。如果操作人员事先不知晓时间继电器故障，与正常操作一样，只点按一下停机制动按钮

SB1，这时电动机将停机而无有制动效果。由于这种制动方式常用于对制动要求不高的10kW以下电动机，一般不会产生较大异常。

（2）有变压器的桥式整流能耗制动电路：这种制动方式的控制电路如图4-32所示。常用于10kW以上的电动机。图中T是整流变压器，DZ是单相桥式整流器，电阻R用来调节制动电流，亦即调节制动强度。图4-32与图4-30中的二次控制电路相同，原理分析也相同，这里不再赘述。两个电路的区别是能耗制动使用的直流电源不同，一个是半波整流电源，一个是桥式全波整流电源，由于制动电源容量大小不同，因此适用于不同容量的电动机。

有变压器的桥式整流能耗制动电路常用于10kW以上较大容量的电动机。该电路中的制动电源是经变压器降压、桥式整流后的直流电源。

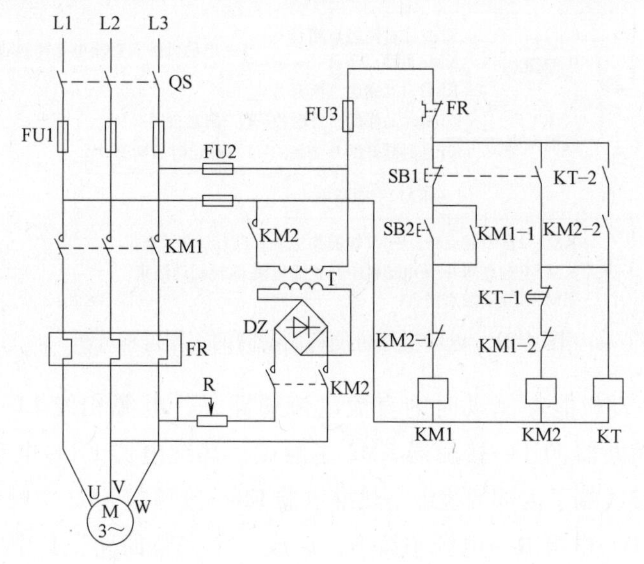

图4-32　有变压器的桥式整流能耗制动电路

能耗制动的优点是制动平稳、准确，而且能量消耗较小，一般用于要求制动准确、平稳的场合，如机械加工机床等设备中。

3. 电容制动

运转着的电动机突然被切断电源，其转子因惯性原因会继续旋转。电动机切断交流电源后，立即在电动机电源接线端子上接入电容器，用这样的方法对电动机实施制动称作电容制动。

电动机切断交流电源后，立即在电动机电源接线端子上接入电容器，用这样的方法对电动机实施制动称作电容制动。电容制动时，电动机进入发电状态，其断电后的负载惯性使电动机不断将机械能转换为电能并在电阻上产生热量消耗掉，从而对电动机产生制动作用。

所发电能消耗在图4-33电路中的电阻R1和R2上，转换成热量消耗掉。

运转着的电动机突然被切断电源，其转子因惯性会继续旋转，电容器产生容性励磁电流，对三相异步电动机进行励磁，这时三相异步电动机与电容器组成三相异步发电机，而制动回路里的电阻R1和R2（见图4-33）就是发电机的负载，这样因惯性而旋转的电

动机不断将机械能转换为电能并在电阻上产生热量而消耗掉，从而对电动机产生制动作用。这就是电容制动的基本原理。

图 4-33 所示为一个电容制动的具体应用电路。

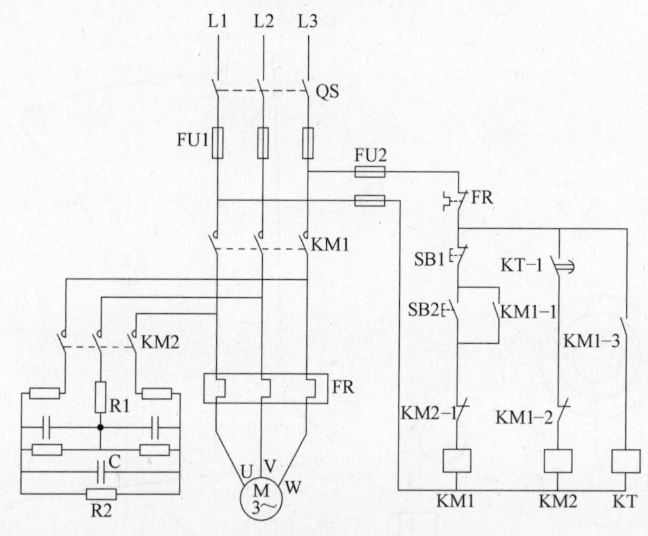

图 4-33　电容制动的具体应用电路

电动机起动运行时，首先合上开关 QS，然后按压起动按钮 SB2，这时接触器 KM1 线圈得电，其辅助触点 KM1-1 吸合自锁；KM1-2 断开对接触器 KM2 线圈互锁；主触点闭合，电动机开始起动运转；KM1-3 触点闭合，时间继电器 KT 线圈得电，其延时断开的常开触点 KT-1（线圈通电，瞬间闭合；线圈断电，延时断开）瞬间闭合，为接触器 KM2 线圈得电做好准备。

电动机停机制动时，按一下停机按钮 SB1，之后接触器 KM1 线圈失电，其辅助触点 KM1-1 断开解除 KM1 的自锁，同时电动机被切断运行电源；KM1 对 KM2 互锁的触点KM1-2闭合，KM2 线圈得电，其主触点闭合，三相制动电容器 C 接入电路对电动机进行制动；触点 KM1-3 断开，时间继电器 KT 线圈失电，其延时断开的常开触点 KT-1 经延时后断开，接触器 KM2 线圈失电释放。制动过程结束。

图 4-33 中的电阻 R1 起限流、阻尼与保护作用。

4. 回馈制动

当电动机在电动运行状态由于外加转矩的作用，使其转速高于同步转速时，异步电动机进入发电回馈制动状态，电动机转子绕组

回馈制动也称发电制动或再生制动。当电动机转速高于同步转速时，异步电动机进入发电回馈制动状态。

电动机转速高于同步转速的原因有两种，一是起重机拖动位能性负载，放下重物时，在重物作用下，使电动机转速超过同步转速；另一种情况发生在电动机变极或变频调速过程中。电动机的转速由高速档切换到低速档，或者通过变频器加到电动机上的频率由高变低，也会使电动机由电动状态进入发电状态。

切割旋转磁场的方向与电动运行状态时相反，电磁转矩方向与电动状态时相反，起制动作用。

有两种情况会发生回馈制动，一是起重机拖动位能性负载，在

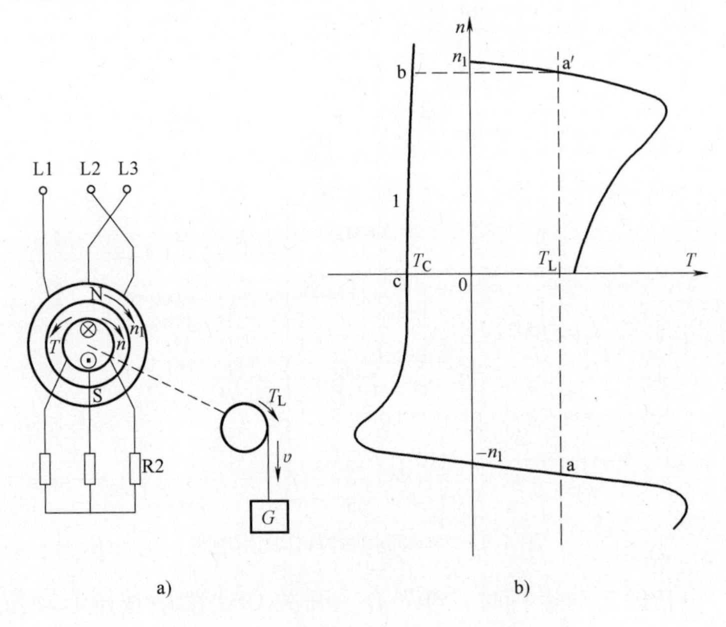

a)　　b)

图 4-34　三相异步电动机反向回馈制动

a）原理图　b）机械特性曲线

放下重物时，电动机按反转方向接通电源，如图 4-34a 所示。此时电动机定子旋转磁场反转，但电动机转速因机械惯性来不及变化，从图 4-34b 的相应机械特性曲线可见，电动机的工作点从 a′点平移至曲线 1 的 b 点，在第二象限反接制动，转速逐渐降低。当工作点移至 c 点转速为零时，在电磁转矩 T_C 与重力转矩 T_L 的共同作用下，电动机反向起动，并在第三象限反向电动加速。电动机加速到同步转速 $-n_1$ 时，电磁转矩为零。但在重力转矩 T_L 的作用下，电动机继续加速，并超过同步转速，工作点进入机械特性曲线的第四象限，这时电动机的电磁转矩成为制动转矩，电动机进入第四象限的反向回馈制动过程。当工作点移至 a 点时，电磁转矩 T_a 与重力转矩 T_L 相等，电动机以稳定速度下放重物，处于稳定反向回馈制动运行状态。

另一种发生回馈制动的情况发生在电动机变极或变频调速过程

中。电动机的转速由高速挡切换到低速挡，同步转速也由 n_1 降低为n_1'（见图 4-35），这时电动机的工作点由曲线 1 的 a 点平移至曲线 2 的 b 点，进入正向回馈制动状态，转速逐渐降低，当转速 n 等于调速后新的同步转速n_1'时，电磁转矩为零，

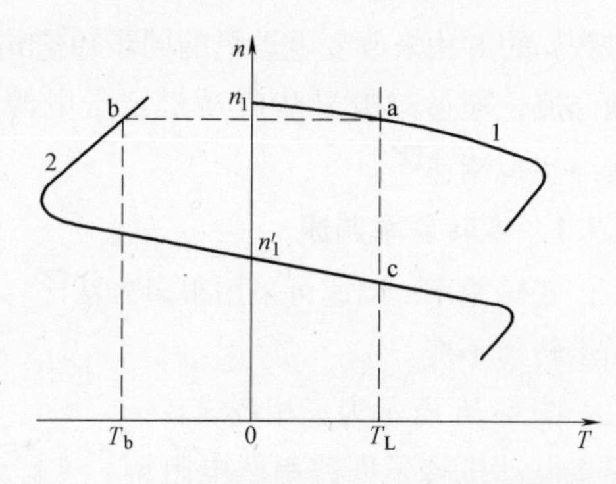

图 4-35　三相异步电动机的正向回馈制动

但在负载转矩 T_L 的作用下转速继续下降，从n_1'到 c 点为电动状态减速过程。工作点到达 c 点时，电磁转矩 T_c 与负载转矩 T_L 相等，电动机在 n_c 转速下稳定运行。电动机转速从工作点 b 点的 n_b 降为n_1'的过程（工作点在第二象限）为正向回馈制动。

4.9　三相异步电动机的调速

根据拖动系统的运行要求，人为地或者自动地调节异步电动机的转速称为调速。

异步电动机的转速公式为

$$n=(1-s)\ n_1=(1-s)\frac{60f}{p}$$

式中　n——电动机转子转速；

n_1——电动机同步转速；

f——交流电源频率；

p——电动机定子极对数；

s——转差率。

根据上述电动机的转速公式，若要调整异步电动机的转速，只需改变公式中的转差率 s、交流电源频率 f 和电动机定子极对数 p 这 3 个参数中的任意一个即可。因此，三相异步电动机的调速方法有如下三种。

一是变转差率调速，即保持电动机同步转速 n_1 不变，通过改变转差率 s 来进行调速；二是变极调速，即通过改变异步电动机极

三相异步电动机的调速方法，一是变转差率调速；二是变极调速；三是变频调速。

变转差率调速的方法有降低定子绕组电压，或者在绕线转子式电动机的转子回路串接电阻，或者在转子回路附加电动势等。

对数 p 的方法来改变电动机的同步转速 n_1，从而实现调速；三是变频调速，通过改变异步电动机定子电源频率来改变同步转速 n_1，最终实现调速。

4.9.1 变转差率调速

变转差率 s 调速可采用很多方法，变转差率调速时电动机的同步转速不变。

图4-36所示为三相绕线转子异步电动机转子回路串联电阻调速时的机械特性变化示意图。其中曲线1是串联电阻为零（没有串联电阻）时的机械特性，曲线2是串联电阻为 R_{P1} 时的机械特性，曲线3是串联电阻为 R_{P2} 时的机械特性。电阻 R_{P2} 大于 R_{P1}。由图4-36可见，绕线转子串联电阻后，电动机同步转速 n_1 不变，最大转矩 T_m 不变，但随着串联电阻值的增大，临界转差率增大，运行段（机械特性的稳定区）的斜率变大。

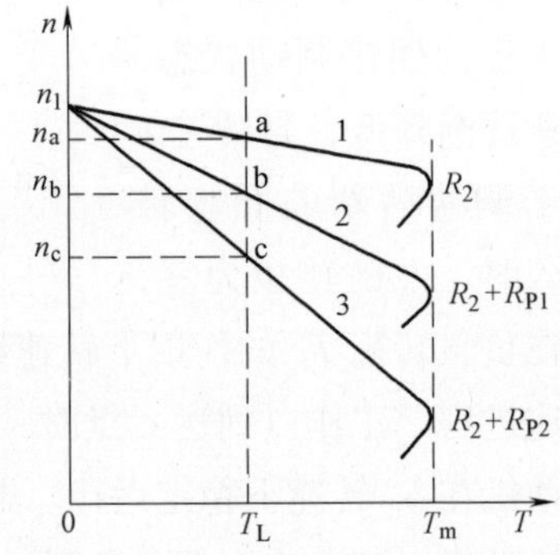

图4-36　三相绕线转子串联电阻调速

当转子回路不串联电阻时（R_2 是绕线转子的自身电阻），机械特性如曲线1所示，电动机稳定运行在曲线1的a点，转速为 n_a。当转子绕组串入电阻 R_{P1} 时，转子电流和电磁转矩瞬间减小，电动机转速降低，转差率 s 增大，之后转子电动势、转子电流和电磁转矩又相继增大，直至稳定运行在曲线2的b点，这时电磁转矩 T_b 等于负载转矩 T_L，转速为 n_b。显然 $n_b < n_a$，实现了调速。如果转子回路串入电阻 R_{P2} 时，电动机将稳定运行在曲线3的c点，获得转速 n_c。由此可见，电动机绕线转子串联电阻值越大，所获得的转速越低，机械特性越软。

绕线转子串电阻调速适用于恒转矩负载下的调速。

4.9.2 变频调速

变频调速是用变频器向交流电动机供电而构成的调速系统。变频器是把固定频率、固定电压的交流电变换成可调频率、可调电压交流电的电源变换装置。为了使电动机在电源频率降低时主磁通基

本不变，防止空载电流急剧增加，变频器在调节供给电动机的电源频率时，必须同时调节供电电压，这样才能获得较好的调速性能。

> 变频器通过向电动机提供可调频率、可调电压的交流电实现调速。是目前应用最普遍的一种调速方式。

为了能保持变频时电动机的主磁通不变，电动机的定子电压与频率应有如下关系：

$$\frac{U_1}{f_1}=\frac{U_1'}{f_1'}$$

式中　U_1——变频前电动机定子绕组相电压（V）；

f_1——变频前的电源频率（Hz）；

f_1'——变频后的电源频率（Hz）；

U_1'——f_1'对应的电动机定子绕组相电压（V）。

当变频器的输出频率从基频 50Hz 向更高频率调节时，由于输出电压 U_1'不能超过额定电压，主磁通将下降，从而导致电磁转矩和最大转矩减小，影响电动机的负载能力，所以变频调速一般从基频向下调，而且要求变频器的输出电压与其频率基本上成正比例地调节。

变频调速可以实现由低向高和由高向低两个方向的调节，调速范围广，调速过程平稳，转速（频率）可以连续调节，实现无级调速。

4.9.3　变极调速

变极调速只适用于笼型三相异步电动机。其特点是可以分级地调节电动机的转速，而不是连续地调速，因此，也称为分级调速。可用于变极调速的电动机其定子绕组的绕制方法有：一是定子绕组有两套极对数不同、相对独立的绕组，每次调速只使用其中一套绕组；二是定子上只有一套绕组，调速时通过线圈间的不同接法，构成不同的极对数。图 4-37 所示为电动机定子只有一套绕组，通过改变绕组接线方法实现变极调速的示意图。图 4-37a 是Y/YY接法，即低速时接成Y，高速时接成YY；图 4-37b 是△/YY接法，即低速时接成△，高速时接成YY。为了保证变极调速前后的电动机旋转方向不变，应在变极的同时把任意两个出线端对调。

> 由于采用第一种方法调速的电动机结构较复杂，成本较高，所以通常采用第二种方法调速。

图 4-38 所示为一台双速电动机的调速接线控制电路。低速运行时，合上接触器 KM1，三相电源接在电动机的 1U、1V、1W 端，由图4-38a 可见，电动机为△联结。高速运行时，接触器 KM2 和

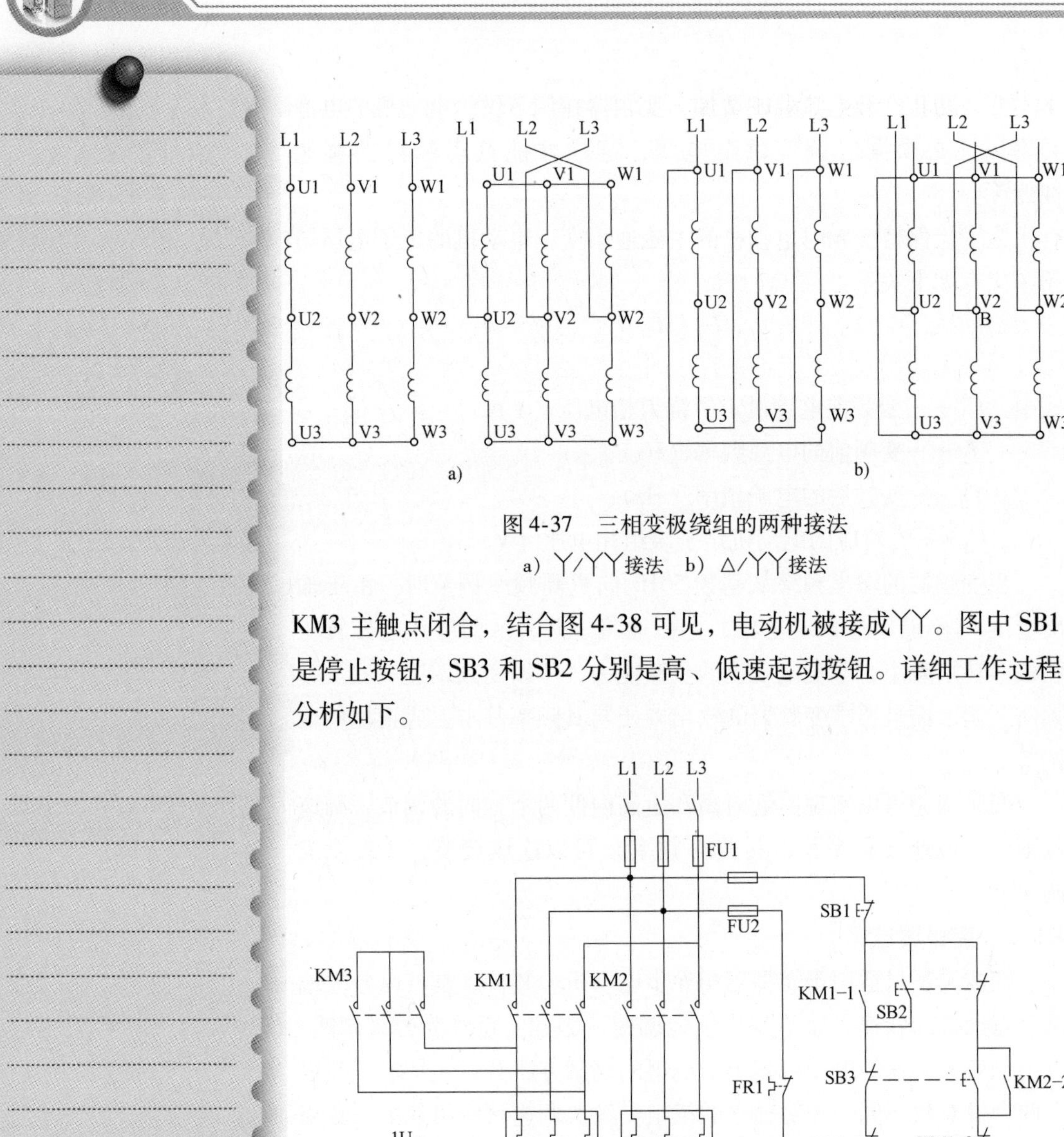

图 4-37　三相变极绕组的两种接法

a）Y/YY接法　b）△/YY接法

KM3 主触点闭合，结合图 4-38 可见，电动机被接成YY。图中 SB1 是停止按钮，SB3 和 SB2 分别是高、低速起动按钮。详细工作过程分析如下。

图 4-38　双速电动机的调速接线控制电路

> 图 4-38 是对一种只有一套定子绕组电动机调速的控制电路图。

低速起动运行时，合上电源开关 QS，按下低速起动按钮 SB2，接触器 KM1 线圈得电动作，其辅助常开触点 KM1-1 闭合

自锁；辅助常闭触点 KM1-2 断开对接触器 KM2 实现互锁；主触点闭合将电动机的 1U、1V、1W 端接至三相电源，电动机呈△联结，开始低速运行。

高速运行时，按下高速起动按钮 SB3，接触器 KM1 线圈失电释放，自锁解除，主触点断开；KM1 的辅助常闭触点 KM1-2 闭合；接触器 KM2 和 KM3 线圈得电动作，其辅助常开触点 KM2-2 闭合自锁；辅助常闭触点 KM2-1 断开对接触器 KM1 实现互锁；KM2 的主触点闭合将电动机的 2W、2V、2U 端接至三相电源，KM3 的主触点闭合将电动机的 1U、1V、1W 端短接，电动机连接成YY，开始高速运行。电动机在由低速向高速的变极调速过程中已将电源相序改变，保证了调速前后电动机的旋转方向不变。

上述对电动机由低速向高速的调速控制，就是电动机变极调速的具体应用实例。

4.10　电磁调速电动机的原理与控制

4.10.1　电磁调速电动机简介

电磁调速电动机由笼型异步电动机、电磁转差离合器和控制器三部分组成，具有可靠的调速性能。它能在规定的调速范围内均匀、连续地无级调速，并能输出额定转矩。调速电动机运行时，对于负载的变动，由控制系统自动调节离合器的励磁电流，使转速基本上保持不变。电动机调速时，随着转速降低，输出功率也成正比例降低。因此，这种电动机适用于恒转矩负载。

电磁调速电动机俗称滑差电动机。可以通过调整励磁电流的方法调整电动机的转速。

电磁调速电动机的无级变速，是通过电磁转差离合器的作用来实现的。离合器由圆筒形电枢和爪形磁极组成，两者没有机械上的连接。电枢由电动机带动，当其励磁绕组通入直流电后，便产生磁通。电枢旋转后在电枢内感应涡流，此涡流与磁通的相互作用产生转矩，带动磁极转子按同一方向旋转，但其转速低于电枢的转速。若改变离合器的励磁电流，便可调节离合器的输出转速和转矩。输出轴的转速，在某一负载下，取决于励磁绕组的电流，励磁电流越大转速越高；反之亦然。不通入励磁电流，则输出轴不旋转。

电磁转差离合器的自然特性很软，为了提高离合器的特性硬度，采用测速发电机的闭环控制系统。当负载在额定转矩的

10% ~100%范围内变动时，控制器根据测速发电机信号，能自动调整励磁，使输出转速基本上不受负载轻重影响而维持稳定。

电磁调速电动机的控制装置用来调节和控制电动机的转速，并供给转差离合器励磁功率。它将测速发电机检测到的电动机转速信号与给定的转速信号相比较，所得的差值信号经过放大电路及移相触发电路控制晶闸管整流器件的导通角，从而调节离合器的励磁电流，使调速电动机输出转速趋于稳定。

虽然电动机的变频调速已经应用非常普及，但毕竟变频器的价格较高，所以在一些简单的生产机械中，例如农村小企业的玻璃、塑料编织、化工等行业中电磁调速电动机仍有一定数量的应用。

电磁调速电动机控制器电路不是很复杂，为了维修方便，下面较详细地介绍两款控制器的电路原理分析，以及脱机测试控制器的方法。

4.10.2 电磁调速电动机控制器电路原理

1. 耐特 JD1 II A 型调速控制器电路原理

由图4-39所示的原理框图可见，调速控制器由主电路、转速调整设定、测速负反馈以及触发电路等环节组成。

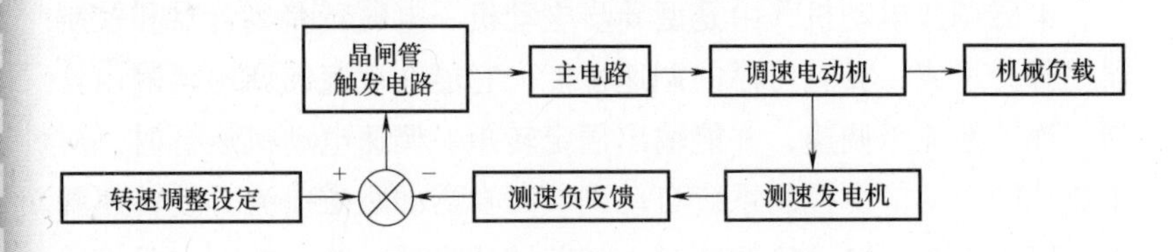

图4-39 JD1 II A 型调速控制器原理框图

（1）主电路。如图4-40所示，从电源相线开始，经接插件XP1、开关S、熔断器FU、XP4、转差离合器的励磁线圈、XP3、单向晶闸管V3、XP2回到电源N线形成回路。由于励磁线圈是电感性负载，所以接了VD9作续流二极管。主路采用半波可控整流调整转差离合器励磁线圈的电流。

（2）转速调整与测速负反馈电路。变压器T1二次侧的15V电压经二极管VD4 ~ VD7桥式整流，三端稳压器LM7812稳压后加到转速调整电位器RP1上，由RP1进行转速调整；测速发电机输出的三相电压经二极管VD10 ~ VD15进行三相桥式整流，形成与调速电动机转速呈线性关系的直流电压，加到电位器RP2上，由RP2

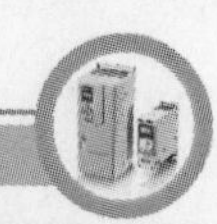

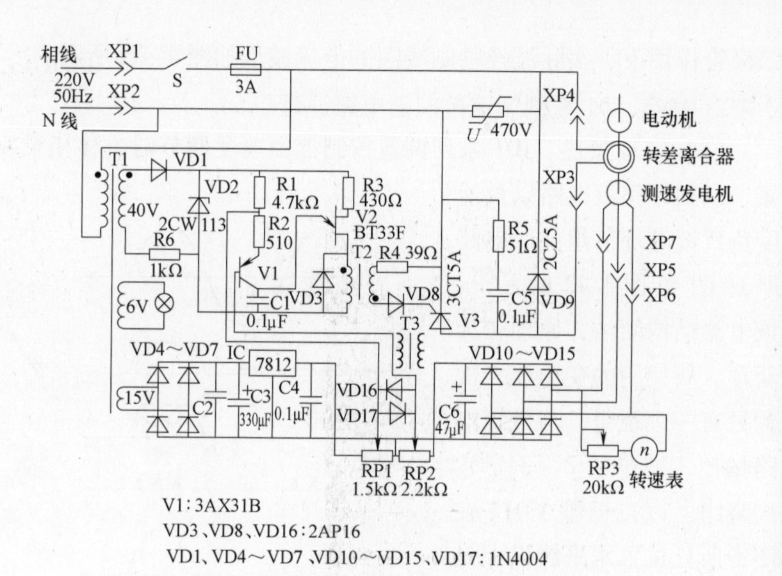

图 4-40　JD1ⅡA 型调速控制器电气原理图

进行转速负反馈调整。从 RP1 和 RP2 两个电位器的中间头上取得“转速控制电压”送到触发电路，用于控制晶闸管的导通角和调速电动机的转速。

（3）触发电路。由 VD1、VD2 整流削波电路及晶体管 V1、单结管 V2、脉冲变压器 T2 等元器件组成。整流削波电路的输出波形是梯形波，如图 4-41b 所示，是由二极管 VD1 整流（整流后不接滤波电容）、稳压二极管 VD2 和电阻 R6 稳压后形成的。电容器 C1 经电阻 R1、R2 和晶体管 V1 由上述梯形波充电，其中晶体管 V1 的内阻是可变的，它因上述“转速控制电压”的变化而变化，因此，调整电位器 RP1 和 RP2 都会改变 C1 的充电速度。C1 的充电波形如图 4-41c 所示。当 C1 上的充电电压达到单结管 V2 的峰点电压 U_P 时，C1 经 V2 快速放电，在脉冲变压器 T2 两侧绕组上形成如图 4-41d所示的尖脉冲，从而触发晶闸管 V3。根据 C1 充电速度的快慢，V3 的导通角会有不同变化，这就改变了调速电动机转差离合器中励磁线圈的电流大小，从而调整或设定受控电动机的转速。控制器可抑制电动机负载变化引起的转速变化，例如，当转速因负载变化提高时，电位器 RP2 两端电压升高，“转速控制电压”相应减小，通过触发电路调低电动机的转速，使电动机转速在负载变化时趋于稳定。图 4-41e 所示为 V3 的导通电压波形，在励磁线圈电感和续流

这款调速器电路中使用了一只双基极二极管 BT33F，其基极何时经脉冲变压器 T2 向单向晶闸管发送触发脉冲，取决于 BT33F 发射极上电容器 C1 的充电速度。而电容器 C1 充电速度受控于电位器 RP1 和 RP2 的调节控制，从而实现对电磁调速电动机的调速。

二极管作用下，实际流经励磁线圈的电流波形如图 4-41f 所示。

2. 环宇 JD1 系列调速控制器电路原理

（1）原理概述。JD1 系列调速控制器由速度调节器、移相触发器、晶闸管整流电路以及速度负反馈等环节组成。电路原理图如图 4-42 所示。该电路结构简洁，原理较为新颖。所使用的变压器二次侧只有一个绕组，与传统电路相比，减少了 2～3 个二次绕组。以二极管 VD12 在图中所处位置水平线以上是调节励磁电流的单向晶闸管 V2 的触发电路；之下则是移相触发调节控制电路和转速反馈电路等。XP1～XP7 是航空插头，一种 7 芯的接插件，用于连接控制器与 AC 220V 电源、调速电动机的励磁线圈和测速发电机的输出线。

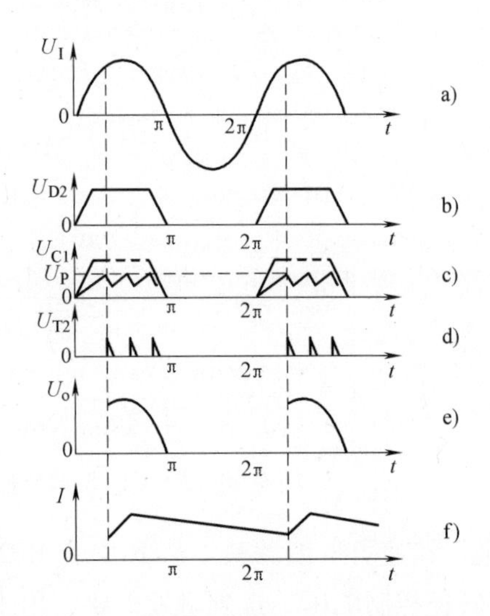

图 4-41　JD1ⅡA 型调速控制器波形图

a）电源电压正弦波　b）削波后的梯形波
c）电容器 C1 的锯齿波　d）T2 上的尖脉冲
e）晶闸管导通波形　f）励磁线圈电流波形

JD1 系列调速控制器可用于电磁调速电动机的调速。在图 4-42 所示的电路中，IC2 是使用了正负双电源的双运放集成块 LM358，所以，运放的输出端有可能为负电位，当 IC2 的 7 脚为负时，光耦合器 IC1 中 1、2 脚间的发光二极管导通，IC1 中的晶体管部分导通，晶体管 V1 导通，向单向晶闸管 V2 发出触发信号，V2 导通，电动机转差离合器励磁线圈中有电流流过。我们只要在每个电源周期内准确控制 IC1 的 2 脚由高电平转换为低电平的时刻，就能调节晶闸管 V2 的导通角，从而调节励磁电流和电动机的转速。

（2）工作原理具体分析。电机调速控制器是通过调节图 4-42 中转差离合器励磁线圈的电流来改变电动机转速的，而励磁电流则由单向晶闸管 V2 进行可控整流控制。V2 的触发电路由晶体管 V1、光耦合器 IC1 等元器件组成。这部分电路的直流电源与其他电路不共地，它将电源变压器 T 的 220V 与 225V 之间的电位差经二极管 VD12 整流、电容器 C2 滤波后供其使用。光耦合器 IC1 的 1 脚接地，即接变压器二次的 0 端，当其 2 脚为负电位时，光耦合器 4、3 脚内附的光敏晶体管导通，晶体管 V1 随之导通，向单向晶闸管 V2 发出触发信号，V2 导通，电动机转差离合器励磁线圈中有电流流过，其路径是电源相线 L→接插件 XP1→开关 S→熔断器 FU→接插件 XP3→励磁线圈→接插件 XP4→单向晶闸管 V2→接插件 XP2→电源中性线 N。这时我们只要在每个电源周期内准确控制 IC1 的 2 脚由高电平转换为低电平的时刻，就能调节晶闸管 V2 的导通角，从

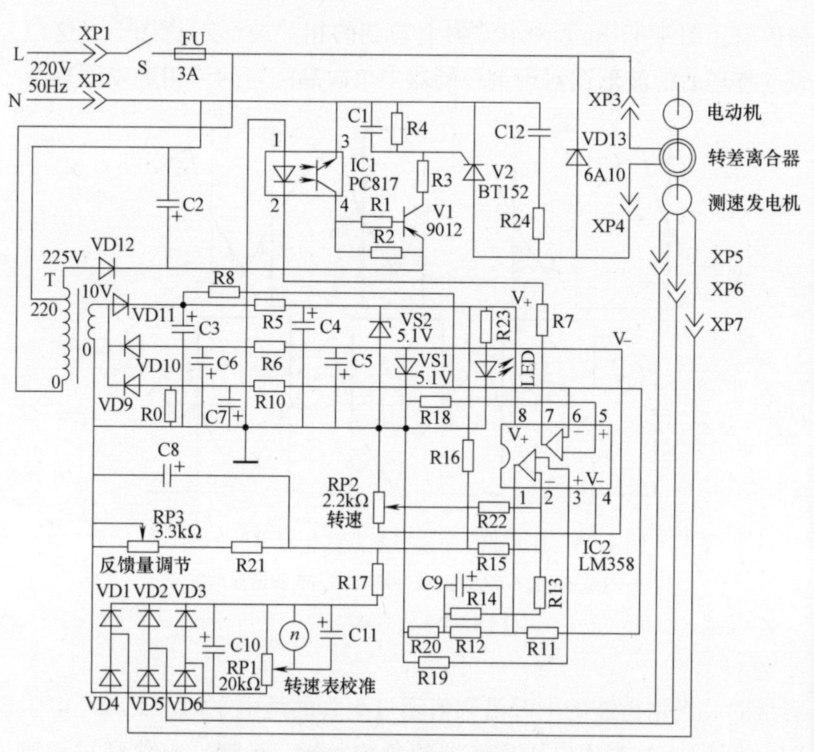

图4-42　JD1系列调速控制器电气原理图

而调节励磁电流和电动机的转速。

变压器二次侧的10V电压经过二极管VD11和VD10整流、电容器C3和C6滤波、稳压管VS2和VS1稳压，得到+5.1V的U_+和-5.1V的U_-，作为集成电路LM358的工作电源使用。LM358是双运放电路，其1脚、2脚和3脚内部是一个运放，它的同相输入端3脚经电阻R19接地；反相输入端2脚接有3路信号：一是由转速调整电位器RP2送来的调速信号；二是测速发电机输出电压经VD1～VD6整流、再由“反馈量调节”电位器RP3调整后送来的反馈信号；三是输出端1脚经电阻R12、R14、R13送来的负反馈信号，这个负反馈信号使得该运放成为名副其实的反相运算放大器。与此不同的是，由5脚、6脚、7脚内部电路构成的运放因为没有负反馈，所以其放大倍数接近无穷大，实际上已经具有了电压比较器的功能。这个电压比较器正输入端5脚经电阻R18接地，负输入端6脚接有1脚经电阻R11送来的转速控制信号，以及变压器二次侧的同步信号，因此，在示波器上看到的6脚波形是一种近似

图 4-43 所示的是图 4-42 中集成块 IC2 – LM358 相关引脚上的波形图，据此我们可以揭示和分析调速器的工作原理。

锯齿波。图 4-43 所示为示波器上看到的相关波形示意图，这幅经过整理后的波形图对理解控制器中单向晶闸管的移相触发原理会

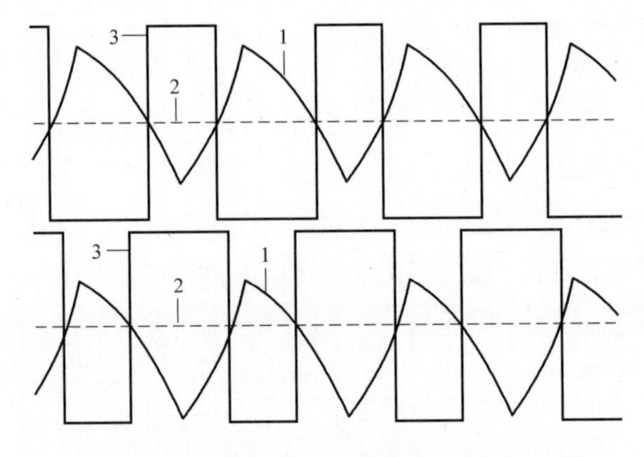

图 4-43　JD1 系列调速控制器移相触发波形图
1—LM358 的 6 脚波形　2—LM358 的 5 脚的地电平
3—LM358 的 7 脚波形

有帮助。当锯齿波的上升沿幅值超过 5 脚的地电平时（5 脚经电阻 R18 接地），相当于电压比较器的负输入端（6 脚）电位高过正输入端（5 脚），所以 7 脚跳变为低电平（见图 4-46），接着 IC1 的 2 脚也转换为低电平，此后如上面所述，就可通过相关电路调节晶闸管 V2 的导通角，从而调节励磁电流和电动机的转速。

通过比较图 4-43 的上图和下图可见，上图中 6 脚信号幅值较大，LM358 的 7 脚维持为负的时间较长，准确点说是在 1 个电源周期中，单向晶闸管的触发时刻较早，平均导通电流自然较大，电动机转速较快。下图中 6 脚信号电压较小，LM358 的 7 脚维持为负的时间较短，或者说在 1 个电源周期中，单向晶闸管的触发时刻较迟，平均导通电流自然较小，电动机转速较慢。当然晶闸管的导通时长并不等于 7 脚维持负电平的时长，因为单向晶闸管一旦被触发导通，触发信号即失去控制作用。锯齿波对晶闸管导通的控制作用仅在于其上升沿与地电平相交的时刻。

图 4-42 中的电位器 RP2 是调速用的，顺时针旋转调整，电动机加速，逆时针旋转调整时电动机降速。

可用两种方式用来调节单向晶闸管的触发时刻：

一是调整图 4-42 中的转速电位器 RP2，它对转速的控制流程是，RP2 向较高转速调整→IC2 的 2 脚电位↓（该箭头表示减小、降低）→IC2 的 1 脚电位↑（该箭头表示增大、上升）→IC2 的 6 脚电位

↑→IC2 的 7 脚电位提前变低→IC1 的 2 脚电位提前变低→单向晶闸管被提前触发→励磁电流↑→电动机输出轴转速↑；RP2 向较低转速调整时的控制流程与此相反。

二是负载转矩变化时对单向晶闸管触发时刻的影响，其控制流程是，负载转矩↑→电动机输出轴转速↓→测速发电机输出电压↓→IC2 的 2 脚电位↓→IC2 的 1 脚电位↑→IC2 的 6 脚电位↑→IC2 的 7 脚电位提前变低→IC1 的 2 脚电位提前变低→单向晶闸管被提前触发→励磁电流↑→电动机输出轴转速↑。负载转矩减小时的控制流程与此相反。

电位器 RP1 可以用来校准转速表的示值，使其与实际转速相一致。

4.10.3　电磁调速电动机的运行控制

电磁调速电动机的功率可从几百瓦至几十千瓦。起动运行时首先将调速控制器的转速电位器调整到一个较小数值上，或者运行人员认为合理的转速上，然后按照常规方式起动笼型电动机，之后将输出轴的转速调整到负载所需的转速。这里所说的常规起动方式，就是根据电动机的功率容量，参考本章前文中低压电动机的各种起动方式以及起动设备的选型原则进行操作。

4.10.4　维修技巧

这里所说的维修是指对调速控制器的维修。由于维修调速控制器时通常没有电动机可供联机试验，所以维修人员在脱机情况下检修应具有一定的操作技巧。下面予以简单介绍。

1. 更换故障元件

在向用户询问了故障发生经过及故障现象的基础上，有针对性地检查印制电路板上的晶闸管、续流二极管、熔断器、电位器、稳压管等易损元器件，发现异常的予以更换。

2. 测试解决方案

更换了异常元器件后即可通电测试，用于鉴定维修结果。由于没有电动机配合试验，可按图 4-44 所示的样子搭接一个模拟测试电路。图 4-44 中，变压器二次侧的 12V 电压可模拟测速发电机的输出电压，开关 S 的通断模拟测速电压是否加到调速控制器上，白炽灯则用来代替电动机的励磁线圈。测试时先将图 4-44 中的开关 S 断开，然后通电，这时相当于测速反馈信号没有接入。用手调

这些技巧非常实用，要认真学习并掌握。

电磁调速电动机控制器经过测试、测量，检查更换了损坏的元器件后，可按图 4-44 搭接一个模拟测试电路以鉴定维修结果。图中的 XP1 ~XP7 是调速控制器的接插件，白炽灯和 220V/12V 的变压器须另行准备，变压器必须使用双绕组的隔离型变压器，不可使用自耦型的。图 4-44 中变压器二次侧的 12V 电压可模拟测速发电机的输出电压，开关 S 的通断模拟测速电压是否加到调速控制器上，白炽灯则用来代替电动机的励磁线圈。

转速电位器，白炽灯应有亮暗变化；白炽灯最亮时，用万用表测其两端直流电压可有90V左右。将转速电位器的中间头置于白炽灯电压刚好达到90V的临界点上，合上开关S，相当于接入测速反馈信号，白炽灯应立即从最亮状态变暗或熄灭，这是因为测速信号的负反馈作用。这时再调转速电位器，亮度又可增加。同时，调整测速发电机反馈网络的电位器也可改变白炽灯的亮度。如果检测结果与以上描述吻合，则说明调速控制器已完全正常。因为上述检测过程实际上测试了调速控制器的所有功能电路。调速控制器中所有电位器的最终调整设定由用户根据产品说明书的要求在运行现场完成，不属于修理的范围。

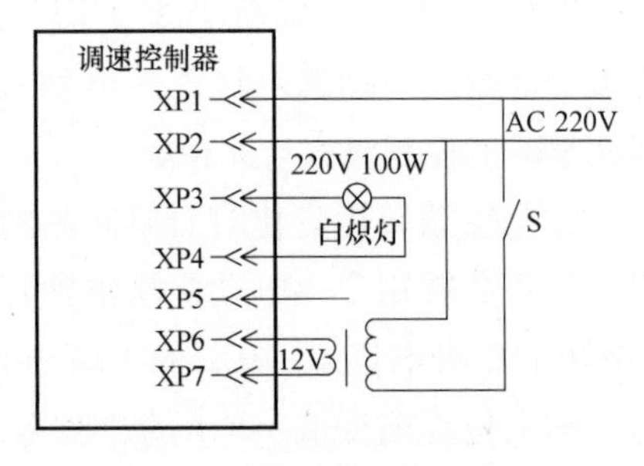

图4-44　调速控制器维修后的脱机检测电路

4.10.5　维修实例

实例1：一台JD1ⅡA型调速控制器，没有励磁电压输出。用万用表检测晶闸管、续流二极管和电位器等，发现转速负反馈电位器RP2中间头在器件内部开路。更换RP2后调速控制器恢复正常。从图4-40可见，RP2中间头开路后，所谓的“转速控制电压”不能建立，晶体管V1呈截止状态，电容器C1停止充电，晶闸管不能被触发，因此输出电压为0。对于类似本例没有励磁电压输出的故障，也可在检修开始时用导线将晶体管V1的c、e两极短路，若控制器有输出，则说明梯形波形成电路、单结管振荡电路以及主电路元器件良好，这就缩小了故障范围，直接检查“转速控制电压”形成电路即可。

实例2：一台JD1ⅡA型调速控制器，与调速电动机配合运行时转速失控。参见图4-40。经检查，电路元器件未见异常，却发现转速负反馈电位器RP2热端开路，即与三相桥整流输出的正极端断开，重新焊接后转速控制恢复正常。转速电位器热端开路即相当于失去了转速负反馈电压，“转速控制电压”仅由RP1调定，数值增大，所以转速失控。

实例3：一台JD1ⅡA型调速控制器，没有励磁电压输出。参

见图 4-40。经检查，稳压管 VD2 短路，电阻 R6 开路，更换 VD2 和 R6 后调速控制器恢复正常。VD2 是型号为 2CW113 的稳压二极管，标称稳压值是 18V，正常时稳压管 VD2 两端测到的电压是 7～8V，因为这里是半波整流，且稳压后输出的是梯形波，所以测得的电压数值较小。本例故障首先是稳压管 VD2 击穿损坏，接着电阻 R6 因过电流烧断。

实例 4：转速表指示值与实际转速不一致。调速器的型号是 JD1ⅡA，电路见图 4-40。测速发电机输出的三相交流电压经接插件XP5～XP7 送进调速控制器，调速电动机的实际转速经电位器 RP3 调整校准后由转速表指示。检查发现转速表头内的整流二极管损坏造成示值不准，更换表头后问题解决。

实例 5：一台 JD1 型调速器通电即烧熔丝管。这种故障通常是图 4-42 中直接与电源 220V 连接的元器件，例如变压器 T 绕组短路或续流二极管 VD13 击穿所致。经检查该调速器中的续流二极管 VD13 击穿短路，更换后即可正常使用。

4.11　低压电动机的无功补偿

低压三相异步电动机的功率因数较低，通常为 0.7～0.9，电动机在运行时必然要吸收或者称作占用很大容量的无功功率。电动机在低功率因数下运行会导致输配电线路的损耗增加，供电线路电压降增大，输配电系统与设备的供电能力降低，用户甚至还会受到供电部门的经济处罚。因此，对电动机进行就地无功补偿或者集中进行自动无功补偿具有很好的社会效益与经济效益。

> 低压电动机属于感性电气设备，运行时功率因数在 0.70～0.90 之间，偏低的功率因数将导致线路电流增大，线路损耗增加，线路电压降增大，空占了供电设备的供电能力，可谓瑕疵多多。对电动机进行无功补偿可以有效地解决该问题。所谓无功补偿，就是将电容器并联到配电线路或用电设备电动机上，使配电线路或用电设备的功率因数尽可能趋近于 1 所采取的技术措施。

4.11.1　就地无功补偿

低压三相异步电动机的就地无功补偿，就是将一台与异步电动机特性相配合的电容器直接并联于该电动机，同时利用原异步电动机的保护，无需增加其他保护装置。这种补偿方案电路结构简单，投资较省，安装方便，特别适合于电动机安装位置分散的家庭纺织机、小型钻床、车床、冲床、碾米机、脱粒机等，也适用于工矿企业中分散安装使用的电动机负载。

1. 就地补偿的技术优势

为什么说一个合适容量的电容器可以与异步电动机直接并联，

不需要外加其他保护装置，而且是一种经济有效的无功补偿方案呢？原因分析如下。

（1）异步电动机在运行时所需要的无功功率由两部分组成：一部分是励磁支路所需的无功功率；另一部分是负载支路所需的无功功率。小容量异步电动机主要是励磁支路所需的无功功率，且当负载从零到满载时变化很小；而负载支路所需的无功功率随负载的增加而增加，但其值一般比励磁支路所需的无功功率要小。因此对低压异步电动机的无功补偿，只要能补偿其励磁功率，就能使异步电动机在负载率从40% ~100%时的功率因数都有较高的数值，一般能达到0.9以上。而轻负载时，其功率因数虽然可能低于0.9，但此时随负载而变的无功功率绝对值已经很小，因此产生的线损也很小，补偿效果已经非常满意。

（2）异步电动机的绕组线圈是补偿电容器非常理想的放电装置，当电动机因人为停机或故障停机时，补偿电容器随即通过电动机绕组迅速放电，电容器上的电压很快下降到零，所以在电网电压复现，例如重合闸成功时，电容器上就不会出现过电压，这对电容器长期运行的安全性有重要意义。正因为如此，异步电动机和电容器之间无需加装熔断器或其他保护装置，且异步电动机和电容器应同时接入或断开电源。

（3）由于并联电容器在异步电动机的额定电压下所产生的无功功率小于异步电动机在额定电压下空载时需要的励磁功率，即略小于空载无功功率（这是就地无功补偿电容器选型时已经确定的原则）；当电压上升时，电容器产生的无功功率随电压的二次方增加，而异步电动机因铁心饱和，其需要的无功功率增加将大于电容器的无功功率增加；当电压下降时，异步电动机和电容器的无功功率几乎都随电压的二次方下降；也就是说，并联电容器的无功补偿容量在异步电动机运行时，总小于异步电动机在不同负载下所需的无功功率，因此不会产生过补偿，也不会产生异步电动机的自励现象。

（4）对于家庭作坊分散安装的异步电动机，采用就地无功补偿方案具有明显的经济性。因为它比集中自动无功补偿方案要便宜很多；即便对于无功负载仅为异步电动机的工矿企业也是经济的。因为虽然它安装的补偿电容器总容量是集中补偿的2 ~4倍，但集

中补偿装置单位电容量的费用却为就地补偿的4~6倍，所以就地补偿的经济性仍是显而易见的。同时，就地补偿也最大限度地减少了电动机供电线路的电能损耗，降低了电费支出。

综上所述，异步电动机的就地无功补偿是一种经济、简单、高效、可靠的补偿方案，在众多地区的安装实践中均取得了理想的补偿效果和经济效益。

2. 就地补偿的具体实施

实施异步电动机就地补偿时，将补偿电容器直接与电动机并联即可。连接示意图如图4-45所示。

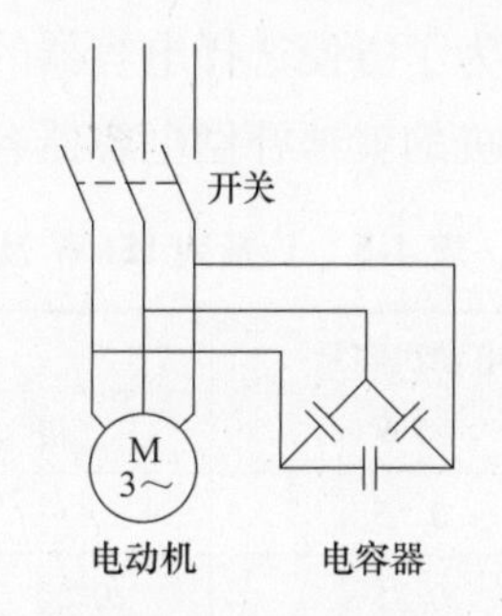

图4-45　就地补偿电容器与异步电动机的连接示意图

对于补偿电容器的容量，按照国家标准GB 50052—2009《供配电系统设计规范》规定，“接在电动机控制设备侧电容器的额定电流，不应超过电动机励磁电流的0.9倍。”

> 该规定与IEC831标准的规定相一致，这一规定是为了防止当电动机切断电源后，尚未停止转动的过程中，由于电容器产生的自激磁造成的过电压，使电机受到损坏。

另外，异步电动机空载时的电流，90%是励磁电流，即无功电流，所以以空载电流的0.9倍作为无功电流计算和选取补偿电容，也是一种简单的方法。但是很明显，使用上述两种方法计算得到的补偿电容器的额定电流是不相同的，因为前者规定的电容器额定电流是励磁电流的0.9倍，而后者则是电动机空载电流的0.9倍，即励磁电流的1.0倍，显然后者计算得到的结果数值要大些。但是后者的空载电流可以用简单测量方法得到，而励磁电流不便于直接测量得到。因此可以将空载电流的0.9倍作为电动机的励磁电流，接着按照《供配电系统设计规范》的规定计算出补偿电容器的额定电流，即以空载电流的$0.9^2=0.81$倍作为补偿电容器的额定电流。这样的计算结果应当是适当的。

知道了补偿电容器的额定电流，就可按下式计算补偿电容器的容量：

$$Q=\sqrt{3}UI_c$$

式中　Q——补偿电容器的额定容量，单位为kvar（千乏）；

U——异步电动机的额定电压，单位为V；

I_c——补偿电容器的额定电流，单位为A。

这里要注意，电动机和补偿电容器的额定电压可能不一致。如果为了提高运行安全而选择了额定电压较高的电容器，即电容器的额定电压高于电动机的额定电压，这在实际运行时，电容器的实际补偿容量会小于电容器上标注的额定容量。因为电容器的额定容量是依据其额定电压计算得出的，而实际运行电压是稍微低一些的电动机额定电压。

为了方便选择电容器的容量。表4-5给出了部分Y系列小容量电动机的就地补偿电容器容量配置规格，供读者参考。

表4-5　Y系列15kW及以下异步电动机就地补偿电容量配置表

电动机容量/kW	补偿电容器容量/kvar			
	二极	四极	六极	八极
0.55	—	0.60	—	—
0.75	0.50	0.80	1.00	—
1.1	0.60	0.80	1.20	—
1.5	0.80	1.00	1.20	—
2.2	1.20	1.60	2.20	2.20
3	1.60	2.20	2.20	2.60
4	1.60	2.60	3.00	4.00
5.5	2.20	3.00	3.00	5.00
7.5	2.60	4.00	5.00	6.00
11	4.00	5.00	8.00	8.00
15	4.50	6.00	9.00	10.00

4.11.2　集中自动无功补偿

集中自动无功补偿成套装置大多都制作成屏柜结构，目前其型号很多，但工作原理是相同的，包含一次电路、二次控制电路、无功补偿自动控制器、测量与指示电路等。

当前工业企业中大量使用的无功补偿装置是集中自动无功补偿装置。所谓集中自动无功补偿，就是在一个配电系统的负荷中心处，集中安装补偿电容器，做成一个自动补偿成套装置。

1. 一次电路

无功自动补偿装置的主电路如图4-46所示，包括隔离开关QS、十组熔断器FU1～FU10、接触器KM1～KM10、热继电器FR1～FR10、补偿电容器C1～C10，另外还有电流互感器TA1、TA2和TA3，避雷器FA1、FA2和FA3。其中熔断器和热继电器用于对电容器进行短路及过电流保护；接触器是对电容器进行手动或

自动投入、切除的开关器件；电流互感器获取的电流信号用于测量无功补偿装置补偿电流的大小；避雷器用于吸收电容器投入、切除操作时可能产生的过电压，是一种额定电压为AC220V的低压氧化锌避雷器。

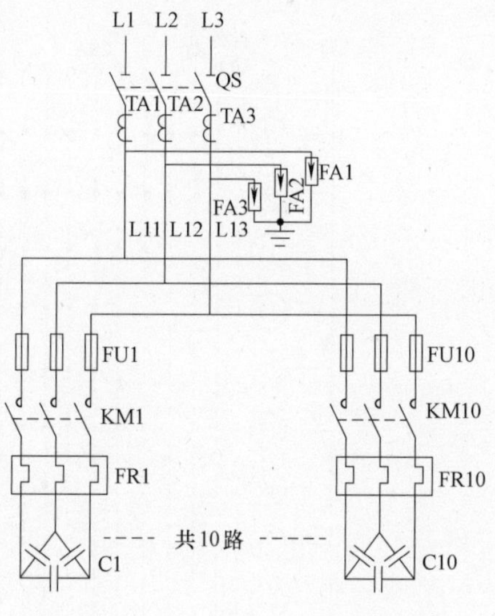

图4-46　无功自动补偿装置的主电路

> 无功补偿装置中的一次元器件，用于短路保护的可以是熔断器，也可以是DZ47系列的小型断路器。用于电容器投入、切除的开关器件选用具有限制合闸涌流效果的交流接触器，例如CJ19系列的。

2. 二次控制电路

无功自动补偿装置的二次控制电路如图4-47所示，包括一个物理结构分为七层的转换开关2SA、无功补偿自动控制器（以下简称补偿控制器）等元器件。转换开关2SA用来手动控制投入或切除1～10路补偿电容器，并完成补偿控制器电压信号、电流信号的接入或退出。补偿控制器可以根据功率因数的高低或无功功率占用量的大小自动投入或切除电容器，并在系统电压较高时自动切除电容器，以保证补偿电容器的运行安全。

> 无功补偿装置的二次控制电路中的转换开关2SA，见图4-47，该器件比较重要，用于自动补偿、手动补偿和停止补偿状态的转换；在自动补偿状态，2SA的转换触点允许无功补偿控制器所需的电压信号、电流信号顺利通过，而在手动补偿和停止补偿状态，则切断电压信号、电流信号与无功补偿控制器之间的通路，而且电流信号经过2SA的触点短路，防止无功补偿电流取样电流互感器的二次开路。

转换开关2SA有一个操作手柄，由图4-47可见，该手柄有自动、停止和手动1～手动10共12个档位，每旋转一个档位角度即可转换一次档位状态。在每个档位，会有相应的转换开关触点接通。2SA共可转换13对触点，分别是7、8，9、10等，一直到下部的1、2触点。为了标示出转换开关2SA在不同的档位与各组触点之间的对应关系，与12个档位相对应的有12条纵向虚线，虚线与每一组触点无形相交的位置标注有圆点或不标注圆点。标注有圆点的，表示转换开关旋转至该档位时，与圆点处在一条水平线上的一组触点是接通的，否则该组触点呈开路状态。例如，在触点7、8所处位置的一条水平线上，手动1～手动10档位时均标注有圆点，表示这10个档位时触点7、8均接通。而在手动1档位，只在触点7、8和触点1、2位置标注有圆点，说明在该档位只有这两组触点是接通的。

无功补偿屏若进入自动控制投切状态，须给补偿控制器接入进

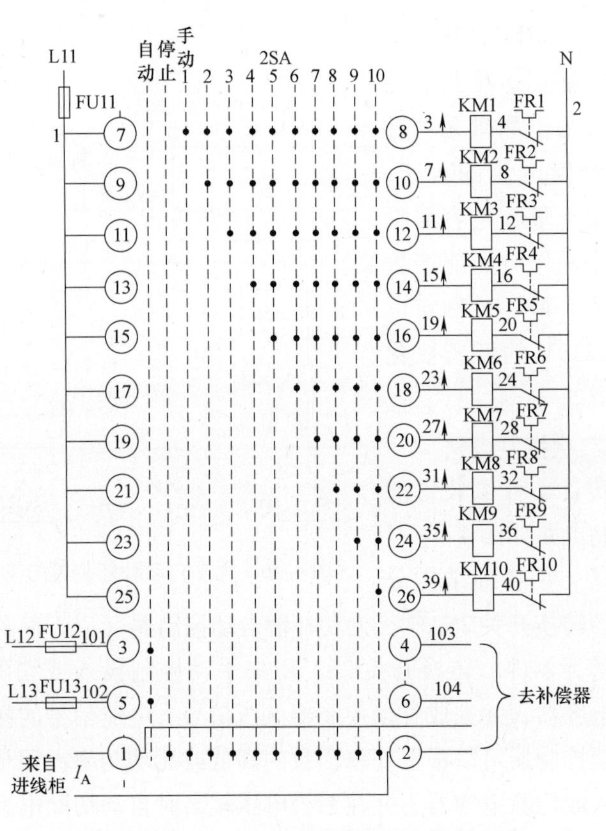

图 4-47　无功自动补偿装置的二次控制电路

图 4-48 是无功补偿控制器背面的接线端子排列及接线图。其中 US1 和 US2 接电源系统中的 B 相和 C 相电源；IS1 和 IS2 连接待补偿系统电源侧的电流互感器二次端子；下部的 1 ~ 10 号端子连接交流接触器的线圈，每个端子旁边都有一个线路编号，该编号与图 4-47中的编号对应一致，相同编号的端子须用导线连接起来。

线柜或待补偿电路总进线处 A 相（L1 相）电流互感器二次侧的电流信号 I_A，以及 B 相（L2 相）和 C 相（L3 相）电压信号，还有接触器线圈吸合所需的工作电源。具体接线如图 4-48 所示。图中 US1、US2 端子连接的 103、104 号线即是 B 相、C 相电压信号（转换开关 2SA 在“自动”档位时，103 号线经 2SA 的 4、3 触点、熔断器 FU12、L12 端子（见图 4-47）、隔离开关 QS（见图 4-46），连接至 B 相（L2 相）电源；104 号线沿类似线路连接至 C 相（L3 相）电源；IS1、IS2 端子连接的即是进线柜的电流信号（经由转换开关 2SA 转接），COM 端连接的 1 号线即是接触器线圈吸合所需的工作电源。1 号线经熔断器 FU11、L11 端子（见图 4-47）、隔离开关 QS，连接至 A 相（L1 相）电源（见图 4-49）。B 相、C 相电压信号及 A 相电流信号在补偿控制器内部经过微处理器运算判断后，计算出功率因数的高低、无功功率的大小，一方面经过 LED

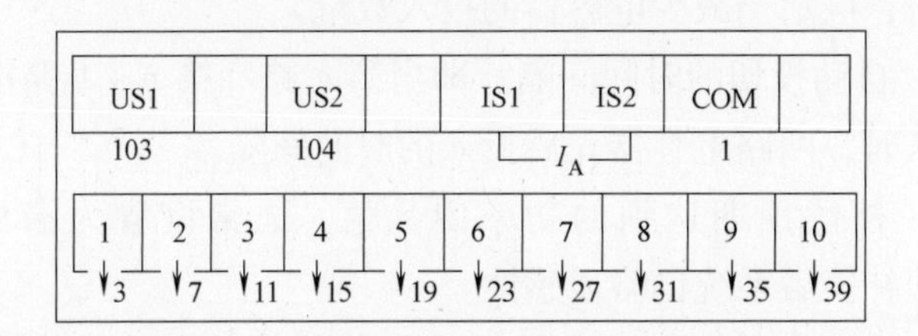

图 4-48　无功自动补偿控制器接线端子图

显示器显示功率因数值，同时发送电容器投切指令，例如补偿控制器发出投入电容器 C1 的指令时，其接线端子中的 1 号端子经内部继电器触点与 COM 端（1 号线，A 相电源）连通，该端子经 3 号线连接至接触器 KM1 线圈的左端（见图 4-47），线圈的右端经热继电器 FR1 的保护触点接至 2 号线，即电源中性线 N。接触器 KM1 线圈得电后。主触点动作，将电容器 C1 投入，实现无功补偿，详见图 4-46。与此同时，KM1 的辅助触点闭合，接通指示灯 HL1，指示第一路电容器已经投入，如图 4-49 所示。

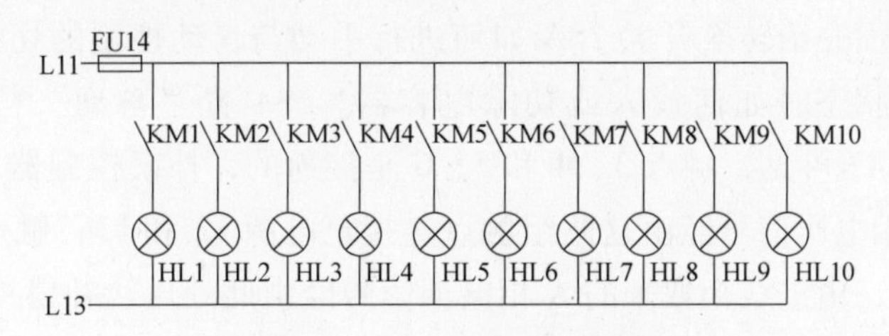

图 4-49　无功补偿的指示电路

如果无功功率数值较大，补偿控制器则控制各路电容器依次投入，直到功率因数补偿到接近于 1。每一路电容器投入时的时间间隔是可调的，通常将其调整为几秒至几十秒之间。补偿控制器遵循循环投切的原则，即先投入的将先切除，保证每一路电容器具有接近相同的工作机会。如果补偿后由于负载状况变化导致补偿过度，控制器将最先投入的电容器首先切除，直至功率因数恢复到 1 为止。

无功补偿自动控制器是一台智能化的仪表装置，投入运行前应对有关参数进行设置，这些参数有

（1）过电压保护值，由于投入电容器补偿后，系统电压会有一定程度的提高，为了保护电容器等设备的安全，当系统电压达到

一定值时，应适当减少电容器的投入数量。

（2）自动投切的时间间隔。即当第 n 路和第 $n+1$ 路电容器都需要投入时，两路电容器先后投入的时间间隔。

（3）补偿预期达到的功率因数值，通常设置为滞后 0.9 ~ 0.98，即补偿后系统仍略显感性。

（4）自动补偿时回路数的设定。补偿控制器将根据该设定进行投切控制。例如一个最多可以控制 10 路电容器投切的补偿控制器，当设定为 6 路时，则控制器只在 1 ~ 6 路之间循环动作，防止进入7 ~ 10 路时的空循环。

（5）取样电流互感器变比的设定。

各个厂家生产的补偿控制器功能会有少许差异，设置参数应根据说明书的要求谨慎进行。而有的补偿控制器还具有手动投入、切除功能，甚至可以省去上述的转换开关 2SA。这种电路方案的缺点是，补偿控制器一旦损坏出现故障，整个补偿屏即处于瘫痪状态，连手动投切也不能进行。

下面介绍转换开关 2SA 如何进行手动与自动控制的切换以及在手动状态时如何投入或切除电容器。2SA 置“自动”档位时，从图 4-47 可见，触点 3、4 和 5、6 是接通的，补偿控制器所需的 B、C 相电压信号经由这两组触点连接至电源 L2 和 L3；触点 1、2 不接通，由进线柜取来的 A 相电流信号经由此处送达补偿控制器，并使之进入自动工作状态。

2SA 置“停止”档位时，触点 3、4 和 5、6 两组触点断开，补偿控制器的 B、C 相电压信号在此被切断；触点 1、2 接通，由进线柜取来的 A 相电流信号在此被短路，不能送往补偿控制器。补偿控制器乃至整个补偿装置都停止工作。

2SA 置手动挡位时，由图 4-47 可见，无论在手动的任何一档，1、2，3、4 和 5、6 三组触点的状态均与停止档位相同，因此补偿控制器不工作。无功补偿屏只能使用转换开关 2SA 操作控制电容器的投切。例如，2SA 旋转至“手动 1”档位，触点 7、8 处标注有圆点，表示该触点接通，这时 1 号线连接的 A 相电源经触点 7、8 使接触器 KM1 线圈得电，受 KM1 控制的第一路电容器 C1 投入电路开始补偿。当 2SA 旋转至手动 2 档位时，会有两只电容器投入补偿。当 2SA 旋转至手动 n 档位时（由于 2SA 最多只有 10 个手动档

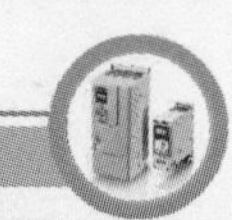

位，因此 $n \leqslant 10$），会有 n 只电容器投入补偿。操作转换开关 2SA 可使已投入的电容器依次切除退出。手动投切时不能实现循环动作。

3. 信号与测量电路

测量电路如图4-50所示，电压测量由转换开关 1SA 及电压表实施。旋转开关 1SA 可以选择测量 AB 相、BC 相或 CA 相之间的线电压。功率因数（cosϕ）表可以测量补偿前后的功率因数值。三只电流表用来指示本屏柜电容器的补偿电流值。

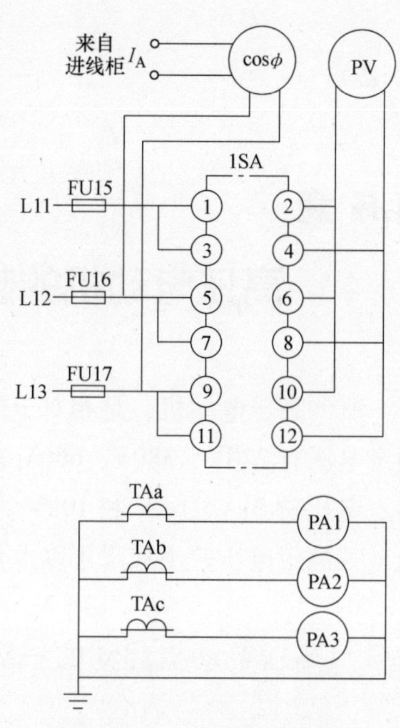

图 4-50　无功自动补偿装置的测量电路

信号与测量电路包括电容器投入、切除信号灯的控制（见图 4-49）、三相电源电压的测量与转换电路，以及电容器运行电流的测量电路（见图 4-50）。

第5章 Chapter 5

高压电动机的起动运行与控制

所谓高压电动机，是相对于低压电动机而言的，低压电动机的额定电压有220V、380V、660V和1140V等几种，而高压电动机的额定电压有3kV、6kV和10kV等几种。当然一些特殊用途的电动机，其额定电压并不局限于以上几种电压规格。

5.1 高压电动机起动的一次电路

与低压电动机相同，高压电动机也有直接起动和减压起动的区别。直接起动时，从发出起动指令的那个瞬间开始，就将额定电压加到电动机的定子绕组上。而减压起动，则在起动开始时以适当的方式降低电源电压，使其低于额定电压，并将该电压加到电动机定子绕组上。当电动机转速接近或达到额定转速时转换为全电压。

减压起动过程中，有的方案可使起动电压呈逐渐升高的斜坡状曲线，有的能使起动电流呈现斜坡曲线，软起动器和变频器则可通过编程得到各种工况起动需求的复杂起动曲线。

5.1.1 直接起动

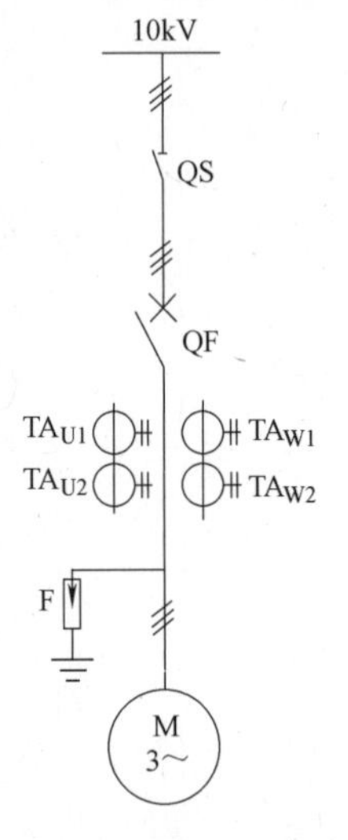

图5-1 高压电动机直接起动的一次电路

高压电动机直接起动的一次电路如图5-1所示。该图采用单线画法，并用三条短斜线表示是三相电源系统。图中QS是隔离开关，功能类似于低压系统中的刀开关，设备检修时将其断开以确保安全。隔离开关通常采用手动方式分合闸。QF是真空断路器，是电动机起动运行和停止运行的主开关，近年来它逐渐取代了过去在高压开关柜中大量使用的油断路器，几乎使后者退出了历史舞台。电动机起动前应首先合上QS，然后通过二次控制电路合上真空断路器QF，这时电动机得电开始起动，合闸瞬间电流可达到额定电流的5～7倍。随着电动机转速的逐渐提高，起动电流降低到额定电流，起动过程结束。直接起动时的电流变化如图5-2的曲线所示。由于直接起动的电流较大，因此，通常应用在电动机功率相对较小（例如一二百千瓦）、供电容量相对充裕的系统中。

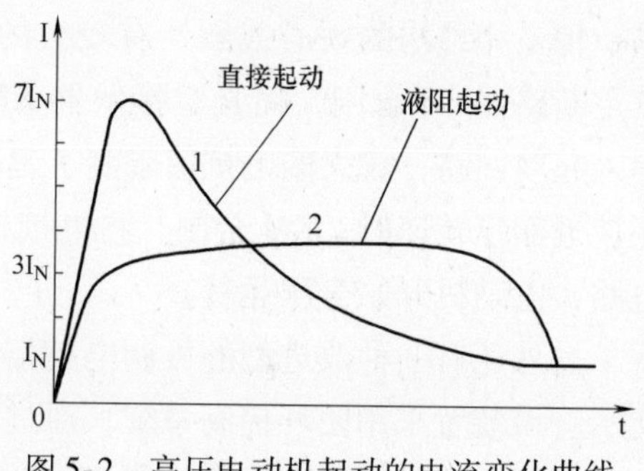

图5-2　高压电动机起动的电流变化曲线

在图5-1的电动机直接起动电路中，隔离开关QS只能空载接通、断开电路；而电动机的开机起动、停机及保护断电均须由断路器QF实现。

隔离开关QS和真空断路器QF的操作顺序非常重要，起动运行时必须先合QS，后合QF；停机时必须先断开QF，之后才能操作（或不操作）QS。因为隔离开关没有灭弧措施，不能用它接通或断开负荷电流。这在开关柜设计时就已经采取了机械闭锁和电气闭锁措施，能有效防止因操作程序错误引发的设备事故。

TA是电流互感器，共有两只，每只有两个二次绕组，分别用于电流测量和电流保护。在三相三线电力系统中，三相电流有如下关系，即$I_U+I_V+I_W=0$，或者$I_U+I_W=-I_V$，因此，只要在三相系统中选任意两相安装电流互感器，即可通过对电流表的适当连接，或通过智能电力仪表的内部运算，实现对三相电流的测量。

图5-1中的F是避雷器，它可吸收沿供电线路引入的雷电高电压或真空断路器等开关元件产生的操作过电压，保护电动机的绝缘免遭破坏。

5.1.2　减压起动

可供高压电动机选用的减压起动方案有多种。因为减压起动能调整和限制起动电流，因此适用于数百、数千千瓦甚至上万千瓦的电动机。减压起动的基本原理是起动时在电动机的电流回路中串联接入一个减压限流元件或装置，用以限制起动电流，减少过大的起动电流对电网造成的冲击，防止电压跌落太多导致的起动失败；同时也能减小或防止起动时机械冲击力可能对设备造成的损伤。

1. 电抗器减压起动

这是一种较为传统的起动电路原理图，如图5-3所示。电抗器

在图 5-3 所示的高压电动机减压起动电路中使用的电抗器 L，是一种铁心电抗器，它有三个铁心柱，每个铁心柱上有一个绕组线圈，形成一个三相结构的元器件。电动机起动过程中，电抗器串联在电动机定子回路中，起减压限流作用。起动结束后，电抗器被旁路开关短路并退出电路。

是一种三相结构的铁心线圈，有较大的电抗值。电动机起动时，真空断路器 QF 合闸，而真空接触器 KM 暂时不合，这样电抗器 L 串入起动回路，较大的电抗值限制了起动电流。待电动机转速升高至接近额定转速时，KM 合闸，将电抗器 L 短路，电抗器退出起动电路，电动机开始全压运行。

另外还有一种改进型的可调电抗器起动电路原理图，如图 5-4 所示。该装置采用闭环控制系统，通过图 5-4 中的电流传感器 1TA 检测起动电流，通过电压传感器 TV 检测起动过程中电抗器 L 两端的电压，由控制器自动调节电抗器的励磁电流，改变电抗器允许通过的电流值和电抗器两端电压，实现平稳软起动。电动机转速升高至接近额定转速时，KM 合闸，将电抗器 L 短路，电动机开始全压运行。这种起动方案性能更加优越。

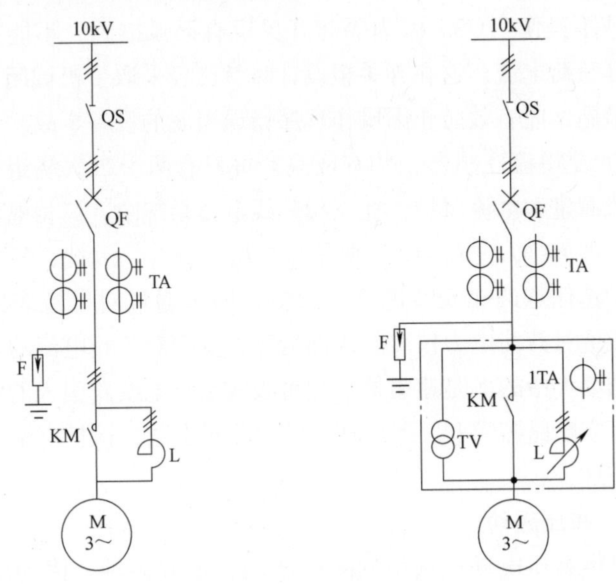

图 5-3 电抗器减压起动方式原理图 图 5-4 改进型电抗器减压起动

图 5-4 中的点划线框表示框内元件独立安装在一个柜体内，与安装有真空断路器的开关柜形成一个开关柜组，共同完成电动机的起动控制功能。下面将要介绍的其他起动方案图中的点划线框，意义与此相同。

2. 液阻减压软起动

这是近年发展起来的一种高压电动机起动方式。所谓液阻，是

指将碳酸钠和水混合形成的液体电阻。混合液分装在三个相互绝缘的塑料箱体内，形成三相结构。由于是液体，热容量较大，起动时温升相对较慢。每个液阻箱的底部有一个固定电极，而箱体上部各有一个活动电极。电动机起动时，通过活动电极与固定电极将液阻串入电路，如图5-5所示（真空接触器KM暂时不合闸），R_S是液阻。三个活动电极由一个小功率低压电动机拖动，使之逐渐与固定电极接近，液阻的阻值逐渐变小，电动机定子的端电压逐步升高，起动转矩逐步变大。当电动机转速升高至接近额定转速时，KM合闸，将液阻切除，电动机开始全压运行。决定起动电流大小的因素有两个，一是电动机的固有特性，即起动时转速逐渐升高，转差率逐渐减小，电流同时逐渐减小；二是起动过程中液阻逐渐减小，促使电流变大；两个因素共同作用的结果使电动机起动电流呈近似恒流曲线，见图5-2中的曲线2。目前，液阻起动柜中普遍配置可编程控制器PLC，很容易实现恒流起动。

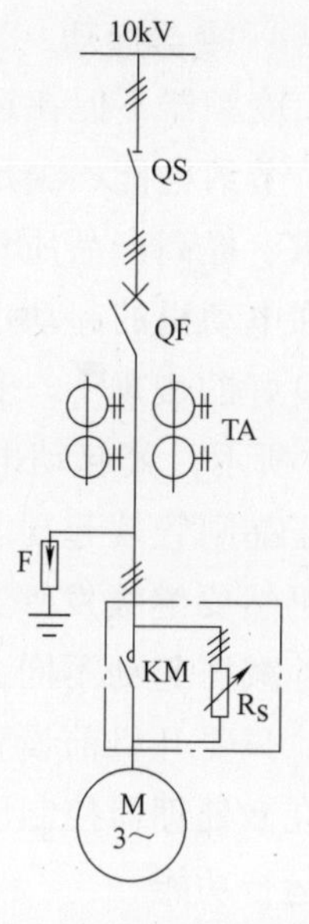

图5-5　高压电动机串联液体电阻减压起动

3. 晶闸管软起动

这种起动方式就是用软起动器对电动机实施起动。与已经介绍过的低压电动机软起动原理相同，只是选用了额定工作电压为6kV或10kV的软起动装置而已。需要注意的是，二次控制电路的工作电源应选用低压电源，其规格可从交流220V、交流110V、直流220V和直流110V等几种电源中选择一种。原理图如图5-6所示。起动过程不再赘述。

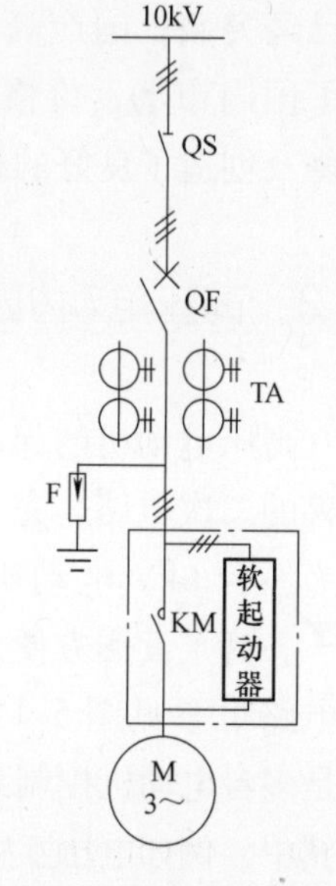

图5-6　高压电动机晶闸管软起动

高压电动机串联液阻减压起动时，随着起动过程的进行，液阻的大小在逐渐减小，如果配合PLC控制，很容易实现恒流起动。这是串联电抗器减压起动无法企及的一种优异特性。

高压电动机配套软起动器起动时，软起动器的电压规格应与电动机的额定电压相匹配，选择6kV或10kV的。而无论软起动器的一次电路额定电压是多少，二次控制电路的工作电压都是低压的，例如AC220V或DC220V等电压规格。

变频起动与以上介绍的电抗器减压启动、液阻减压起动、软起动器减压起动有一点不同，后者三种起动模式在起动结束后均需将减压设备器件短路以使其退出运行，而变频器起动则不同，这种起动方法不仅具有优异的起动性能，而且起动结束后还要根据参数设置，实时对电动机进行调频、调压、调速，变频器并不退出运行。

在图5-8的二次电路中的，使用一只电流表PA测量电动机的运行电流。该电流表串联在U相和W相（即A相和C相）的电流回路中，测量的是V相（B相）的运行电流，测量原理是三相电流的矢量和为0。

4. 变频起动

变频器不但在运行中具有灵活调速、节约电能、满足生产工艺的复杂要求、提高产品质量的诸多效益，而且在电动机的起动过程中仍然具有非常良好的表现。变频起动电路如图5-7所示，其起动电流曲线类似并可优于晶闸管软起动。由于运行中变频器仍然要继续发挥其效能，因此，与其他减压起动不同，这里不设旁路开关。只要开机前设置好相关参数，即可在微处理器控制下完成设定的起动和运行功能。

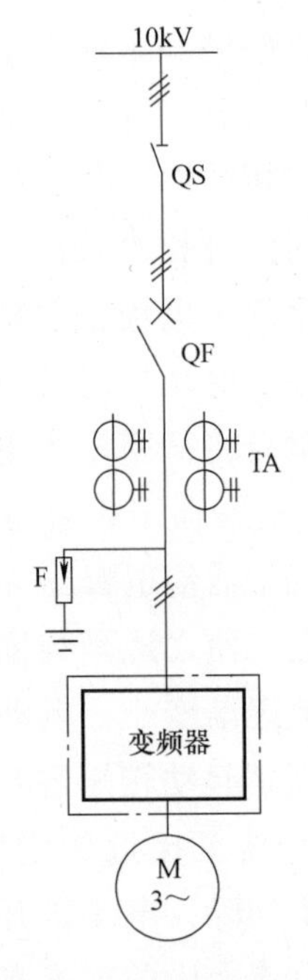

图5-7　高压电动机的变频起动电路

高压变频器与电动机的配合应用已经日渐普及，一些关键性的技术瓶颈已经突破，国产高压变频器逐渐占领了国内市场，价格大幅降低，为推广普及创造了良好的技术应用平台和物质基础。

5.2　高压电动机直接起动的二次电路

高压电动机的起动，除了完好的一次电路支持外，还应有设计完善的二次电路，完成测量、控制、信号和保护等功能。图5-8所示为一台6kV电动机直接起动（全电压起动）的二次电路原理图。为了读图方便，电路图的右侧有简单的文字标注。相应的一次电路可参见图5-1。这里介绍的是一台高压电动机的起动电路，它是多台电动机控制系统的一部分，因此尚有一些公用电路不能包含其中，例如电压互感器及其电压测量电路，检修照明灯的220V交流电源的生成等。

5.2.1　测量与检修照明电路

这部分电路包括电能计量电路，电流测量电路，以及检修照明灯电路等。

DS8型三相三线电能表PJ有两个电流线圈和两个电压线圈，

其中电流线圈连接在电流互感器 TA_U1 和 TA_W1 的二次电路，电压线圈经熔断器 3FU～5FU 连接至电压互感器的二次侧（参见图 5-8）。电压互感器是系统公用设备，未在本起动柜安装，电压信号用控制电缆引入。电流表 PA 也连接在电流互感器 TA_U1 和 TA_W1 的二次侧，其测量原理是，$I_U + I_V + I_W = 0$，$I_V = -(I_U + I_W)$，因此电流表 PA 测量的是 V 相电流。

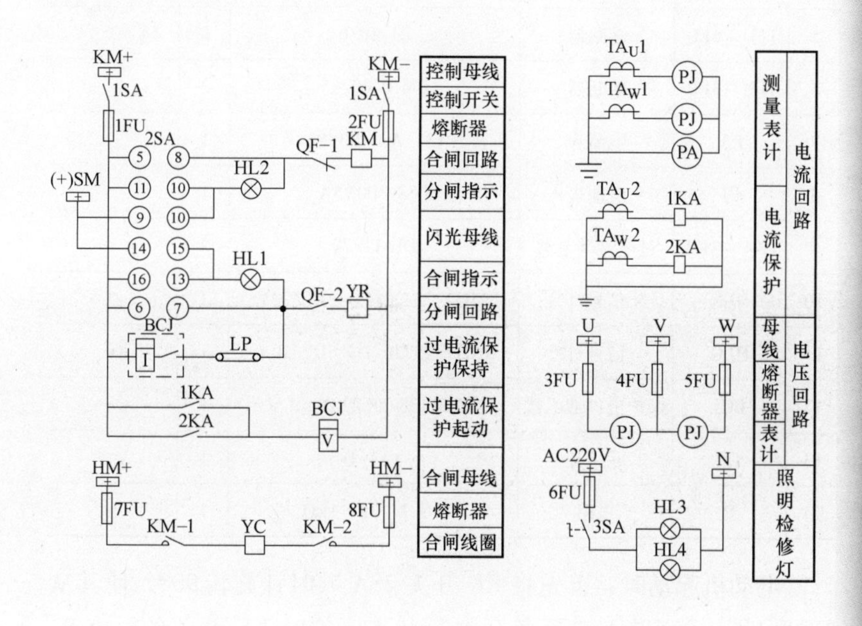

图 5-8　高压电动机直接起动的二次电路原理图

检修照明灯 HL3 和 HL4 由开关 3SA 控制，其使用的 220V 交流电源由相邻高压开关柜端子排通过控制电缆引入。

5.2.2　高压电动机的起动与停止

高压电动机起动柜二次电路使用的元件见表 5-1，起动与停止使用系统提供的 220V 直流电源 KM＋、KM－，并受开关 1SA 控制。电动机的起动与停止经操作一个被称为 KK 开关的万能转换开关 2SA 来实现。KK 开关触点的分合顺序见表 5-2。

高压电动机起动柜中，型号为LW2－Z－1a.4.6a.40.20.6a/F8的2SA开关（KK开关），是高压开关柜中常用的一种断路器分、合闸控制开关。呈多层结构，其操作手柄的位置方向与触点通断的对应关系见表5-2。

表5-1　高压电动机直接起动柜二次材料表

序号	符　号	名　称	型号规格	数量	备　注
1	1SA	转换开关	LW5-16/2	1	操作电源开关
2	2SA	转换开关	LW2-Z-1a.4.6a.40.20.6a/F8	1	KK开关
3	3SA	照明开关	LA18-22	1	
4	EL	照明灯	40W/220V	2	
5	1FU～6FU	熔断器	R1-10/6	6	
6	7FU～8FU	熔断器	RM10-60/35	2	
7	PA	电流表	1T1-A　100/5A	1	
8	PJ	电能表	DS8-100V5A	1	
9	1KA～2KA	过电流继电器	DL-11/20	2	
10	HLR	信号灯	AD11-25/20-1G　DC220V	1	红
11	HLG	信号灯	AD11-25/20-1G　DC220V	1	绿
12	BCJ	保护出口继电器	DZB-138/DC220V　1A	1	
13	LP	联结片	YY1-D	1	
14	R	电阻	ZG-11/25　1kΩ	1	

电动机起动时，首先将KK开关2SA顺时针旋转90°，使其从“跳闸后”状态进入“预备合闸”状态，这时KK开关的触点9、10接通（参见表5-2），绿色指示灯HLG经触点9、10与闪光小母线“(＋) SM”连接，HLG的另一端经断路器的常闭辅助触点QF-1以及合闸直流接触器KM的线圈与“KM－”母线接通，因此指示灯HLG开始闪动，提示合闸回路正常，可以继续操作。接着将KK开关2SA再顺时针旋转45°，使其进入“合闸”状态，这时KK开关的触点5、8接通（参见表5-2），合闸直流接触器KM线圈得电动作，触点KM-1和KM-2闭合，合闸线圈YC通电动作（见图5-8），断路器合闸，电动机得电起动运行，待电动机达到额定转速时，起动过程完成。KK开关2SA在“合闸”以后，自复位到“合闸后”状态，触点13、16接通（参见表5-2），合闸指示灯HLR经该触点、合闸后已经闭合的断路器常开辅助触点QF-2以及跳闸

线圈 YR 接通电源而点亮，一方面指示断路器已经合闸，另一方面提示断路器跳闸线圈回路完好。这时虽然跳闸线圈 YR 流过红色指示灯 HLR 的工作电流，但由于该电流较小，不足以使跳闸线圈 YR 实施跳闸动作。指示灯 HLG 和 HLR 还具有监视熔断器 1FU 和 2FU 是否完好的功能。

表 5-2　LW2-Z-1a. 4. 6a. 40. 20. 6a/F8 开关触点表

手柄与触点盒		F8	1a		4		6a			40			20			6a		
触点号			1-3	2-4	5-8	6-7	9-10	9-12	10-11	13-14	14-15	13-16	17-19	17-18	18-20	21-22	21-24	22-23
位置	跳闸后			×					×		×				×			×
	预备合闸		×				×			×				×		×		
	合闸				×			×				×	×				×	
	合闸后		×				×					×	×			×		
	预备跳闸			×					×	×				×				×
	跳闸					×			×		×				×			×

注：表中的符号“×”表示相应触点接通。

若要停止高压电动机的运行，可操作 KK 开关 2SA 使其逆时针旋转 90°，开关手柄从“合闸后”状态转换至“预备跳闸”状态，这时 KK 开关 2SA 的触点 13、16 断开，运行指示灯 HL1 的常亮供电被切断；13、14 接通，（参见表 5-2），运行指示灯 HL1 经触点 13、14 与闪光小母线“（+）SM”连接，HL1 的另一端经断路器的常开辅助触点 QF-2 以及跳闸线圈 YR 与“KM－”母线接通，因此指示灯 HLR 开始闪动，提示跳闸回路正常，可以继续操作。接着继续逆时针旋转 2SA 开关手柄 45°使达到“跳闸”位置，这时触点 6、7 接通，跳闸线圈 YR 经过已经闭合的断路器常开辅助触点 QF-2 得到额定电压，从而使断路器立即跳闸，电动机断电停止运行。KK 开关 2SA 在“跳闸”以后，自复位到“跳闸后”状态，触点 10、11 接通（参见表5-2），跳闸指示灯 HLG 经该触点、跳闸后已经闭合的断路器常闭辅助触点 QF-1、合闸接触器 KM 的线圈接

表 5-2 中列出的操作手柄位置状态共有 6 个：“跳闸后”时，操作手柄呈水平状态。准备合闸时，将操作手柄顺时针旋转 90°，此时指示灯 HL2 闪动（见图 5-8），提示合闸回路正常，接着将 2SA 再顺时针旋转 45°，使其进入“合闸”状态，此时合闸线圈 YC 通电动作（见图 5-8），断路器合闸，电动机得电起动。断路器合闸后，操作手柄自复位至“合闸后”状态。电动机停机时，将操作手柄由“合闸后”状态逆时针旋转至“预备跳闸”状态，红灯闪动，提示跳闸回路正常，接着将 2SA 再顺时针旋转 45°至“跳闸”位置，断路器跳闸，电动机断电停机。断路器跳闸后，操作手柄自复位至“跳闸后”状态。

通电源而点亮，一方面指示断路器已经跳闸，另一方面提示断路器合闸接触器线圈回路完好。这时绿色指示灯 HLG 的工作电流不足以使合闸接触器线圈 KM 动作。

5.2.3 保护与信号电路

过电流继电器 1KA 和 2KA 连接在电流互感器 TA_U2 和 TA_W2 的二次侧，对高压电动机实施过电流及短路保护，当电动机的运行电流大于或等于过电流继电器 1KA 和 2KA 整定的过电流保护动作值时，过电流继电器瞬时动作，其常开触点闭合，启动保护出口继电器 BCJ，这款继电器是电压起动、电流保持的中间继电器，当过电流继电器触点 1KA、2KA 接通保护出口继电器 BCJ 的电压线圈后（见图 5-8），与电流保持线圈呈串联关系的常开触点接通，电流保持线圈直流电阻很小，经过连接片 LP、合闸后已经闭合的断路器常开触点 QF-2 与断路器跳闸线圈 YR 串联，使断路器瞬间跳闸。由于继电器 BCJ 电流线圈的保持作用，可以保证断路器可靠跳闸。

电流继电器 1KA 和 2KA 对高压电动机实施过电流及短路保护，当电动机的运行电流大于或等于过电流继电器 1KA 和 2KA 整定的过电流保护动作值时，它会瞬时动作，其常开触点启动保护出口继电器 BCJ，这款继电器是电压启动、电流保持的中间继电器，见图 5-8。

电流保持线圈直流电阻很小，经过图 5-8 中的连接片 LP、合闸后已经闭合的断路器常开触点 QF－2 与断路器跳闸线圈 YR 串联，使断路器瞬间跳闸。

断路器如果因为过电流或短路等意外事故跳闸，将会启动事故音响报警系统，这个报警系统是多台电动机起动柜公用的。值班运行人员通过音响系统知晓事故跳闸后，可在控制室解除该报警。事故跳闸报警启动原理如图 5-9 所示。图中左侧为中控室或信号屏设备，右侧为电动机起动柜的报警音响启动电路，＋XM 和－XM 是直流 220V 的信号小母线，SYM 是事故音响小母线，各台电动机起动柜的事故音响信号都挂接在这个小母线上，即任何一台电动机异

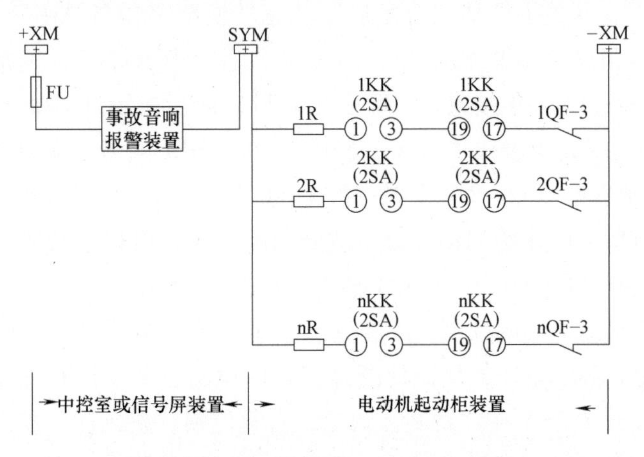

图 5-9 断路器事故跳闸报警启动原理

常跳闸时都会启动事故音响报警装置。开关2SA是起动柜的KK开关，由表5-2可见，该开关的1、3和19、17两组触点只有在“合闸后”才会同时闭合，才具备启动事故音响报警的条件。断路器的常闭辅助触点QF-3在电动机正常运行时呈断开状态，一旦出现事故跳闸，断路器的常闭辅助触点QF-3闭合，事故音响小母线SYM随即经电阻R，2SA的触点1、3和19、17，断路器的辅助触点QF-3与-XM连通，从而启动事故音响报警装置。实际工程中，各台电动机起动柜的事故音响小母线SYM是通过控制电缆与信号屏上的事故音响装置进行联系的。

电动机在运行中如果出现保护跳闸的情况，图5-9中的事故音响小母线SYM得电，左上角的事故音响报警装置得电，从而启动音响报警。

事故音响小母线SYM的得电，是基于图5-9中KK开关2SA的相关触点与断路器辅助触点的不对应关系确定的，具体分析如下：断路器经过2SA操作合闸后，2SA的触点1、3和19、17会同时闭合，而且，也只有2SA处于“合闸后”状态时这两对触点才会闭合接通，电动机运行过程中如果保护跳闸，断路器的辅助常闭触点QF3闭合，由图5-9可见，这将使得事故音响报警装置获得电源，即装置的左端连接信号小母线+XM，是电源的正极，右端经闪光小母线SYM，2SA的触点

5.3 高压电动机串联电抗器减压起动的二次电路

如果电动机的功率容量较大，或者电源系统的容量相对较小，电动机的全电压直接起动有可能使系统电压跌落太多，影响相邻电动机或电气设备的正常运行，这时应考虑对电动机进行减压起动，用以减小起动电流，并减少电压降。串联电抗器起动就是一种应用较多的减压起动方式，图5-10所示为高压电动机串联电抗器减压起动的一次电路图。这台10kV电动机要求允许正反转，因此使用了两只隔离开关QS1和QS2，两只隔离开关各自合闸时实际上改变了电动机电源的相序，因此可以实现电动机的正反转。但是，这两只隔离开关绝对不允许同时合闸，否则会引起电源短路，对此，起动柜采取机械闭锁和电气闭锁的双重防范措施来保证系统的安全运行。电动机起动时，选择一只隔离开关合闸，另一支隔离开关分闸，然后使真空断路器QF合闸，这时电动机经电抗器LS减压起动，待电动机达到一定转速

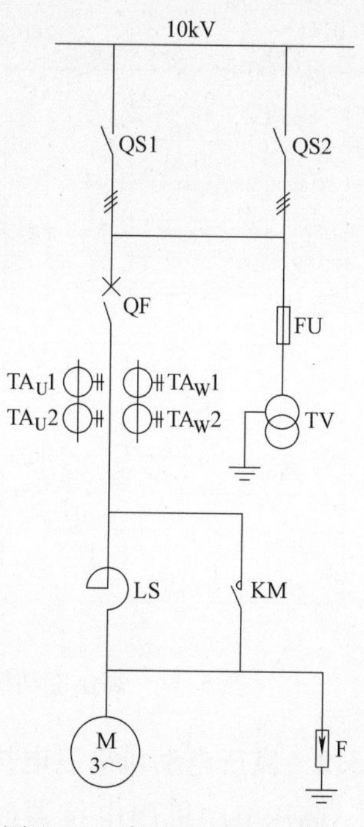

图5-10 高压电动机串联电抗器减压起动一次电路图

1、3 和 19、17，断路器的辅助常闭触点 QF3，最终到达 -XM 即电源的负极，形成回路。

在图 5-10 所示的高压电动机串联电抗器减压起动一次电路中，有两台隔离开关 QS1 和 QS2，可以实现电动机正反转控制。两台隔离开关分别接通时，实际上是改变了加在断路器 QF 上端电源的相序。

电动机旋转方向的转换，须在电动机停机状态操作隔离开关才能实现。如果隔离开关 QS1 合上时，电动机可以实现正向运转，欲实现电动机的反转，操作程序如下：①断开断路器 QF，使电动机断电停机；②拉开隔离开关 QS1；③合上隔离开关 QS2；④合上断路器 QF，使电动机得电运行。

时，真空接触器 KM 合闸，短路电抗器，电动机进入全电压运行状态并继续加速，当达到额定转速时，起动过程结束。

5.3.1 测量与检修照明电路

这部分电路包括电能计量电路，电流测量和电压测量电路，以及检修照明灯电路等。

具体电路如图 5-11 所示，DS862-4 型三相三线电能表 PJ 有两个电流线圈和两个电压线圈，其中电流线圈连接在电流互感器 TA_U1 和 TA_W1 的二次电路，电压线圈经熔断器 3FU ~5FU 连接至电压互感器 TV 的二次侧。电流表 PA 也连接在电流互感器 TA_{U1} 和 TA_W1 的二次侧，其测量原理是，$I_U + I_V + I_W = 0$，$I_V = -(I_U + I_W)$，因此电流表 PA 测量的是 V 相电流。电压表 PV 连接在电压互感器 TV 二次的 V 相和 W 相之间，测量的是线电压。

检修照明灯 HL4 和 HL5 由开关 3SA 控制。

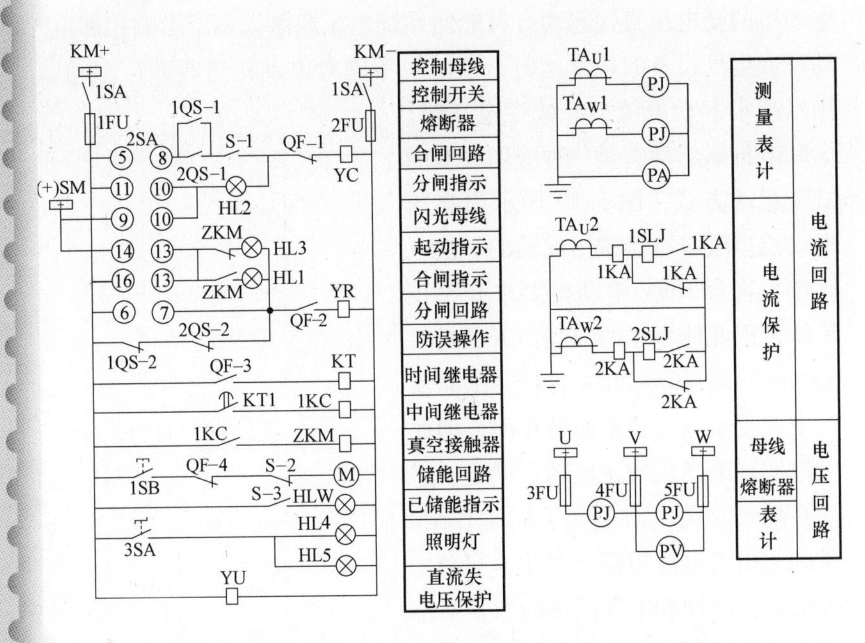

图 5-11 高压电动机串联电抗器减压起动二次电路图

5.3.2 高压电动机串联电抗器时的起动与停止

高压电动机串电抗器时的起动与停止控制电路如图 5-11 所示，涉及的二次电路元件见表5-3。控制电路由 220V 直流电源供电，这个电源称作 KM+和 KM-。电源受万能转换开关 1SA 控制。

电动机的起动与停止经操作一个被称为KK开关的万能转换开关2SA来实现。KK开关触点的分合顺序见表5-2。

这台电动机起动柜选用了弹簧储能式操动机构。电动机起动时，按以下操作程序进行：

1）根据电动机旋转方向的要求，选择合上一只隔离开关，同时确认另一只隔离开关处在未合闸状态（参见图5-10）。

2）操作开关1SA，接通控制电路电源。这时跳闸指示灯绿灯HLG应点亮（见图5-11）。

3）按住储能按钮1SB使储能电动机M旋转，储能弹簧开始储能，十几秒钟储能完成后，操动机构内的行程开关S-1接通，这个触点串联在合闸线圈回路中，作为合闸线圈合闸动作的允许条件，即必须在弹簧储能后才允许给合闸线圈通电；行程开关常闭触点S-2断开，自动切断储能电动机的供电回路，储能电动机停止运转，这时松开储能按钮；行程开关S-3接通，“弹簧已储能”指示灯HLW点亮。

4）将KK开关2SA顺时针旋转90°，使其从“跳闸后”状态进入“预备合闸”状态，这时KK开关的触点9、10接通（参见表5-2），指示灯HL2经触点9、10与闪光小母线“（+）SM”连接，HL2的另一端经断路器的常闭辅助触点QF-1以及合闸线圈YC与“KM－”母线接通，因此指示灯HL2开始闪动，提示合闸回路正常，可以继续操作。接着将KK开关2SA再顺时针旋转45°，使其进入“合闸”状态，这时KK开关的触点5、8接通（参见表5-2），合闸线圈得电动作，触发已储能的弹簧使其能量释放，断路器合闸，电动机得电开始经电抗器减压起动。KK开关2SA在断路器合闸后，自复位到“合闸后”状态，触点13、16接通（参见表5-2），起动指示灯HL3经该触点、真空接触器ZKM的常闭辅助触点、合闸后已经闭合的断路器常开辅助触点QF-2以及跳闸线圈接通电源而点亮，一方面指示断路器已经合闸、电动机开始减压起动，另一方面提示断路器跳闸线圈回路完好。这时虽然跳闸线圈YR流过起动指示灯HL3的工作电流，但由于该电流较小，不足以使跳闸线圈YR实施跳闸动作。

两台隔离开关应有可靠的互锁装置，防止它们同时合闸造成短路事故。

两个电流线圈分别流过U相和W相的线电流；两个电压线圈分别连接UV相和VW相之间的线电压。

高压电动机串联电抗器减压起动电路使用了电抗器，该元件在起动结束后须有电器开关的触点将其短路切除。这个元件就是真空接触器。

真空接触器与一般空气式接触器相似，不同的是真空接触器的触点密封在真空灭弧室中。其特点是接通、分断电流大，额定电压较高，可以工作在苛刻的环境中。

真空接触器以真空为灭弧介质，其主

触点密封在特制的真空灭弧管内。当操作线圈通电时，衔铁吸合，在触点弹簧和真空管自闭力的作用下使触点闭合；操作线圈断电时，反力弹簧克服真空管自闭力使衔铁释放，触点断开。接触器分断电流时，触点间隙中会形成由金属蒸气和其他带电粒子组成的真空电弧。因真空介质具有很高的绝缘强度，且介质恢复速度很快，所以真空中燃弧时间很短。

在电气控制实践中，6kV、10kV 高压电动机采用干式电抗器减压起动时，常使用高压真空接触器作旁路开关。

表 5-3　高压电动机起动柜二次电路元件

序号	符号	名　称	型号规格	数量	备　注
1	1SA	转换开关	LW5-16/2	1	操作电源开关
2	2SA	转换开关	LW2-Z-1a. 4. 6a. 40. 20. 6a/F8	1	KK 开关
3	3SA	照明开关	LA18-22	1	
4	1～2QS	隔离开关辅助接点	YBLX-X2	2	
5	1～2FU	熔断器	RT14-20/10A	2	
6	3～5FU	熔断器	RT14-20/4A	3	
7	1～2KA	过电流继电器	GL—15/5	2	
8	PA	电流表	42L6　75/5A	1	
9	PV	电压表	42L6　10/0. 1kV	1	
10	PJ	电能表	DS862-4 2. 0　100V1. 5(6)A	1	
11	EL	照明灯	40W/220V	2	
12	HLW	信号灯	AD11-25/20-1G　DC220V	1	
13	HL1	信号灯	AD11-25/20-1G　DC220V	1	
14	HL2	信号灯	AD11-25/20-1G　DC220V	1	
15	HL3	信号灯	AD11-25/20-1G　DC220V	1	
16	KT	时间继电器	BS-15/4C　DC220V	1	
17	1KC	中间继电器	DZ-51　DC220V	1	
18	1SB	按钮	LA18-22	1	储能按钮

5）断路器合闸后，其常开辅助触点 QF-3 闭合，接通时间继电器 KT 线圈的电源，KT 开始延时动作。它的延时闭合常开触点 KT1 延时接通中间继电器 1KC 线圈的电源。

6）时间继电器 KT 的延时时间结束，其延时触点 KT1 闭合，使得中间继电器 1KC 的线圈得电，中间继电器的常开触点 1KC 闭合，接通真空接触器 ZKM 的线圈电源，ZKM 吸合动作后，其主触点将电抗器从起动电路中短路切除，高压电动机开始全压加速运行。待电动机达到额定转速时，起动过程完成。真空接触器 ZKM 吸合动作后，它的常闭辅助触点断开，起动指示灯 HL3 熄灭，常开辅助触点闭合，运行指示灯 HL1 点亮，指示电动机进入全电压运行状态。指示灯 HL2 和 HL1 还具有监视熔断器 1FU 和 2FU 是否完好的功能。

若欲停止高压电动机的运行，可操作 KK 开关 2SA 使其手柄逆

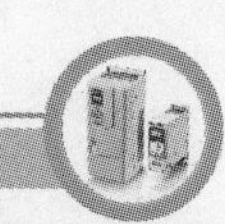

时针旋转 90°，开关手柄从“合闸后”状态转换至“预备跳闸”状态，这时 KK 开关 2SA 的触点 13、16 断开，运行指示灯 HL1 的常亮状态结束；13、14 接通，(参见表 5-2)，运行指示灯 HL1 经触点 13、14，以及真空接触器的常开辅助触点与闪光小母线“（+）SM”连接，HL1 的另一端经断路器的常开辅助触点 QF-2 以及跳闸线圈 YR 与“KM－”母线接通，因此指示灯 HL1 开始闪动，提示跳闸回路正常，可以继续操作。接着继续逆时针旋转 2SA 开关手柄 45°使达到“跳闸”位置，这时触点 6、7 接通，跳闸线圈 YR 经过已经闭合的断路器常开辅助触点 QF-2 得到额定电压，从而使断路器立即跳闸。KK 开关 2SA 在“跳闸”以后，自复位到“跳闸后”状态，触点 10、11 接通（参见表 5-2)，跳闸指示灯 HL2 经该触点、跳闸后已经闭合的断路器常闭辅助触点 QF-1 以及合闸线圈 YC 接通电源而点亮，一方面指示断路器已经跳闸，电动机已经停止运行，另一方面提示断路器合闸线圈回路完好。这时指示灯 HL2 的工作电流不足以使合闸线圈 YC 动作。断路器跳闸后，时间继电器 KT、中间继电器 1KC 以及真空接触器 ZKM 的线圈相继断电，其触点均有相应动作。至此。停机过程全部结束。

5.3.3　保护与信号电路

这台电动机的过电流与速断保护选用了 GL-15/5 型具有反时限特性的过电流继电器 1KA 和 2KA，电流保护的具体电路参见图5-11，过电流继电器 1KA 和 2KA 的线圈接在电流互感器 TA_U2 和 TA_W2 的二次侧，断路器弹簧储能操作机构内部的两个过电流脱扣线圈 1SLJ 和 2SLJ 也串接在这个回路中，触点 1KA 和 2KA 是相应继电器的常开触点或常闭触点。现以电流互感器 TA_U2 支路为例说明保护的工作过程。电流互感器 TA_U2 的二次电流尚未达到保护动作电流时，该电流经过过电流继电器 1KA 的线圈和常闭触点后形成闭合回路；如果 TA_U2 的二次电流增大至反时限的定值以上，而且反时限延时时间已经结束，或者 TA_U2 的二次电流达到速断定值，则过电流继电器动作，其常开触点首先闭合，常闭触点随即断开（这样的动作顺序由继电器制造厂保证，可使电流互感器二次始终不会开路)，这时操动机构内部的过电流脱扣线圈 1SLJ 被接入电路，在电流互感器二次电流的作用下，断路器立即跳闸，切断电动机的故障电流。其后时间继电器 KT、中间继电器 1KC 以及真空接

> 反时限特性的过电流继电器，在反时限保护定值范围内，过电流继电器既具有反时限特性，即动作时间随电流增大而减小的特性；当继电器线圈内的电流超过速断装置的动作电流时，保护触点瞬时动作。所以，这种电流继电器既具有过电流保护的反时限特性，又具有短路时的速断保护功能。

触器 ZKM 的动作情况与人工停机完全相同。电流互感器 TA_W2 支路的过电流保护工作原理与此相同，不再赘述。

断路器的合闸线圈回路串联有两只隔离开关的常开辅助触点 1QS-1 和 2QS-1（见图5-11），辅助触点的闭合略晚于主触点的闭合，可以保证必须有一只隔离开关主触点闭合后才能让断路器合闸，防止先合断路器、后合隔离开关的错误操作发生。隔离开关操作机构的机械闭锁可以保证两只隔离开关不能同时合闸。

在控制断路器分闸线圈动作的 2SA 开关 6、7 触点上并联有两只隔离开关的常闭辅助触点 1QS-2 和 2QS-2（见图 5-11），常闭辅助触点的闭合略早于主触点的断开，可以保证只有在断路器跳闸的情况下才能断开隔离开关，否则，早于主触点断开而闭合的常闭辅助触点将先期使断路器跳闸。

断路器的操动机构内配置有直流控制电源失电压保护线圈 YU，如果控制电源 KM + 和 KM - 出现异常，或者相应熔断器熔断，导致失压保护线圈 YU 失电，操动机构将会使断路器跳闸，防止电动机出现异常时失去保护。

5.4 采用综保装置的高压电动机起动的二次电路

微机综合保护装置的功能比较完善，可以实现控制、测量、计量和多种传统电路方案无法实现的保护功能。虽然价格略高，仍然获得了越来越多的应用。

图 5-12 所示为采用了 WGB-151N 型微机综合保护装置的高压电动机直接起动（不使用起动减压限流元件，一次电路见图 5-1）二次电路原理图。由于微机综保装置保护功能完善，价格不断下降，所以已呈普及之势，逐渐取代传统的过电流继电器、过电压继电器、欠电压继电器等各种分立式保护控制元件。

5.4.1 二次电路的控制电源

微机综合保护装置的二次电路控制电源可在这几种电压规格中选择一种，应用灵活方便。

二次回路工作时，需要有控制电源 KM（KM 是公用控制小母线），其规格有交流 220V 和 110V、直流 220V 和 110V 等几种。这里介绍的电路，选用直流 220V 电源，引自配电系统的直流屏。高压配电系统中，一般都配有直流屏，它将低压交流电源转换成直流电作为操作控制电源向二次电路供电；同时，它还向蓄电池组（18 块 12V 蓄电池串联成 220V）充电，整流电源和蓄电池电源互为备用，共同组成 KM 电源。图 5-12 中的 KM + 和 KM - 就是这种电源，经控制开关 1SA 后给二次电路供电。DC220V 的直流 KM 电

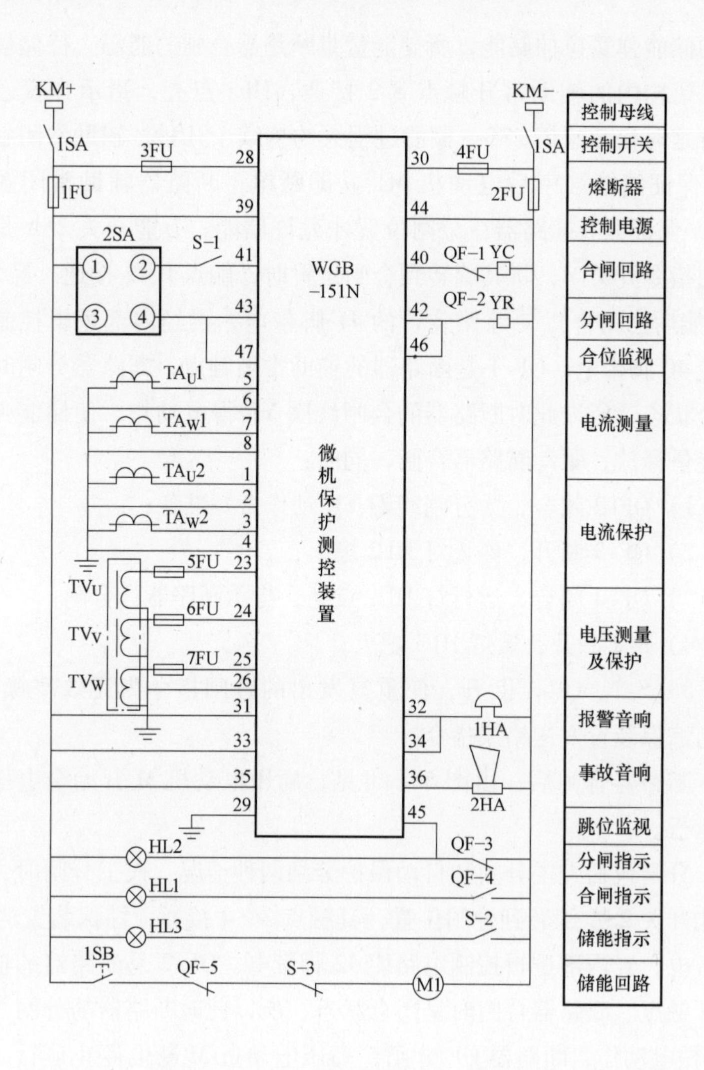

图 5-12　采用微机综合保护装置的高压电动机直接起动二次电路

源经熔断器 3FU、4FU 接至综保装置的 28 脚和 30 脚，是装置的系统工作电源；经熔断器 1FU、2FU 接至综保装置的 39 脚和 44 脚，是装置内部的控制输出电源，容量较大，有时要驱动装置外部的合闸线圈、分闸线圈等元件。

5.4.2　电动机的分合闸控制

这里所说的分合闸是针对真空断路器 QF 的（见图 5-1）。合闸时，先合上图 5-12 中的控制开关 1SA，HL2 点亮，指示断路器为分闸状态，之后按下储能按钮 1SB，电动机 M1 使断路器操动机构

内的储能弹簧拉伸储能，所储能量是断路器合闸的能源。待储能结束，机构内的辅助常开触点 S-2 接通，HL3 点亮，指示弹簧已储能，这时松开按钮 1SB。储能过程大约持续十几秒，辅助常闭触点 S-3 保证储能结束后电动机 M1 立即断电；断路器辅助常闭触点 QF-5 保证只有断路器在分闸位置才允许储能。万能开关 2SA 是分合闸指令开关，将其旋转到合闸位置时，触点 1、2 接通，经 S-1（储能后已闭合）使综保装置的 41 脚带电，再经内部逻辑控制电路使 40 脚带电。QF-1 是断路器的辅助常闭触点，断路器分闸时呈闭合状态，所以此时断路器的合闸线圈 YC 得电动作，使储能弹簧的能量释放，驱动断路器合闸，同时：

> 电动机的分合闸操作由对图5-12中的 2SA 操作控制。操作使 2SA 在合闸位置时，其触点 1、2 接通，断路器的合闸线圈 YC 得电，断路器合闸，电动机起动。操作使 2SA 在分闸位置时，其触点 3、4 接通，断路器的分闸线圈 YR 得电，断路器分闸，电动机断电停机。

1）QF-2 闭合，为分闸线圈 YR 动作做好准备；

2）QF-3 断开，停止灯 HL2 熄灭；

3）QF-4 闭合，运行灯 HL1 点亮，指示断路器已合闸；

4）S-2 断开，黄灯 HL3 熄灭；

5）S-1、QF-1 断开，使重复发出的合闸指令为无效空操作，不向综保装置发送错误指令。

断路器合闸后，由图 5-1 可见，高压电动机 M 开始全电压起动运行。

分闸包括人工分闸和自动保护分闸两种情况。人工分闸时，将万能开关 2SA 旋转到分闸位置，其触点 3、4 接通，综保装置的 43 脚带电，经内部逻辑控制电路使 42 脚带电。QF-2 是断路器的辅助常开触点，断路器合闸时呈闭合状态，所以此时断路器的分闸线圈 YR 得电动作，断路器 QF 分闸，高压电动机 M 断电停止运行。电动机运行中出现过电流、短路、电源过电压、欠电压等异常情况，通过综保装置内部运算和逻辑处理，使内部保护继电器动作，其触点将综保的 39 脚（接 KM+）和 47 脚接通，由于 47 脚和 43 脚相连，所以，其后的动作与手动分闸相同，高压电动机断电得到保护。

5.4.3　测量、保护与信号电路

综保装置的 5～8 脚接电流互感器二次侧的测量绕组 TA_U1 和 TA_W1，用于高压电动机运行电流的测量，测量结果显示在综保装置的液晶屏上；1～4 脚接电流互感器二次的保护绕组 TA_U2 和

TA_W2，用于获取过电流保护信号（每只电流互感器二次有保护绕组和测量绕组各一个，见图5-1和图5-12）；23～26脚接高压配电系统电压互感器TV的二次（该电压互感器的二次输出AC100V的标准电压，为各开关柜保护与测量公用，测量结果也可显示在综保装置的液晶屏上）。综保装置接入上述电动机运行的电流信号和电压信号，同时通过保护参数的设置，即可实现相应的保护功能。若断路器因保护分闸，液晶屏上有故障类别显示，同时电笛2HA鸣响。

综保装置的45和46脚接线是跳（分）闸位置和合闸位置监视电路，用于监视二次电路接线的正确性，接线有误时将发出报警信号。报警时液晶屏上有显示，同时电铃1HA鸣响。HL2和HL1分别是分闸、合闸指示灯。

TA_U1 和 TA_U2 是U相电流互感器的两个二次绕组，TA_W1 和 TA_W2 是W相电流互感器的两个二次绕组。每台电流互感器的两个二次绕组功能不同，不能混用。用于测量的二次绕组精度较高，通常为0.5级；用于保护的二次绕组在故障情况下出现较大过电流倍数时仍应有一定的转换精度，保证保护的可靠性。

5.5 同步电动机的起动控制

5.5.1 同步电动机简介及常用起动方法

1. 同步电动机简介

同步电动机是由直流供电的励磁磁场与电枢的旋转磁场相互作用而产生转矩，以同步转速旋转的交流电动机。同步电动机的转子转速与定子旋转磁场的转速相同，其转子每分钟转速 n 与磁极对数 p、电源频率 f 之间满足如下关系：

$$n = 60f/p$$

电源频率 f 与电动机的转速 n 成一定的比例关系，故电源频率一定时，转速不变，且与负载无关。同步电动机具有运行稳定性高和过载能力大等特点，常用于恒速大功率拖动的场合，例如用来驱动大型空气压缩机、球磨机、鼓风机、水泵和轧钢机等。

同步电动机的优点是功率因数可以调节，在不要求调速的场合，应用大型同步电动机可以提高运行效率。缺点是投资成本较异步电动机高。

同步电动机除了用作电动机外，也可用作发电机和调相机。作为发电机运行是同步电机重要的运行方式。同步电动机还可以接于电网

同步电动机可以运行在过励状态下。其过载能力比相应的异步电动机大。异步电动机的转矩与定子电源电压二次方成正比，而同步电动机的转矩决定于定子电源电压和电动机励磁电流所产生的内电动势的乘积，即仅与定子电源电压的一次方成比例。当电网电压突然下降到额定值的80%左右时，异步电动机转矩往往下降为额定转矩的64%左右，并可能因带不动负载而停止运转；而同步电动机的转矩却下降不多，还可以通过强行励磁来保证电动机的稳定

作为同步调相机，向电网发出所需的感性或者容性无功功率，以达到改善电网功率因数或者调节电网电压的目的。

由于同步电动机有多种运行模式，所以通常将同步电动机称为同步电机。

运行。

同步电动机定子绕组与异步电动机相同，但是转子结构不同于异步电动机，同步电动机的转子上除了装有起动绕组外，还在磁极上绕有线圈，各个磁极的线圈串联起来构成励磁绕组，励磁绕组的两端接线通过转子轴上的集电环与电刷和直流励磁电源连接。也有无刷同步电动机结构与此略有差异。同步电动机的转子旋转速度与定子绕组所产生的旋转磁场的速度是一样的，所以称为同步电动机。

当在定子绕组通上三相交流电源时，电动机内就产生一个旋转磁场，转子上的起动绕组切割磁力线而产生感应电流，从而电动机旋转起来。在转子旋转的速度达到定子绕组产生的旋转磁场速度的95%左右时，给转子励磁线圈通入直流励磁电流，这时转子绕组产生极性恒定的静止磁场，转子磁场受定子磁场作用而随定子旋转磁场同步旋转。

定子旋转磁场或转子的旋转方向决定于通入定子绕组的三相电流相序，改变其相序即可改变同步电动机的旋转方向。

同步电动机仅在同步转速下才能产生平均的转矩。如在起动时将定子绕组接入电网，且转子绕组同时加入直流励磁，则定子旋转磁场立即以同步转速旋转，而转子磁场因转子有惯性而暂时静止不动，此时所产生的电磁转矩将正、负交变而其平均值为零，故同步电动机不能带励起动。同步电动机的起动通常采用异步起动法，或变频起动法等。

同步电动机不带任何机械负荷空载运行时，调节电动机的励磁电流可使电动机向电网发出容性或感性的无功功率，用以维持电网电压的稳定和改善电力系统功率因数。运行在上述状态的同步电动机称为同步调相机，而维持电动机空转和补偿各种损耗的功率则须由电力系统提供。

2. 同步电动机常用起动方法

同步电动机的起动通常采用异步起动法，或变频起动法等。

（1）异步起动法：同步电动机在转子磁极上装有起动绕组，当同步电动机定子绕组通入电源时，由于起动绕组的作用，转子产生转矩，电动机旋转起来（与异步电动机类似）。当同步电动机加速到亚同步转速，在转子的励磁绕组中通入励磁电流，依靠同步电动机定、转子磁场的吸引力而产生电磁转矩，把转子牵入同步。

同步电动机投入励磁前的异步起动期间，励磁绕组不能开路，否则励磁绕组会感应出很高的电动势，破坏励磁绕组的绝缘，也不能短路，短路后，在励磁绕组中产生较大的电流。励磁绕组在起动时应串接一定阻值（通常为转子绕组电阻值的5~10倍）的电阻后可靠闭合，而转子的转速接近定子磁场旋转速度的95%时，将所串联的电阻去除，通上直流励磁电流，完成起动。

同步电动机在异步起动时，可以在额定电压下起动，即全压起动；也可以减压（例如采用串联电抗器等方法）起动。对于起动次数少或容量不大的同步电动机，可以利用全压起动，如图5-13所示。但全压起动电流较大，一般为额定电流的6~7倍或更大，对电网和同步电动机的冲击都很大，因此对于电动机容量较大或电网容量相对较小的场合，可采用减压起动。图5-14所示为同步电动机减压起动电路的示意图。同步电动机减压起动时，隔离开关QS和断路器QF1先期合闸，电动机经电抗器L减压起动，适当延时后断路器QF2合闸，将电抗器L短路，电动机进入全压运行状态。

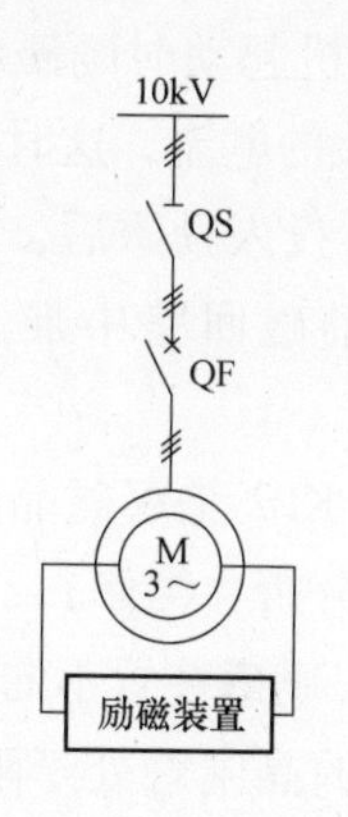

图5-13 同步电动机直接起动示意图

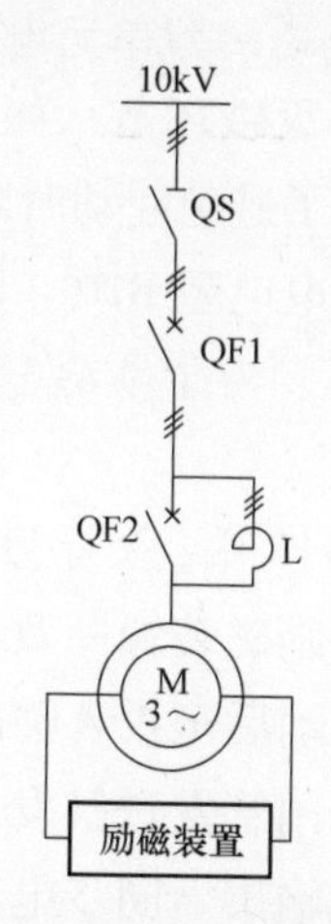

图5-14 同步电动机减压起动电路示意图

同步电动机全压起动和减压起动的基本工作原理与本章前几节介绍的异步电动机起动方式类似，详细分析可参考这部分内容。

（2）变频起动法：变频起动法的应用已经日趋广泛。起动时，先在转子绕组中通入直流励磁电流，利用变频器逐步升高加在定子上的电源频率f，使转子磁极在开始起动时就与旋转磁场建立起稳定的磁场吸引力而同步旋转，在起动过程中频率与转速同步增加，定子频率达到额定值后，转子的旋转速度也达到额定的转速，完成起动过程。

5.5.2 同步电动机的控制系统

同步电动机的控制系统应该包括定子绕组的电源控制装置和励磁控制装置，其中前者的控制电路与异步电动机控制电路类似，下面介绍励磁装置的功能与基本工作原理。

1. 励磁装置的功能

励磁装置可以为高压或者低压同步电动机、全压起动或者减压起动提供励磁支持。

同步电动机在起动或者停止时，能自动灭磁，避免同步电动机及装置遭遇感应电压击穿。

同步电动机在减压起动过程中，当转子转速升高达到额定转速的90%时，自动给定子绕组投入100%的额定电压，同步电动机在全压条件下完成起动过程并进入正常运行状态。

> 励磁装置是同步电动机的重要组成部分，它可在电动机起动时提供励磁支持；起动过程中，当转子的转速达到额定转速的95%时，将同步电动机引入同步运行状态；电网电压波动降低到额定电压的80%时，及时投入强励磁；电动机出现失步而在设定的时间没有恢复，装置首先实施整步，如果整步失败则发出保护信号，或作用于跳闸。

2. 励磁装置单元电路工作原理分析

（1）灭磁环节：如前所述，同步电动机起动时励磁绕组不能开路，为了避免起动时励磁绕组中产生较大的电流，这时给励磁绕组串联放电电阻RD1、RD2（见图5-15）；投入励磁后，放电电阻自动退出，为了实现这一电路效果，在励磁回路中加入了灭磁环节。

图5-15中，V是励磁电压表，KP1和KP2是灭磁晶闸管（文字符号与励磁装置一致，方便对照原资料分析、维修）。同步电动机通电起动后至投入励磁前的一段时间内，励磁装置不向三相全控桥上的晶闸管发送触发信号，三相全控桥的晶闸管处于阻断状态，无直流电输出。同步电动机起动时，转子励磁绕组感应交变电压，当该感应电压在励磁绕组13端为正（见图5-15）的半个周期时，二极管VD1导通，感应电压经RD2、VD1、RD1形成回路，由于放电电阻RD1和RD2阻值较小，所以感应电压经该回路放电后已经很小。当感应电压在励磁绕组15端为正（见图5-15）的半个周期时，二极管VD1截止。该半个周期刚开始时感应电压幅值较小，达不到晶闸管KP1和KP2的导通电压，感应电流通过电阻RD1、

19R1、19R2、电位器 19RP1 和电阻 19R3、19R4、电位器 19RP2、电阻 RD2 等元件形成回路，由于该回路电阻值较大，是转子励磁绕组直流电阻的数千倍，所以相当于在开路状态起动，感应电压急剧上升，当感应电压达到一定值后，稳压管 19VS1 和 19VS2 击穿导通，晶闸管 KP2 与 KP1 导通，励磁绕组的感应电压经过晶闸管 KP2 和 KP1，与放电电阻 RD1 和 RD2 构成一个阻值很小的放电回路放电，直到这半个周期结束时，晶闸管 KP1 和 KP2 由于电压过零而自行关断。

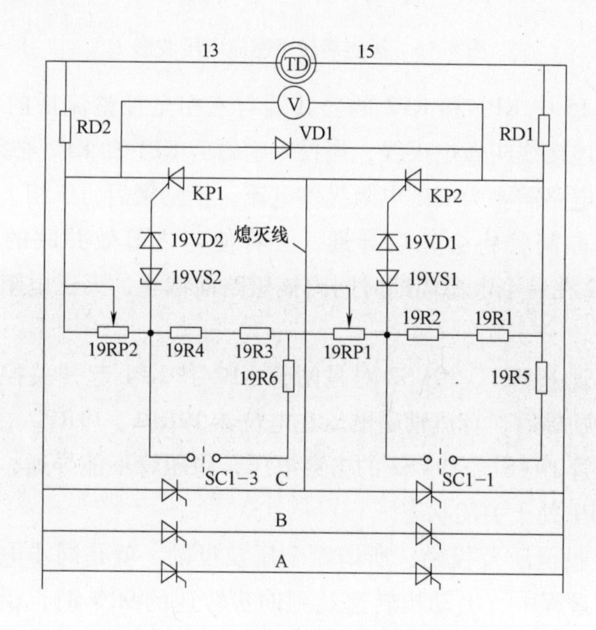

图 5-15　灭磁环节电路原理示意图

调整电位器 19RP1 和 19RP2 的阻值就能改变晶闸管 KP2 和 KP1 的导通电压。

图 5-15 中的转换开关 SC1-1、SC1-3 可用来检测灭磁电路正常与否。检测时，使励磁装置处在调试状态，励磁电压、励磁电流均应为设定值，这时操作转换开关 SC1，使其触点闭合，电阻 19R5 与 19R1、19R2 并联，19R6 与 19R3、19R4 并联，由于 19R5 和 19R6 阻值较小，这就相对增加了电位器 19RP1 和 19RP2 上的电压降，灭磁晶闸管更容易导通。所以此时励磁电压表指示回零；转换开关 SC1 复位，电压表恢复正常值。

同步电动机投入励磁前的起动期间，励磁绕组不能开路，否则励磁绕组会感应出很高的电动势，破坏励磁绕组的绝缘；也不能短路，短路后，在励磁绕组中产生较大的电流。

励磁绕组在起动时应串接一定阻值的电阻后可靠闭合，而转子的转速接近定子磁场旋转速度的 95%，时将所串联的电阻去除，通上直流励磁电流，完成起动。

图 5-15 中的灭磁电路即具有上述功能，起动时励磁绕组串联灭磁电阻 RFD1，RFD2，投入励磁后将所串联的电阻去除，励磁绕组中流过正常的励磁电流。

从图 5-16 所示的电压波形可见，同步电动机起动期间励磁绕组上的感应电压已经被灭磁电路限制在一个安全的数值上，解决了同步电动机励磁绕组在起动期间既不能开路、也不能短路的问题。

同步电动机在起动过程中，转子励磁绕组经灭磁后的电压波形如图 5-16 所示。

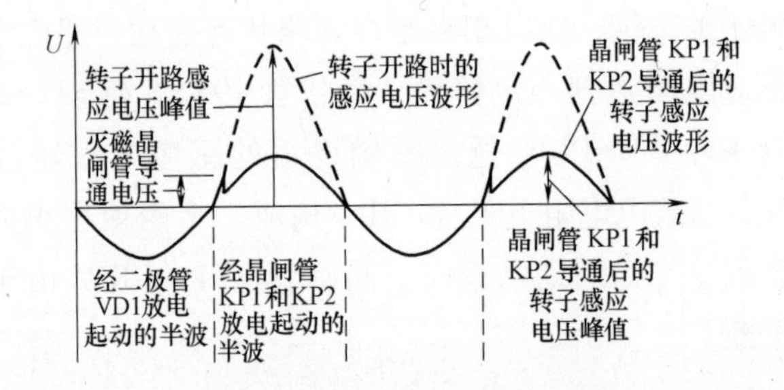

图 5-16　灭磁后转子感应电压波形

图 5-15 中 KP1 和 KP2 的公共端与三相全控整流桥的 C 相相连，这条连接线叫做熄灭线，当投入励磁后 KP1 和 KP2 必须关闭，否则整流电路需要为灭磁电阻提供电流。投励磁后，C 相上连接的两只整流晶闸管将会先后导通，必将使与之等效并联的晶闸管 KP1、KP2 在一个电源周期时间内被短路而截止，灭磁电阻自动退出电路。

稳压管 19VS1、19VS2 对晶闸管 KP2 和 KP1 起开关控制的作用，投入励磁后，直流励磁电压在电位器 19RP1、19RP2 上的压降低于稳压管 19VS1、19VS2 的击穿电压，稳压管不能导通，晶闸管 KP2 和 KP1 处于关闭状态。

（2）投全压及投励：所谓投全压及投励，就是同步电动机在减压起动过程中，电动机转速达到同步转速的 90% 时，给定子绕组投入全压，即 100% 额定电压；电动机转速达到同步转速的 95% 时（无论全压起动还是减压起动），给转子绕组投入励磁电流，将转速拉入同步。

同步电动机在起动时，励磁绕组两端感应一个频率由 50Hz 向 0Hz 逐渐降低的正弦波电压，该电压频率值与转差值相对应。励磁装置将转子感应的上述正弦波电压转化为方波信号（见图 5-17）送给相关控制电路，控制电路检测方波信号的脉宽，并由此判断脉宽对应的频率以及同步电动机的转速，当转速达到预设的投全压值时，相应继电器触点动作，控制投入全电压；当转速达到预设的投励值且在方波上升沿时（确保顺极性投励），开始向三相全控桥发送触发脉冲信号，三相全控整流桥开始有整流输出电压，向励磁绕

组投入励磁电流。

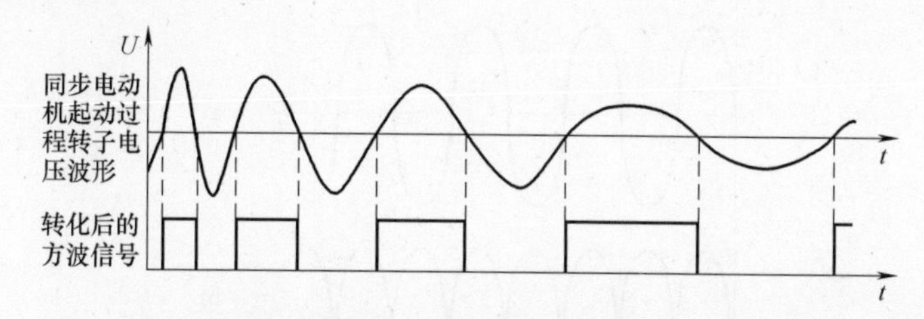

图5-17　起动时励磁绕组感应电压及转化后的方波信号波形

当按转差投全压及投励在设定的时间内无法完成，控制电路将会发出强制投全压及投励的信号，称做定时投全压与投励。一般设定投全压的时间为3s，定时投励的时间为5s。

（3）励磁电流的给定、负反馈调节及强励：所谓给定，是指根据同步电动机的运行需求，预先设定一个适当的给定励磁电流值；所谓负反馈调节，是根据电源电压的高低，利用负反馈电路控制与调节励磁电流的大小，使之趋于稳定；强励功能是电源电压下降到额定电压的80%时，自动强制提高励磁电压和励磁电流的一种技术措施，可以保证同步电动机在电压降低时能够稳定地持续运行。

励磁电流的给定、负反馈调节和强励控制是励磁装置中的一个重要电路，其功能是调节控制励磁电压的高低和励磁电流的大小。

给定电路使用一个电压非常稳定的直流电源，该电源的交流输入电压相对较高，经过桥式整流和电容器滤波后的电压幅值相应也较高，如图5-18 a、b和c所示，之后用一个雪崩电压较低的稳压二极管削波稳压后，得到图5-18d所示的幅值较小但几乎没有任何纹波的稳定直流电压。一个电位器对这个稳定电压调整分压，取得给定电压，用来调整励磁电流。选用这样的直流电源，就是为了让给定电压信号非常稳定，从而保证励磁电流的稳定。为了分析方便，姑且将这个电压称做E_a。

负反馈调节选用的直流电源是随交流电源电压变化的一个直流电压，另一个电位器对这个电压进行调整分压，获得一个随电源电压变化的负反馈信号电压。我们把这个电压称做E_b。

将上述电压E_a和E_b极性相反的串接起来取其差值E_c，即$E_c=E_a-E_b$，用电压E_c通过触发电路控制三相全控整流桥中晶闸管的导通角，就能实现对励磁电流的自动控制过程，并保持励磁电流的稳定。

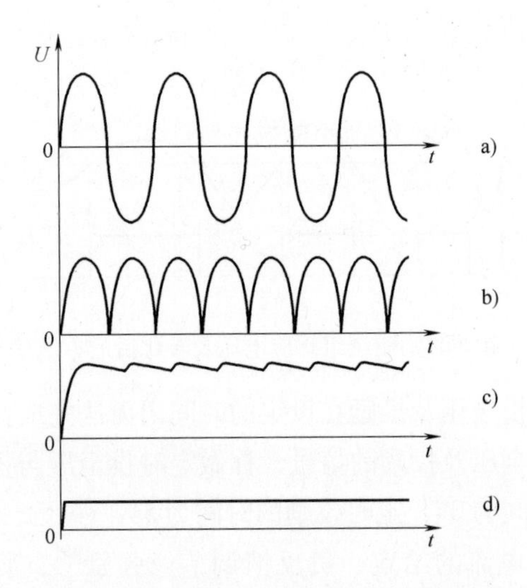

图 5-18　励磁给定电路使用的直流电源波形

a）电源正弦波形　b）桥式整流后的波形

c）电容滤波后的波形　d）稳压管削波后的波形

励磁电流控制电压的合成示意图如图 5-19 所示。其中电源 E_a 中的一个箭头表示给定电压信号可由一个电位器调整设定；电源 E_b 中的一个箭头表示该电压会随电源电压变化，同时因负反馈电位器的调整而有变化。

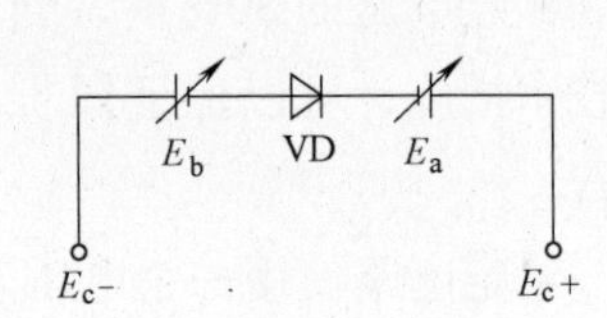

图 5-19　励磁电流控制电压合成示意图

强励电路则是在励磁装置检测到电源电压降低到额定电压 80% 或以下时，让一个称做强励继电器的元件触点闭合。当然通过电子电路可以很方便地实现这一功能。强励继电器的闭合触点可以抬高上述励磁控制电压 E_c 的幅值，使励磁装置输出的励磁电压、励磁电流达到未强励时励磁电压、励磁电流的某一倍数，实现强励。如果强励达到一定时限，例如 10s，交流电源电压仍不回升，励磁装置将退出强励状态。

（4）失步保护电路：在实际运行中由于某种原因，同步电动机会出现脱离同步的现象。同步电动机的这种运行状态称为失步。同步电动机失步将引起严重的电流、电压、功率及转速的振荡，对电网和电动机产生很大的冲击。同步电动机的失步原因很多，主要有以下三种：一是在较重的负载下，电网电压由于某种原因，如附

近其他较大负载的投入等，引起电网电压暂时跌落，而导致同步电动机失步，叫做带励失步。二是励磁装置本身故障致使失去励磁引起的失磁失步。三是电网高压侧发生瞬时保护动作，而导致同步电动机失步，即断电失步。

励磁装置设计有失步监测及其保护环节。在励磁装置中，主控单元对转子电流和定子电流、功率因数和无功功率的变化进行监测，并考虑延时以躲过同步振荡，判定是否有失步发生。

同步电动机出现脱离同步的现象称为失步。

当主控单元检测并确定电机失步后，立即封锁投励信号，使电机进入异步驱动阶段，然后电机转速将上升，待进入临界滑差后，装置自动控制励磁系统，按准确强励对电机实施整步，使电机恢复到同步状态。如整步失败，仍存在失步信号，装置发出跳闸信号动作于跳闸回路。

（5）触发电路：同步电动机励磁所需的直流电压是由三相全控桥中的六只晶闸管整流产生的，晶闸管的门极必须加上触发信号才能导通，该触发信号由触发电路提供。触发电路通过调整加到晶闸管上的触发信号的移相角来控制晶闸管的导通程度，亦即控制三相全控桥的整流输出电压，达到调节励磁电压和励磁电流的目的。

触发信号的移相角因以下原因而改变：

1）同步电动机在起动及投励时；

2）同步电动机定子绕组和励磁装置电源电压波动，通过负反馈稳定励磁时；

3）同步电动机定子绕组和励磁装置电源电压降低到额定电压 80% 启动强励时；

4）电位器调整给定的励磁电压和励磁电流时；

5）同步电动机失步及整步过程中。

触发电路根据以上控制信息，迅速、及时、准确地控制晶闸管的导通角，从而保证同步电动机持续稳定地运行。

附　录

附录A　国际单位制词头表

所表示的因数	词头名称	词头符号
10^{-24}	幺〔科托〕	y
10^{-21}	仄〔普托〕	z
10^{-18}	阿〔托〕	a
10^{-15}	飞〔母托〕	f
10^{-12}	皮〔可〕	p
10^{-9}	纳〔诺〕	n
10^{-6}	微	μ
10^{-3}	毫	m
10^{-2}	厘	c
10^{-1}	分	d
10^{1}	十	da
10^{2}	百	h
10^{3}	千	k
10^{6}	兆	M
10^{9}	吉〔咖〕	G
10^{12}	太〔拉〕	T
10^{15}	拍〔它〕	P
10^{18}	艾〔可萨〕	E
10^{21}	泽〔它〕	Z
10^{24}	尧〔它〕	Y

附录B　二次回路接线图简介

在发电厂、变电所、配电系统和电动机起动控制电路中，通常将电气部分分为一次接线和二次接线两部分，属于一次接线的设备

有：发电机、变压器、断路器、隔离开关、电抗器、电力电缆以及母线、输电线路等，在电动机起动控制装置中，有隔离开关、断路器、交流接触器、热继电器及负载设备等。这些设备是电能由发电厂输送给用户所经过的设备，或者是电力系统将电能输送给用电负载的导线或设备；由这些设备相互连接构成的电路称为一次接线、主接线或一次回路。同时，为了保证主接线系统的安全运行，实现控制、测量、信号、保护等功能的设备称为二次设备，由二次设备相互连接构成的电路称为二次接线或二次回路。根据二次回路接线绘制的电路图称做二次接线图。二次接线的图纸常见的有三种形式：原理接线图、展开接线图和安装接线图。这里对二次回路接线图进行简单介绍。

B.1　原理接线图

原理接线图是用于表示继电保护、测量仪表和自动装置等的工作原理的。通常将二次接线和一次接线中的有关部分画在一起。在原理接线图上，所有仪表、继电器和其他电器都是以整体的形式表示的，其相互联系的电流回路、电压回路和直流回路，都综合在一起。这种接线图的特点是能够给看图者对整个装置的构成有一个明确的整体概念。

图 B-1 所示为 10kV 线路过电流保护原理接线图，由图可见，该电路共使用了五只继电器，其中 4、5（KA1、KA2）是电流继电器，连接于电流互感器 9、10（TAa、TAc）的二次电路；当流过电流继电器的电流超过整定动作值时，其触点动作闭合，将直流操作电源的正端加在时间继电器 6（KT）的线圈上，时间继电器线圈的另一端直接接在操作电源的负端，这时时间继电器 6 启动，经过一定延时后，其延时触点闭合，信号继电器 7（KX）和中间继电器 8（K）被串联连接在直流操作电源中，由于信号继电器所需的驱动功率很小，其线圈直流电阻也很小，中间继电器的线圈成为该串联电路的主要降压元件，因此，这两只继电器都能正常动作。信号继电器动作后，其触点向公用的信号小母线发送一个指令以便启动灯光或音响信号，同时有一个机械指示牌动作。运行人员注意到信号灯光或音响后，经过巡视可以发现那一只信号继电器“掉牌未复

归”，从而判断发生了什么异常或故障。确定了故障原因后即可手动复归信号继电器。中间继电器动作后，其常开触点闭合，将断路器的跳闸线圈 2（YR）电路接通（断路器的辅助触点 3 在断路器合闸后是接通的），断路器瞬间动作跳闸，实现过电流保护。

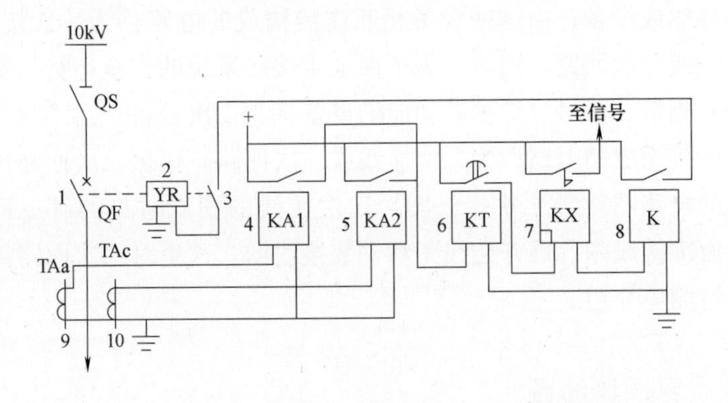

图 B-1　原理接线图

1—断路器主触点　2—断路器跳闸线圈　3—断路器的辅助触点
4、5—电流继电器　6—时间继电器　7—信号继电器
8—中间继电器　9、10—电流互感器

由图 B-1 可见，原理接线图没有给出元件的内部接线，没有元件引出端子的编号和回路编号，直流部分仅标出电源的极性，没有具体表示出是从哪一组熔断器下引来的。另外，信号部分在图中只标出了“至信号”，而没有画出具体的接线。因此，只有原理接线图是不能进行二次接线的施工的。为了解决这些问题，另一种形式的图样，即展开接线图得到了广泛的应用。

B.2　展开接线图

展开接线图的特点是按供电给二次接线的每个独立电源来划分的，即将每套装置的直流回路、交流电流回路、交流电压回路分成几个主要组成部分，每一部分又分成许多行。交流回路按 a、b、c 的相序，直流回路按继电器的动作顺序从上往下依次排列。每一行中各元件的线圈和触点是按实际连接顺序排列的。在每一回路的右侧通常有文字说明，以便于阅读。

二次接线图中所有开关电器和继电器的触点都是按照它们的正

常状态表示的。所谓正常状态是指开关电器在断路位置或继电器线圈中没有电流时的状态。因此，通常所说的常开触点就是继电器线圈不通电时，该触点是断开的，为了更加形象准确地描述，这种触点又称做动合触点，即继电器线圈一旦通电，导致触点动作，该触点即闭合。常闭触点是指继电器线圈不通电时该触点是闭合的，常闭触点又称动断触点。

图 B-2 所示为按照图 B-1 的原理图绘制的展开图，包括 a）一次示意图、b）交流电流回路图、c）直流操作回路图和 d）信号回路图。由于展开图是按照相序和继电器的动作顺序依次排列的，所以读图时更容易理解其原理。在展开图的右侧有文字说明框，对理解工作过程有一定帮助。图 B-2 展开图的工作过程与图 B-1 相同，这里不再赘述。

图 B-2b 中将电流互感器 TAa 和 TAc 及其与之连接的电流继电器 KA1、KA2 分两行分别画出，而电流继电器的触点则画在图B-2c 的直流操作回路中。由此可见，电流互感器的一次回路画在图 B-2a 的一次电路中，二次回路画在图 B-2b 的属于二次电路的交流电路中；电流继电器 KA1、KA2 的线圈和触点也分别画在交流电流回路和直流操作回路中。这种画法与图 B-1 所示的原理接线图不同。是区分原理接线图与展开接线图的重要标志。

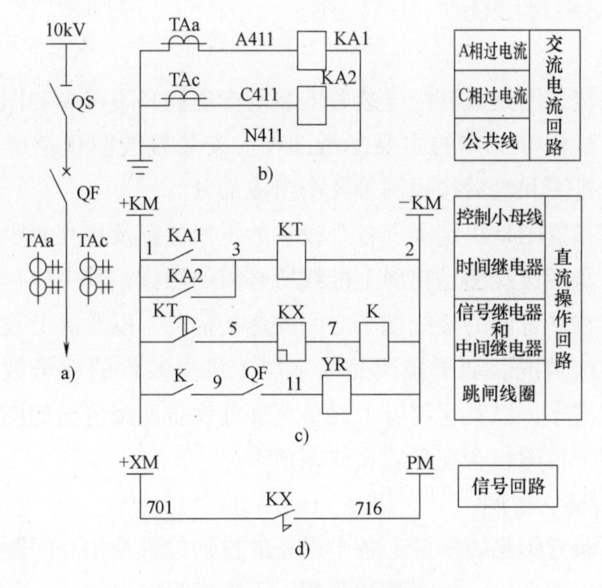

图 B-2　展开接线图

a）一次示意图　b）交流电流回路图

c）直流操作回路图　d）信号回路图

二次展开图中通常有回路标号，而且这些编号是遵循相关规范或规程标注的。根据等电位的原则，将所有连接于一点的导线都用同一个数码表示。在交流电流回路中，常用标号有 A411 ~ A419，B411 ~ B419，C411 ~ C419，N411 ~ N419，L411 ~ L419 等，如图

安装接线图包含屏面布置图，端子排图和盘后接线图。

屏面布置图展示屏上各个设备的排列位置关系及相互间的距离尺寸。

端子排图是安装接线图的重要组成部分。经过端子排连接的回路有：

屏内设备与屏外设备之间的连接；

屏内设备与直接接至小母线的设备如附加电阻、熔断器或小刀闸等的连接，一般应经过端子排；

电流互感器二次、电压互感器二次与仪表之间的连线应经过端子排；

保护回路的正电源（+KM）一般应通过端子排引接，保护的负电源应在屏内设备之间接成环形，环的两端分别接至端子排；

同一屏上各安装单位之间的连接应经过端子排；需要经过本屏转接的回路应经过端子排。

B-2b 所示。在交流电压回路中，常用标号有 A601～A609，B601～B609，C601～C609，N601～N609，L601～L609 等。在直流操作回路中，通常将控制小母线的正极 +KM 标记为 1，将控制小母线的负极-KM 标记为 2，如图 B-2c 所示，其他电路连接点的编号，可从电源正极开始，以奇数顺序编号，直到最后一个有压降的元件为止。如果最后一个有压降的元件后面不是直接连接在负极 -KM 上，而是通过连接片或继电器触点接在负极上，则下一步应从负极开始，以偶数顺序编号至上述已有编号的接点为止。

在工程实践中，有时并不对展开图中的所有节点进行编号，而只对引至端子排上的回路加以编号。对于同一屏柜上互相连接的设备，在盘后（屏背面）接线图中有相应的标志方法，详见后述。

B.3 安装接线图

安装接线图是成套配电装置安装制作现场必不可少的图样，也是运行、检修等工作的主要参考图样。安装接线图包括屏面布置图、端子排图和盘后接线图等几个组成部分。

屏面布置图是决定屏上各个设备的排列位置及相互间距离尺寸的图样。盘后接线图是在屏上配线所必需的图样，其中应标明屏上各个设备在屏背面的接线端子之间的连接情况，以及屏上设备与端子排的连接情况。端子排图是表示屏上需要装设的端子数目、类型、排列次序，以及它与屏上设备、屏外设备连接情况的图样。有时也将端子排图包含在盘后接线图内。

1. 屏面布置图

屏面布置图是表示屏上各个设备的排列位置及相互间距离尺寸的，其功能很直白，为了节约篇幅，不再有附图示例。

2. 端子排图

成套装置往往使用多种类型的接线端子组成端子排，常用的接线端子类型有：

（1）一般端子，用于接通两侧的导线；

（2）试验端子，用于需要接入试验仪表的电流回路中，这种端子可以很方便地将标准仪表串联在回路中，用于校准回路中正在运行的仪表，校准时不影响原有仪表的运行，且能保证电流互感器

二次在全部操作过程中不开路；

（3）连接端子，上下或左右相邻可以互相连接的端子；

（4）特殊端子，用于需要很方便地断开的回路中；另外还有终端端子、隔板等。

端子排的设计，应使运行、检修、调试方便，并适当照顾设备与端子排位置相对应，即当设备位于屏的上部时，其端子排最好也排在上部。

端子排的排列从上至下，首先排列交流电流回路、交流电压回路，之后排列控制回路，接着排列其他回路。在图 B-3 右侧示出的端子排图中，1 ~4 号端子编号旁边画有一条竖线，表示这 4 位端子是试验端子。3 ~4 和 6 ~7 号端子编号左边的符号表示这些端子是连接端子。端子排图右侧是电缆线或导线的去向指示。

3. 盘后接线图

盘后接线图也称屏背面接线图。盘后接线图是以展开图、屏面布置图和端子排图为原始资料绘制的。在盘后接线图上，设备的排列是与平面布置图相对应的。由于看图者相当于站在盘（屏）后，所以左右方向正好与屏面布置图相反。图 B-3 是按照图 B-4 所示的展开图绘制的盘后接线图和端子排图。盘后接线图在每个设备图形的上方应加以标号，标号的内容有：安装单位编号及设备顺序号，如图 B-3 中的 I_1、I_2、I_3、I_4，其中的“I”是罗马数字，相当于阿拉伯数字的 1，指出这是第一个安装单位；“I”右下角的数字是设备在该安装单位中的顺序号；标号内容还应有该设备的文字符号和型号。对于安装在盘（屏）正面的设备，从盘后看不见轮廓者，其边框应用虚线表示。

这时即可根据展开图对各设备之间的连接线及屏上设备至端子排间的连接线进行标号。为了简单起见，目前广泛采用“相对标号法”，下面用“相对标号法”对所要连接的端子加以标志。

端子排图中 1 号端子旁标注“I_1-2”，是将 1 号端子接至第一安装单位的 1 号设备（即“I_1”所指）的 2 号端子（即“-2”所指）；我们在第一安装单位的 1 号设备（电流继电器 KA1，型号 DL-31/10）的 2 号端子旁标注“I-1”，将 1 号设备的 2 号端子连接至第一安装单位端子排（端子排图左上角标注的“I”表示该端子排属于第一安装单位）的 1 号端子上。至此，图 B-4 中 A411 号

所谓“相对标号法”，就是将需要连接的甲乙两个端子，在甲端子旁标注乙端子的号，在乙端子旁标注甲端子的号。

如果某个端子旁边没有标号，说明该端子是空着的。

每个端子上最多只能连接两根导线。

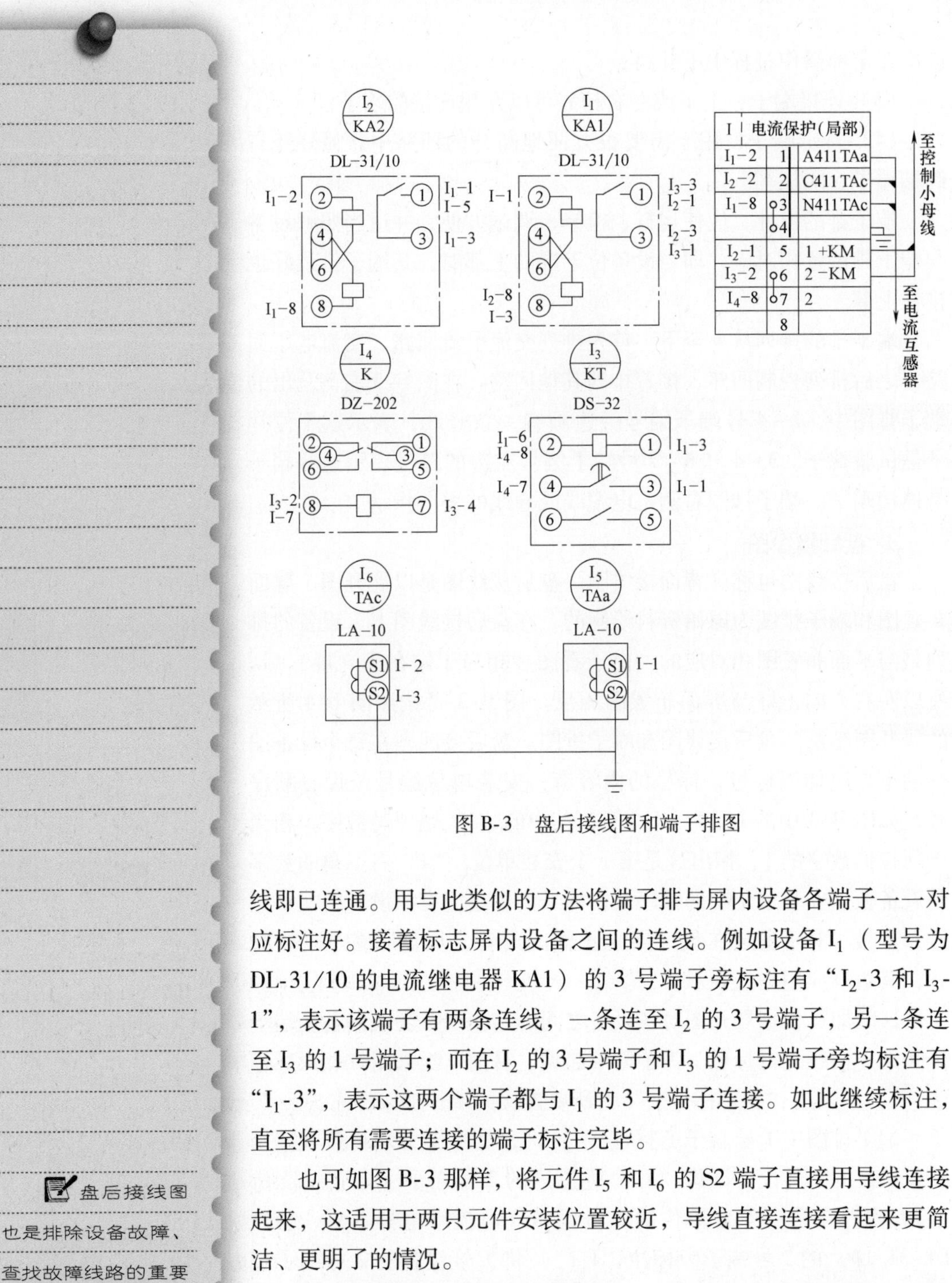

图 B-3　盘后接线图和端子排图

线即已连通。用与此类似的方法将端子排与屏内设备各端子一一对应标注好。接着标志屏内设备之间的连线。例如设备 I_1（型号为 DL-31/10 的电流继电器 KA1）的 3 号端子旁标注有“I_2-3 和 I_3-1”，表示该端子有两条连线，一条连至 I_2 的 3 号端子，另一条连至 I_3 的 1 号端子；而在 I_2 的 3 号端子和 I_3 的 1 号端子旁均标注有“I_1-3”，表示这两个端子都与 I_1 的 3 号端子连接。如此继续标注，直至将所有需要连接的端子标注完毕。

也可如图 B-3 那样，将元件 I_5 和 I_6 的 S2 端子直接用导线连接起来，这适用于两只元件安装位置较近，导线直接连接看起来更简洁、更明了的情况。

有了盘后接线图就能很方便地将一个设计完成的原理图，安装成一台可以操作运行的电器产品。对于专业的、熟练的接线工

盘后接线图也是排除设备故障、查找故障线路的重要技术资料。

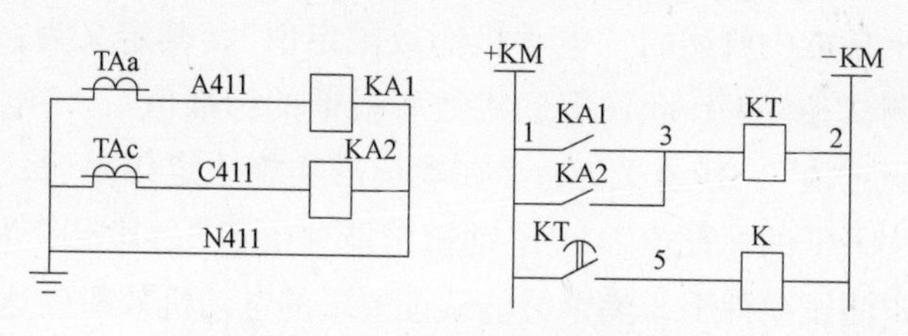

图 B-4　电流保护展开接线图

人，他们甚至可以不用研究、读懂电气原理图，依赖盘后接线图就能完成电气控制装置的装配任务。因此，盘后接线图是电气设计人员将设计成果转化成实际产品，由熟练接线工完成产品装配所必需的重要技术载体。

附录 C　电动机的效率与技术参数

电动机是我国电力系统的主要负载，据统计数据，我国发电量的 70% 被发电机消耗掉。因此，电动机运行过程中的电源效率和功率因数是一个非常重要的问题，关系到国家的节能减排、建设绿水青山的重大决策。本附录介绍国家标准 GB18613—2012《中小型三相异步电动机能效限定值及能效等级》中关于能效等级的规定，以及常用电动机的技术参数，以利于正确选择和使用三相异步电动机。

电动机的电源效率是电动机的轴输出机械功率与电源输入电功率之比的百分数。电动机的功率因数是有功功率与视在功率之比。这是电动机两个重要的运行参数。

C.1　国家标准 GB 18613—2012 的相关条款

以下对该标准的介绍文字，凡是在双引号内的文字，均为标准原文。

国家标准 GB18613—2012“规定了中小型三相异步电动机（以下简称：电动机）的能效等级、能效限定值、目标能效限定值、节能评价值和试验方法”。

“标准适用于 1000V 以下的电压，50Hz 三相交流电源供电，额定功率在 0.75 ~ 375kW 范围内，极数为 2 极、4 极和 6 极，单速封闭自扇冷式、N 设计、连续工作制的一般用途电动机或一般用途防爆电动机”。

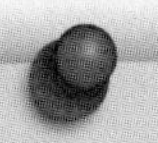

以上标准中所述的“电动机能效限定值”，其定义为，“在标准规定测试条件下，允许电动机效率最低的标准值”。“电动机目标能效限定值”，其定义为，“在本标准实施一定年限后，允许电动机效率最低的标准值”。“电动机节能评价值”，其定义为，“在标准规定测试条件下，满足节能认证要求的电动机效率应达到的最低标准值”。

“电动机能效等级分为3级，其中1级能效最高。各等级电动机在额定输出功率下的实测效率应不低于表1的规定”。

国家标准GB18613—2012的前言中明确规定，“本标准的4.3为强制性的，其余为推荐性的”。

从下一行开始，至表C-1结束，是标准4.3条款的全部内容。

4.3　电动机能效限定值

电动机能效限定值在额定输出功率的效率应不低于表1中3级的规定。

表1是国家标准GB18613—2012的摘录，所以表格编号与之后的表D-1至表D-7在体例上有所不同。

国家标准GB18613—2012的4.4条款规定：

电动机目标能效限定值

电动机目标能效限定值在额定输出功率的效率应不低于表1中2级的规定。

在表1中7.5～375kW的目标能效限定值在本标准实施之日（本标准自2012年9月1日开始实施）4年后开始实施；7.5kW以下的目标能效限定值在本标准实施之日5年后开始实施，并替代表1中3级的规定。

表C-1　电动机能效等级

额定功率/kW	效率（%）								
	1级			2级			3级		
	2极	4极	6极	2极	4极	6极	2极	4极	6极
0.75	84.9	85.6	83.1	80.7	82.5	78.9	77.4	79.5	75.9
1.1	86.7	87.4	84.1	82.7	84.1	81.0	79.6	81.4	78.1
1.5	87.5	88.1	86.2	84.2	85.3	82.5	81.3	82.8	79.0
2.2	89.1	89.7	87.1	85.9	86.7	84.3	83.2	84.3	81.8
3	89.7	90.3	88.7	87.1	87.7	85.6	84.6	85.5	83.3
4	90.3	90.9	89.7	88.1	88.6	86.8	85.8	86.6	84.6
5.5	91.5	92.1	89.5	89.2	89.6	88.0	87.0	87.7	86.0
7.5	92.1	92.6	90.2	90.1	90.4	89.1	88.1	88.7	87.2
11	93.0	93.6	91.5	91.2	91.4	90.3	89.4	89.8	88.7
15	93.4	94.0	92.5	91.9	92.1	91.2	90.3	90.6	89.7
18.5	93.8	94.3	93.1	92.4	92.6	91.7	90.9	91.2	90.4
22	94.4	94.7	93.9	92.7	93.0	92.2	91.3	91.6	90.9
30	94.5	95.0	94.3	93.3	93.6	92.9	92.0	92.3	91.7
37	94.8	95.3	94.6	93.7	93.9	93.3	92.5	92.7	92.2
45	95.1	95.6	94.9	94.0	94.2	93.7	92.9	93.1	92.7
55	95.4	95.8	95.3	94.3	94.6	94.1	93.2	93.5	93.1
75	95.6	96.0	95.4	94.7	95.0	94.6	93.8	94.0	93.7

（续）

额定功率/kW	效率（%）								
	1 级			2 级			3 级		
	2 极	4 极	6 极	2 极	4 极	6 极	2 极	4 极	6 极
90	95.8	96.2	95.6	95.0	95.2	94.9	94.1	94.2	94.0
110	96.0	96.4	95.6	95.2	95.4	95.1	94.3	94.5	94.3
132	96.0	96.5	95.8	95.4	95.6	95.4	94.6	94.7	94.6
160	96.2	96.5	96.0	95.6	95.8	95.6	94.8	94.9	94.8
200	96.3	96.6	96.1	95.8	96.0	95.8	95.0	95.1	95.0
250	96.4	96.7	96.1	95.8	96.0	95.8	95.0	95.1	95.0
315	96.5	96.8	96.1	95.8	96.0	95.8	95.0	95.1	95.0
355～375	96.6	96.8	96.1	95.8	96.0	95.8	95.0	95.1	95.0

国家标准 GB18613—2012 的 4.5 条款规定：

电动机节能评价值

电动机节能评价值在额定输出功率的效率均应不低于表 1 中 2 级的规定。

C.2　电动机的技术参数

电动机的型号系列较多，这里给出常用的型号有代表性的电动机的技术参数，每个类别介绍一种，包括一种 Y 系列 380V 笼型异步电动机技术参数，一种 YR（IP44）系列 380V 绕线型异步电动机技术参数，Y 系列 6kV 笼型异步电动机技术参数，YR（YRKS）系列 10kV 绕线型异步电动机主要技术参数，TK、TDK 系列同步电动机主要技术参数，YVF 系列变频调速三相异步电动机技术参数。另外介绍一种号称超超高效率的三相异步电动机，型号为 YKE4。该型号电动机能效限定值不低于 GB18613—2012 标准中规定的 1 级能效指标。

此处介绍的电动机技术参数，选择了不同型号、不同电压等级的几个类别，每个类别选择一种有代表性的将其参数列出，供使用参考。

C.2.1　Y 系列 380V 笼型异步电动机

Y 系列 380V 笼型异步电动机技术参数见表 C-2。

电动机的型号含义参见本书第 1 章图 1-7。

表 C-2 中型号含义示例：

型号 Y80M1－2 中，“Y”—异步电动机；“80”—机座号（中心高）；“M”—机座长度代号；“1”—铁心长度代号；“2”—电动机极数。

表 C-2　Y 系列 380V 笼型异步电动机主要技术参数

型号	额定功率/kW	满载时				堵转转矩/额定转矩	堵转电流/额定电流	最大转矩/额定转矩
		电流/A	转　速/(r/min)	效 率(%)	功率因数 cosϕ			
Y80M1－2	0.75	1.8	2830	75.0	0.84	2.2	6.5	2.3
Y80M2－2	1.1	2.5	2830	77.0	0.86	2.2	7.0	2.3
Y90S－2	1.5	3.4	2840	78.0	0.85	2.2	7.0	2.3
Y90L－2	2.2	4.7	2840	80.5	0.86	2.2	7.0	2.3
Y100L－2	3	6.4	2870	82.0	0.87	2.2	7.0	2.3
Y112M－2	4	8.2	2890	85.5	0.87	2.2	7.0	2.3
Y132S1－2	5.5	11	2900	85.5	0.88	2.0	7.0	2.3
Y132S2－2	7.5	15	2900	86.2	0.88	2.0	7.0	2.3
Y160M1－2	11	22	2930	87.2	0.88	2.0	7.0	2.3
Y160M2－2	15	29	2930	88.2	0.88	2.0	7.0	2.3
Y160L－2	18.5	36	2930	89.0	0.89	2.0	7.0	2.2
Y180M－2	22	42	2940	89.0	0.89	2.0	7.0	2.2
Y200L1－2	30	57	2940	90.0	0.89	2.0	7.0	2.2
Y220L2－2	37	70	2950	90.5	0.89	2.0	7.0	2.2
Y225M－2	45	84	2970	91.5	0.89	2.0	7.0	2.2
Y250M－2	55	103	2970	91.5	0.89	2.0	7.0	2.2
Y280S－2	75	140	2970	92.0	0.89	2.0	7.0	2.2
Y280M－2	90	167	2970	92.5	0.89	2.0	7.0	2.2
Y315S－2	110	200	2980	92.5	0.89	1.8	6.8	2.2
Y315M－2	132	237	2980	93.0	0.89	1.8	6.8	2.2
Y315L1－2	160	286	2980	93.5	0.89	1.8	6.8	2.2
Y315L2－2	200	356	2980	93.5	0.89	1.8	6.8	2.2
Y80M1－4	0.55	1.5	1390	73.0	0.76	2.4	6.0	2.3
Y80M2－4	0.75	2.0	1390	73.0	0.76	2.4	6.0	2.3
Y90S－4	1.1	2.8	1400	78.0	0.78	2.3	6.5	2.3
Y90L－4	1.5	3.7	1400	79.0	0.79	2.3	6.5	2.3

（续）

型号	额定功率/kW	满载时				堵转转矩/额定转矩	堵转电流/额定电流	最大转矩/额定转矩
		电流/A	转速/(r/min)	效率(%)	功率因数cosϕ			
Y100L1-4	2.2	5.0	1400	81.0	0.82	2.2	7.0	2.3
Y100L2-4	3	6.8	1430	82.5	0.81	2.2	7.0	2.3
Y112M-4	4	8.8	1400	84.5	0.82	2.2	7.0	2.3
Y132S-4	5.5	12	1400	85.5	0.84	2.2	7.0	2.3
Y132M-4	7.5	15	1400	87.0	0.85	2.2	7.0	2.3
Y160M-4	11	23	1460	88.0	0.84	2.2	7.0	2.3
Y160L-4	15	30	1460	88.5	0.85	2.2	7.0	2.3
Y180M-4	18.5	36	1470	91.0	0.86	2.0	7.0	2.2
Y180L-4	22	43	1470	91.5	0.86	2.0	7.0	2.2
Y200L-4	30	57	1470	92.2	0.87	2.0	7.0	2.2
Y225S-4	37	70	1480	91.8	0.87	1.9	7.0	2.2
Y225M-4	45	84	1480	92.3	0.88	1.9	7.0	2.2
Y250M-4	55	103	1480	92.6	0.88	2.0	7.0	2.2
Y280S-4	75	140	1480	92.7	0.88	1.9	7.0	2.2
Y280M-4	90	164	1480	93.5	0.89	1.9	7.0	2.2
Y315S-4	110	201	1480	93.5	0.89	1.8	6.8	2.2
Y315M-4	132	241	1490	94.0	0.89	1.8	6.8	2.2
Y315L1-4	160	291	1490	94.5	0.89	1.8	6.8	2.2
Y315L2-4	200	354	1490	94.5	0.89	1.8	6.8	2.2

C.2.2　YR（IP44）系列380V绕线转子异步电动机

YR（IP44）系列380V绕线型异步电动机技术参数见表C-3。

表C-3中介绍的电动机防护等级为IP44。

表C-3中型号含义示例说明：

在型号YR355M1-4中：其中“Y”—异步电动机；“R”—绕线转子型；“355”—机座中心高；“M1”—机座号；“4”—电动机极数

该系列电动机属于绕线转子型，用于要求起动转矩较大的负载，额定电压380V。防护等级为IP44，对于固体异物和液体物质均有较好的防护能力。

所谓定额，是指制造厂对符合规定条件的电机在其铭牌上所标定的全部电量和机械量的额定数值及其持续时间和顺序。

工作制可分为连续、短时、周期性或非周期性几种类型，分别用 S1 ~ S10 表示，下面以常见的 S1、S2 和 S3 工作制来举例说明。

连续工作制（S1）表示电动机按铭牌值工作时可以长期连续运行。

短时工作制（S2）表示电动机按铭牌值工作时只能在规定的时间内短时运行。我国规定的短时运行时间为 10min、30min、60min 及 90min 四种。对于 S2 工作制，应在代号 S2 后加工作时限，例如 S2 – 60min。

断续周期工作制（S3）表示电动机按

表 C-3　YR（IP44）系列 380V 绕线型异步电动机技术参数

型号	额定功率/kW	额定电压/V	满载时				最大转矩/额定转矩	转子	
			转速/(r/min)	定子电流/A	效率(%)	功率因数 cosϕ		电流/A	电压/V
YR355M1 – 4	200	380	1480	357	92.8	0.87	2.8	322	378
YR355M2 – 4	220	380	1480	392	93.0	0.87	2.8	364	368
YR355L1 – 4	250	380	1480	447	93.2	0.87	2.8	415	365
YR355L2 – 4	280	380	1480	492	93.4	0.87	2.8	443	378
YR355M1 – 6	160	380	980	292	93.0	0.86	2.8	356	276
YR355M2 – 6	200	380	980	361	93.2	0.86	2.8	463	263
YR355L1 – 6	220	380	980	397	93.3	0.86	2.8	517	258
YR355L2 – 6	250	380	980	450	93.5	0.86	2.8	587	258
YR355M1 – 8	132	380	740	257	92.4	0.81	2.4	327	249
YR355M2 – 8	160	380	740	312	92.5	0.81	2.4	392	251
YR355L1 – 8	185	380	740	358	92.7	0.81	2.4	453	251
YR355L2 – 8	200	380	740	388	92.9	0.81	2.4	490	250
YR355M1 – 10	90	380	585	185	91.0	0.77	2.0	261	330
YR355M2 – 10	110	380	585	223	91.3	0.78	2.0	283	327
YR355L2 – 10	132	380	585	266	91.5	0.78	2.0	307	320

C.2.3　Y 系列 6kV 三相笼型异步电动机

Y 系列 6kV 三相笼型异步电动机技术参数见表 C-4。

电动机的防护等级为 IP23，采用连续工作制定额（S1），电动机的额定频率为 50Hz。

型号含义说明：

Y 3551 – 2："Y" 表示笼型转子异步电动机；"3551" 表示机座中心高 355mm，1 号铁心长；"4" 表示极数。

表 C-4　Y 系列 6kV 三相笼型异步电动机技术参数

型　号	额定功率/kW	额定电流/A	转速/(r/min)	效率(%)	功率因数 $\cos\phi$	起动电流/额定电流	起动转矩/额定转矩	最大转矩/额定转矩	重量/kg
Y3551－2	220	26.7		92.8					1780
Y3552－2	250	30.1		92.9					1790
Y3553－2	280	33.7		93.1					1800
Y3554－2	315	37.7		93.4	0.86				1895
Y3555－2	355	42.4	2975	93.7					1955
Y3556－2	400	47.6		94.1					2065
Y4001－2	450	53.3		94.4		7.0	0.6	1.8	2300
Y4002－2	500	58.5		94.6					2400
Y4003－2	560	65.4		94.7					2500
Y4004－2	630	73.4	2980	94.9	0.87				2600
Y4501－2	710	82.7		95.0					3550
Y4502－2	800	92.9	2975	95.2					3680
Y4503－2	900	104.5		95.3					3850
Y4504－2	1000	114.6	2975	95.4					4100
Y5001－2	1120	128.2		95.5					4250
Y5002－2	1250	143.0		95.6					4400
Y5003－2	1400	159.9		95.7					4600
Y5004－2	1600	182.6		95.8	0.88				4800
Y5601－2	1800	205.2		95.9		7.0	0.6		6250
Y5602－2	2000	227.8	2980	96.0					6550
Y5603－2	2240	254.9		96.1					6950
Y6301－2	2500	281.0		96.2					7600
Y6302－2	2800	314.4		96.3	0.88				7900
Y6303－2	3150	353.7		96.3					8300
Y3551－4	220	26.3		93.3	0.88			1.8	1710
Y3552－4	250	29.6		93.4					1760
Y3553－4	280	33.0	1480	93.5					1800
Y3554－4	315	37.1		93.6					1860
Y4003－4	355	41.5		93.8	0.87				2280
Y4004－4	400	46.4		94.0		6.5	0.8		2350
Y4005－4	450	52.1		94.2					2420
Y4006－4	500	57.6	1485	94.3					2510
Y4007－4	560	64.5		94.5					2600
Y4505－4	630	72.2		94.8	0.87				3092
Y4506－4	710	81.6		95.0					3180

铭牌值工作时，运行一段时间就要停止一段时间，周而复始地按一定周期重复运行。每一周期为10min。我国规定的负载持续率为15%、25%、40%及60%四种。对于S3工作制，应在代号S3后加负载持续率，例如S3—25%。

短时工作制和断续周期工作制的电动机，其制作成本会低于连续定额的电动机。

（续）

<table>
<tr><th>型　号</th><th>额定功率/kW</th><th>额定电流/A</th><th>转速/(r/min)</th><th>效率(%)</th><th>功率因数 cosϕ</th><th>起动电流/额定电流</th><th>起动转矩/额定转矩</th><th>最大转矩/额定转矩</th><th>重量/kg</th></tr>
<tr><td>Y4507－4</td><td>800</td><td>91. 6</td><td rowspan="3">1485</td><td>95. 1</td><td rowspan="3">0. 87</td><td rowspan="12">6. 5</td><td rowspan="2">0. 8</td><td rowspan="21">1. 8</td><td>3300</td></tr>
<tr><td>Y4509－4</td><td>900</td><td>102. 6</td><td>95. 2</td><td>3520</td></tr>
<tr><td>Y5006－4</td><td>1000</td><td>113. 7</td><td>95. 3</td><td rowspan="4">0. 7</td><td>4010</td></tr>
<tr><td>Y5007－4</td><td>1120</td><td>126. 7</td><td rowspan="3">1490</td><td>95. 4</td><td rowspan="3">0. 88</td><td>4160</td></tr>
<tr><td>Y5009－4</td><td>1250</td><td>139. 9</td><td>95. 5</td><td>4470</td></tr>
<tr><td>Y50010－4</td><td>1400</td><td>157. 2</td><td>95. 6</td><td>4620</td></tr>
<tr><td>Y5601－4</td><td>1600</td><td>180. 8</td><td rowspan="6">1485</td><td>95. 7</td><td rowspan="6">0. 89</td><td rowspan="6">0. 6</td><td>6400</td></tr>
<tr><td>Y5602－4</td><td>1800</td><td>203. 2</td><td>95. 8</td><td>6700</td></tr>
<tr><td>Y5603－4</td><td>2000</td><td>225. 5</td><td>95. 9</td><td>7000</td></tr>
<tr><td>Y6301－4</td><td>2240</td><td>252. 3</td><td>96. 0</td><td>7600</td></tr>
<tr><td>Y6302－4</td><td>2500</td><td>281. 3</td><td>96. 1</td><td>7900</td></tr>
<tr><td>Y6303－4</td><td>2800</td><td>314. 7</td><td>96. 2</td><td>8300</td></tr>
<tr><td>Y3555－6</td><td>220</td><td>27. 3</td><td rowspan="6">985</td><td>93. 0</td><td rowspan="2">0. 82</td><td rowspan="9">6. 0</td><td rowspan="9">0. 8</td><td>1870</td></tr>
<tr><td>Y3556－6</td><td>250</td><td>30. 8</td><td>93. 3</td><td>1930</td></tr>
<tr><td>Y4004－6</td><td>280</td><td>33. 8</td><td>93. 5</td><td rowspan="4">0. 83</td><td>2310</td></tr>
<tr><td>Y4005－6</td><td>315</td><td>37. 8</td><td>93. 7</td><td>2380</td></tr>
<tr><td>Y4006－6</td><td>355</td><td>42. 5</td><td>93. 9</td><td>2460</td></tr>
<tr><td>Y4007－6</td><td>400</td><td>47. 7</td><td>94. 0</td><td>2550</td></tr>
<tr><td>Y4505－6</td><td>450</td><td>52. 8</td><td rowspan="3">990</td><td>94. 3</td><td>0. 84</td><td>3050</td></tr>
<tr><td>Y4506－6</td><td>500</td><td>58. 7</td><td>94. 5</td><td rowspan="2">0. 85</td><td>3140</td></tr>
<tr><td>Y4507－6</td><td>560</td><td>65. 7</td><td>94. 7</td><td>3240</td></tr>
<tr><td>Y4509－6</td><td>630</td><td>73. 3</td><td rowspan="11">990</td><td>94. 8</td><td rowspan="5">0. 85</td><td rowspan="2">6. 0</td><td>0. 8</td><td rowspan="14">1. 8</td><td>3470</td></tr>
<tr><td>Y5006－6</td><td>710</td><td>81. 6</td><td>95. 0</td><td rowspan="10">0. 7</td><td>3910</td></tr>
<tr><td>Y5007－6</td><td>800</td><td>91. 2</td><td>95. 1</td><td rowspan="6">6. 5</td><td>4050</td></tr>
<tr><td>Y5009－6</td><td>900</td><td>102. 3</td><td>95. 2</td><td>4330</td></tr>
<tr><td>Y50010－6</td><td>1000</td><td>113. 6</td><td>95. 3</td><td>4480</td></tr>
<tr><td>Y5601－6</td><td>1120</td><td>131. 4</td><td>95. 4</td><td rowspan="6">0. 86</td><td>6300</td></tr>
<tr><td>Y5602－6</td><td>1250</td><td>146. 5</td><td>95. 5</td><td>6600</td></tr>
<tr><td>Y5603－6</td><td>1400</td><td>163. 9</td><td>95. 6</td><td>7000</td></tr>
<tr><td>Y6301－6</td><td>1600</td><td>187. 1</td><td>95. 7</td><td rowspan="6">5. 5</td><td>7600</td></tr>
<tr><td>Y6302－6</td><td>1800</td><td>210. 2</td><td>95. 8</td><td>7900</td></tr>
<tr><td>Y6303－6</td><td>2000</td><td>233. 3</td><td>95. 9</td><td>8300</td></tr>
<tr><td>Y4005－8</td><td>200</td><td>26. 3</td><td rowspan="3">740</td><td>92. 8</td><td rowspan="2">0. 78</td><td rowspan="3">0. 8</td><td>2360</td></tr>
<tr><td>Y4006－8</td><td>220</td><td>28. 7</td><td>92. 9</td><td>2440</td></tr>
<tr><td>Y4007－8</td><td>250</td><td>32. 2</td><td>93. 0</td><td>0. 79</td><td>2520</td></tr>
</table>

（续）

型　号	额定功率/kW	额定电流/A	转速/(r/min)	效率(%)	功率因数cosϕ	起动电流/额定电流	起动转矩/额定转矩	最大转矩/额定转矩	重量/kg
Y4008－8	280	35.8	740	93.2	0.79	6.5	0.8	1.8	2620
Y4506－8	315	39.8		93.4	0.80	5.5			3120
Y4507－8	355	44.5		93.5					3230
Y4508－8	400	50.0		93.7					3350
Y4509－8	450	56.3		93.8	0.81				3460
Y5005－8	500	61.7		94.3					3790
Y5007－8	560	68.1		94.4	0.83				4030
Y5008－8	630	76.5		94.5					4180
Y50010－8	710	86.1		94.6					4460
Y5601－8	800	96.8		94.7	0.84	6.0	0.7		6300
Y5602－8	900	108.8		94.8					6500
Y5603－8	1000	120.7		94.9					6900
Y6301－8	1120	135.1		95.0					7500
Y6302－8	1250	150.6		95.1					7800
Y6303－8	1400	168.5		95.2					8200
Y6304－8	1600	192.3		95.3					8500
Y4504－10	200	26.2		91.9	0.77	5.5	0.8		2870
Y4505－10	220	28.6		92.1					2940
Y4506－10	250	32.3	590	92.3	0.78				3030
Y4507－10	280	35.9		92.5					3120
Y4508－10	315	40.3		92.6	0.79				3230
Y4509－10	355	45.5		92.8					3310
Y5005－10	400	49.4		93.3	0.80				3720
Y5006－10	450	55.5		93.4					3830
Y5007－10	500	61.5		93.6					3960
Y5008－10	560	69.0		93.7					4090
Y50010－10	630	77.0		93.8					4320
Y5601－10	710	88.6		94.0	0.82	6.0	0.7		6300
Y5602－10	800	99.7		94.2					6500
Y5603－10	900	112.0		94.3					6800
Y6301－10	1000	124.3		94.4					7400
Y6302－10	1120	138.9		94.6					7700
Y6303－10	1250	154.7		94.8					8100
Y6304－10	1400	173.1		94.9					8500

（续）

<table>
<tr><th>型　号</th><th>额定功率/kW</th><th>额定电流/A</th><th>转速/(r/min)</th><th>效率(%)</th><th>功率因数 cosϕ</th><th>起动电流/额定电流</th><th>起动转矩/额定转矩</th><th>最大转矩/额定转矩</th><th>重量/kg</th></tr>
<tr><td>Y4507－12</td><td>200</td><td>28.4</td><td rowspan="15">495</td><td>91.2</td><td>0.72</td><td rowspan="8">5.5</td><td rowspan="8">0.8</td><td rowspan="15">1.8</td><td>3090</td></tr>
<tr><td>Y4508－12</td><td>220</td><td>30.7</td><td>91.4</td><td rowspan="2">0.73</td><td>3190</td></tr>
<tr><td>Y4509－12</td><td>250</td><td>34.2</td><td>91.7</td><td>3280</td></tr>
<tr><td>Y5006－12</td><td>280</td><td>38.4</td><td>92.7</td><td>0.74</td><td>3760</td></tr>
<tr><td>Y5007－12</td><td>315</td><td>42.4</td><td>92.8</td><td rowspan="4">0.75</td><td>3900</td></tr>
<tr><td>Y5008－12</td><td>355</td><td>47.1</td><td>93.0</td><td>4040</td></tr>
<tr><td>Y5009－12</td><td>400</td><td>52.8</td><td>93.3</td><td>4180</td></tr>
<tr><td>Y50010－12</td><td>450</td><td>59.3</td><td>93.4</td><td>4320</td></tr>
<tr><td>Y5601－12</td><td>500</td><td>65.0</td><td>93.7</td><td rowspan="7">0.79</td><td rowspan="7">6.0</td><td rowspan="7">0.7</td><td>6000</td></tr>
<tr><td>Y5602－12</td><td>560</td><td>72.7</td><td>93.8</td><td>6200</td></tr>
<tr><td>Y5603－12</td><td>630</td><td>81.7</td><td>93.9</td><td>6400</td></tr>
<tr><td>Y6301－12</td><td>710</td><td>92.0</td><td>94.0</td><td>7400</td></tr>
<tr><td>Y6302－12</td><td>800</td><td>103.4</td><td>94.2</td><td>7700</td></tr>
<tr><td>Y6303－12</td><td>900</td><td>116.3</td><td>94.3</td><td>8100</td></tr>
<tr><td>Y6304－12</td><td>1000</td><td>129.0</td><td>94.4</td><td>8500</td></tr>
</table>

C.2.4　YR（YRKS）系列10kV三相绕线转子异步电动机

YR（YRKS）系列10kV三相绕线转子异步电动机主要技术参数见表C-5。

表C-5中的“型号”一栏列出的是“YR系列”三相绕线转子异步电动机，与其每一种规格相对应的还有一款“YRKS系列”三相电动机，后者是空－水冷却绕线转子异步电动机。两个系列的电动机除了“重量”以外，相应规格的技术参数完全相同。

型号含义示例说明：

在型号“YR 4501 － 4”中，“YR”表示绕线转子异步电动机；“4501”表示机座中心高450mm，1号铁心长；“4”表示极数。

在型号“YRKS 4501 － 4”中，“YR”表示绕线转子异步电动机；“KS”表示空－水冷却；“4501”表示机座中心高450mm，1号铁心长；“4”表示极数。

YR系列和YRKS系列10kV高压绕线转子电动机的技术参数完全相同，只是后者属于空－水冷却高压绕线转子型电动机，由于两者的冷却方式不同，所以产品的重量有差异。

电机定子绕组装有六个分度号为Pt100的埋置式电阻测温元件，每个轴瓦装有一个分度号为Pt100的电阻测温元件，用于温度测量与监控之用。

表 C-5　YR（YRKS）系列 10kV 三相绕线转子异步电动机技术参数

型号	额定功率/kW	额定电流/A	同步转速/(r/min)	效率(%)	功率因数 cosϕ	转子电压/V	转子电流/A	最大转矩/额定转矩	重量/kg
YR4501－4	315	23.4	1500	92.5	0.84	519	379	1.8	3450
YR4502－4	355	26.3		92.8	0.84	567	390		3510
YR4503－4	400	29.2		93.1	0.85	518	485		3570
YR4504－4	450	32.8		93.3	0.85	567	497		3660
YR4505－4	500	36.3		93.6	0.85	625	500		3730
YR4506－4	560	40.6		93.8	0.85	696	500		3830
YR5001－4	630	45.4	1500	94.2	0.85	566	691	1.8	4700
YR5002－4	710	51.0		94.6	0.85	610	722		4850
YR5003－4	800	56.7		94.7	0.86	663	749		5000
YR5004－4	900	63.7		94.8	0.86	725	770		5230
YR5005－4	1000	70.7		94.9	0.86	790	770		5380
YR5601－4	1120	78.2	1500	95.1	0.87	1264	501	1.8	6540
YR5602－4	1250	87.1		95.2	0.87	1532	496		6800
YR5603－4	1400	97.5		95.3	0.87	1480	576		7030
YR6301－4	1600	110	1500	95.4	0.88	1693	1693	1.8	8850
YR6302－4	1800	124		95.5	0.88	1826	1826		9090
YR6303－4	2000	137		95.6	0.88	1983	1983		9470
YR4503－6	280	21.6	1000	92.2	0.81	493	358	1.8	3670
YR4504－6	315	24.3		92.4	0.81	535	371		3750
YR4505－6	355	27.3		92.6	0.81	584	383		3850
YR4506－6	400	30.7		92.8	0.81	643	391		3970
YR5001－6	450	34.5	1000	93.1	0.81	588	481	1.8	4570
YR5002－6	500	38.2		93.4	0.81	645	486		4650
YR5003－6	560	42.6		93.6	0.81	719	486		4730
YR5004－6	630	47.3		93.8	0.82	809	484		4930
YR5005－6	710	53.2		94.0	0.82	1132	385		5120
YR5601－6	800	58.3	1000	94.3	0.84	1245	394	1.8	6500
YR5602－6	900	65.5		94.5	0.84	1385	398		6660
YR5603－6	1000	71.7		94.7	0.85	1130	549		6850
YR5604－6	1120	80.2		94.9	0.85	1245	557		7150
YR6301－6	1250	89.3	1000	95.1	0.85	1383	558	1.8	8330
YR6302－6	1400	99.8		95.3	0.85	1557	553		8550
YR6303－6	1600	114		95.4	0.85	1730	560		8920

（续）

型号	额定功率/kW	额定电流/A	同步转速/(r/min)	效率(%)	功率因数cosϕ	转子电压/V	转子电流/A	最大转矩/额定转矩	重量/kg
YR5001－8	280	23.4	750	92.2	0.75	457	385	1.8	3850
YR5002－8	315	26.3		92.3	0.75	492	403		4030
YR5003－8	355	29.5		92.5	0.75	533	418		4180
YR5004－8	400	33.2		92.8	0.75	581	432		4320
YR5005－8	450	36.2		93.1	0.77	640	441		4410
YR5006－8	500	40.2	750	93.3	0.77	711	439	1.8	4390
YR5601－8	560	43.7	750	93.6	0.79	914	381	1.8	6060
YR5602－8	630	49.1		93.8	0.79	985	398		6170
YR5603－8	710	55.2		94.0	0.79	1068	415		6300
YR5604－8	800	62.1		94.2	0.79	1062	465		6470
YR6301－8	900	67.1	750	94.4	0.82	1160	479	1.8	7970
YR6302－8	1000	74.4		94.6	0.82	1278	483		8210
YR6303－8	1120	83.2		94.8	0.82	1421	485		8500
YR5003－10	250	21.9	600	91.4	0.72	511	307	1.8	4500
YR5004－10	280	24.5		91.7	0.72	550	320		4630
YR5005－10	315	27.4		92.1	0.72	597	331		4770
YR5006－10	355	30.9		92.2	0.72	653	342		4980
YR5601－10	400	33.8	600	92.4	0.74	717	350	1.8	6010
YR5602－10	450	37.3		92.8	0.75	797	353		6140
YR5603－10	500	41.4		93.0	0.75	922	341		6320
YR5604－10	560	45.6		93.2	0.76	1007	349		6510
YR5605－10	630	51.2		93.4	0.76	1108	357		6840
YR6301－10	710	56.1	600	93.7	0.78	1159	385	1.8	7850
YR6302－10	800	63.1		93.8	0.78	1275	393		8100
YR6303－10	900	70.9		93.9	0.78	1419	396		8390
YR6304－10	1000	78.7		94.1	0.78	1598	389		8760
YR5601－12	280	24.6	500	91.4	0.72	648	274	1.8	5930
YR5602－12	315	27.6		91.5	0.72	713	280		6000
YR5603－12	355	31.1		91.6	0.72	786	283		6080
YR5604－12	400	34.9		91.8	0.72	841	299		6170
YR5605－12	450	39.1		92.2	0.72	906	312		6300
YR6301－12	500	42.8	500	92.4	0.73	938	333	1.8	7880
YR6302－12	560	47.1		92.8	0.74	1023	341		8080
YR6303－12	630	52.8		93.1	0.74	1127	348		8340
YR6304－12	710	59.3		93.4	0.74	1255	352		8730

C.2.5　TK、TDK 系列同步电动机

TK、TDK 系列同步电动机主要技术参数见表 C-6。

型号含义示例说明：

在型号“TK（TDK）220－10/990”中，“TK（TDK）”是同步电动机系列号；“220”是电动机的功率千瓦数值；“10”是电动机极数；“990”是电动机定子铁心外径，单位为 mm。

表 C-6　TK、TDK 系列同步电动机主要技术参数

型　号	额　定　值			功率因数越前	效率（%）	堵转电流/额定电流	堵转转矩/额定转矩	牵入转矩/额定转矩	失步转矩/额定转矩	转动惯量/kg·m²	重量/t
	功率/kW	电压/V	电流/A								
TK220－10/990	220	3000	51.2	0.9	91.0	6.5	0.9	0.8	1.8	60	2.19
TK220－10/990	220	6000	25.6	0.9	91.0	6.5	0.9	0.8	1.8	60	2.19
TK250－10/990	250	380	456.3	0.9	91.0	6.5	0.9	0.7	1.8	55	2.21
TK250－10/990	250	6000	29.1	0.9	91.0	7.0	0.9	0.7	1.8	55	2.27
TK250－10/990A	250	10000	17.5	0.9	90.5	7.0	0.9	0.7	1.8	55	2.75
TK250－10/ 990C	250	10000	17.5	0.9	90.5	7.0	0.9	0.7	1.8	55	3.55
TK280－10/990	280	380	519.5	0.9	91.0	6.0	0.9	0.7	1.8	55	2.21
TK280－10/990	280	6000	32.5	0.9	91.0	6.5	0.9	0.7	1.8	55	2.26
TK315－10/1180	315	6000	37	0.9	91.0	6.0	1.0	0.5	1.8	85	2.67
TK355－10/1180	355	10000	25	0.9	91.0	6.5	0.9	0.7	1.8	100	3.03
TDK118/30－10	450	6000	52	0.9	92.0	6.0	1.0	0.5	1.8	125	3.00
TDK118/30－10	450	6000	52	0.9	92.0	6.0	1.0	0.5	1.8	125	4.00
T500－10/1180	500	6000	56.7	0.9	92.0	6.0	1.0	0.6	1.8	125	5.39
T600－10/1180	600	4160	88.1	1.0	92.5	6.0	0.9	0.7	1.8	125	4.82
T630－10/1180	630	6000	71.3	0.9	93.0	6.0	1.0	0.6	1.8	125	5.39
T800－10/1180	800	6000	90.1	0.9	93.0	6.0	1.0	0.6	1.8	125	6.20
TK220－12/1180	220	6000	26.0	0.9	90.5	6.0	1.0	0.5	1.8	87.5	2.55
TK250－12/1180	250	380	464	0.9	91.0	6.0	1.0	0.5	1.8	87.5	2.68
TK250－12/1180A	250	380	464	0.9	91.0	6.0	1.0	0.6	1.8	87.5	4.00
TK250－12/1180	250	380	464	0.9	91.0	6.0	1.0	0.5	1.8	87.5	4.00
TK250－12/1180	250	3000	58.4	0.9	90.5	6.5	1.0	0.6	1.8	87.5	4.44
TK250－12/1180C′	250	6000	29.5	0.9	90.5	6.0	1.0	0.5	1.8	87.5	2.55

（续）

型号	额定值			功率因数越前	效率（%）	堵转电流/额定电流	堵转转矩/额定转矩	牵入转矩/额定转矩	失步转矩/额定转矩	转动惯量/kg·m²	重量/t
	功率/kW	电压/V	电流/A								
TK250－12/1180	250	6000	29.2	0.9	90.5	6.5	1.0	0.6	1.8	87.5	4.44
TK250－12/1180A	250	6000	29.2	0.9	90.5	6.5	1.0	0.6	1.8	87.5	4.41
TK250－12/1180	250	10000	17.7	0.9	90.5	6.5	1.0	0.5	1.8	112.5	2.86
TK260－12/1180	260	6000	30.0	0.9	90.5	6.0	1.0	0.6	1.8	112.5	2.86
TK280－12/1180	280	380	513.8	0.9	92.0	6.0	0.8	0.5	1.8	87.5	2.62
TK280－12/ 1180A	280	380	517	0.9	91.5	6.0	1.0	0.6	1.8	87.5	4.00
TK280－12/ 1180C	280	6000	32.7	0.9	90.5	6.0	1.0	0.5	1.8	112.5	2.86
TK280－12/1180	280	10000	19.7	0.9	91.0	6.5	1.0	0.5	1.8	112.5	2.88
TK300－12/1180	300	380	554	0.9	91.5	6.0	1.0	0.6	1.8	87.5	4.00
TK300－12/1180	300	3000	69.7	0.9	91.0	6.5	0.6	0.6	1.8	87.5	4.45
TK300－12/1180	300	6000	34.9	0.9	91.0	6.5	0.6	0.6	1.8	87.5	4.45
TK320－12/1180	320	380	574.7	0.9	91.0	6.0	1.0	0.5	1.8	87.5	2.69
TK320－12/1180B	320	380	590	0.9	91.5	6.0	1.0	0.6	1.8	87.5	4.00
TK320－12/1180	320	380	590	0.9	91.5	6.0	1.0	0.6	1.8	87.5	4.00
TK320－12/1180	320	6000	37.2	0.9	91.0	6.5	1.0	0.5	1.8	112.5	2.89
TK350－12/1180	350	380	629.4	0.9	91.0	6.0	1.0	0.5	1.8	87.5	2.69
TK350－12/1180	350	3300	74.8	0.9	91.0	6.0	1.0	0.5	1.8	112.5	2.88
TK350－12/1180	350	3000	81.4	0.9	91.0	6.0	1.0	0.5	1.8	125	3.10
TK400－12/1180A	400	6000	46.7	0.9	91.5	6.0	1.0	0.5	1.8	125	3.10
TK400－12/1180	400	6000	46.7	0.9	91.5	6.0	1.0	0.5	1.8	125	4.50
TK250－14/1180	250	380	462	0.9	91.0	6.0	1.0	0.5	1.8	125	2.72
TK250－14/1180D	250	380	462	0.9	91.0	6.0	1.0	0.5	1.8	87.5	4.03
TDK118/20－14	250	380	462	0.9	91.0	6.0	1.0	0.5	1.8	125	4.00
TK250－14/1180	250	415	420	0.9	91.0	6.0	1.0	0.5	1.8	125	2.77
TK250－14/1180	250	420	415	0.9	91.0	6.0	1.0	0.5	1.8	125	2.77
TK1－250－14/1180	250	3000	59	0.9	90.5	6.0	0.9	0.8	1.8	125	3.00
TK1－250－14/1180	250	6000	29.5	0.9	90.5	6.0	0.9	0.8	1.8	125	3.00
TK250－14/1180	250	6000	29.5	0.9	90.5	6.0	1.0	0.6	1.8	125	2.98
TK260－14/1180	260	380	480	0.9	91.0	6.0	1.0	0.5	1.8	125	2.72
TK260－14/1180	260	6000	30.4	0.9	90.5	6.0	1.0	0.6	1.8	125	2.98
TK280－14/1180	280	380	519.5	0.9	91.0	6.0	1.0	0.5	1.8	100	4.24
TK320－14/1180	320	6000	37.0	0.9	91.0	6.0	1.0	0.6	1.8	125	4.83
TDK118/30－14	350	3000	81.4	0.9	91.0	6.0	1.0	0.5	1.8	125	3.20
TDK118/30－14	350	6000	40.7	0.9	91.0	6.0	1.0	0.5	1.8	125	3.20

（续）

型　号	额定值			功率因数越前	效率（%）	堵转电流/额定电流	堵转转矩/额定转矩	牵入转矩/额定转矩	失步转矩/额定转矩	转动惯量/kg·m²	重量/t
	功率/kW	电压/V	电流/A								
TK350－14/1180	350	6000	41	0.9	91.0	6.0	1.0	0.5	1.8	125	4.82
TK250－16/1180	250	220	792	0.9	91.0	6.0	1.0	0.5	1.8	125	2.81
TK250－16/1180	250	380	459	0.9	91.0	6.0	0.7	0.5	1.8	125	2.81
TK250－16/1180	250	440	396	0.9	91.0	6.0	0.7	0.6	1.8	125	2.81
TK250－16/1180	250	3000	59	0.9	90.0	6.0	1.0	0.7	1.8	125	3.15
TK250－16/1180	250	3300	54	0.9	90.0	6.0	1.0	0.7	1.8	100	2.82
TK260－16/1180	260	380	487.7	0.9	90.0	6.0	0.7	0.5	1.8	100	2.62
T1000－10/1430	1000	6000	113.1	0.9	94.0	6.0	0.6	0.8	1.8	352.5	8.30
TK250－12/1430B	250	10000	17.8	0.9	90.0	6.5	0.9	0.6	1.8	125	5.69
TK250－12/1430A	250	10000	17.7	0.9	90.0	7.5	1.0	0.6	1.8	125	5.79
TK280－12/1430	280	10000	20	0.9	90.0	6.5	0.9	0.6	1.8	125	5.69
TK320－12/1430A	320	10000	22.7	0.9	90.5	6.5	0.9	0.7	1.8	250	3.62
TK320－12/1430	320	10000	22.3	0.9	91.0	6.5	0.9	0.7	1.8	225	6.18
TK350－12/1430	350	10000	24.8	0.9	90.5	6.5	0.9	0.7	1.8	250	3.63
TK400－12/1430	400	10000	28.0	0.9	91.5	6.0	1.0	0.7	1.8	200	3.71
TK450－12/1430	450	6000	51.7	0.9	91.5	6.0	0.9	0.7	1.8	200	3.88
TK450－12/1430	450	10000	31.4	0.9	92.0	6.5	0.9	0.7	1.8	250	3.86
TK500－12/1430	500	10000	34.9	0.9	92.0	6.5	0.9	0.7	1.8	250	4.16
TK550－12/1430	550	6000	63.2	0.9	92.5	6.0	0.9	0.7	1.8	225	4.12
TK550－12/1430V	550	6000	63.6	0.9	92.5	6.0	0.9	0.7	1.8	250	4.11
TK550－12/1430	550	6600	57.8	0.9	92.5	6.0	0.9	0.7	1.8	250	4.15
TK550－12/1430	550	6000	63.9	0.9	92.0	6.5	0.9	0.8	1.8	250	4.16
TK550－12/1430	550	10000	37.7	0.9	92.5	6.5	0.9	0.7	1.8	250	4.52
TK630－12/1430	630	6000	72.4	0.9	92.5	6.0	1.0	0.5	1.8	262.5	4.40
TK630－12/1430	630	10000	43	0.9	92.5	6.0	1.0	0.6	1.8	262.5	4.57
TK250－14/1430	250	10000	17.6	0.9	90.5	7.0	0.9	0.8	1.8	200	3.74
TK250－14/ 1430A	250	10000	17.6	0.9	90.5	7.0	0.9	0.8	1.8	200	5.90
TK280－14/1430	280	10000	19.6	0.9	90.5	7.0	0.8	0.6	1.8	200	3.76
TK320－14/1430	320	10000	22.6	0.9	91.0	6.5	1.0	0.7	1.8	250	6.25
TK350－14/1430	350	10000	24.7	0.9	91.0	6.5	1.0	0.7	1.8	250	4.13
TK400－14/1430	400	6000	47	0.9	91.0	6.0	0.9	0.7	1.8	250	3.99
TK400－14/1430	400	10000	28.2	0.9	91.0	6.5	1.0	0.7	1.8	250	4.01
TK450－14/1430V	450	10000	31.4	0.9	92.0	6.5	0.9	0.8	1.8	325	4.79
TK500－14/1430	500	3300	105.7	0.9	92.0	6.0	0.9	0.8	1.8	325	4.62

（续）

型　号	额　定　值			功率因数越前	效率（%）	堵转电流/额定电流	堵转转矩/额定转矩	牵入转矩/额定转矩	失步转矩/额定转矩	转动惯量/kg·m²	重量/t
	功率/kW	电压/V	电流/A								
TK500－14/1430	500	6000	56.6	0.9	92.0	6.0	0.8	0.7	1.8	250	4.72
TK500－14/1430V	500	6000	58.1	0.9	92.0	6.0	0.9	0.8	1.8	325	4.63
TK500－14/1430V	500	10000	34.9	0.9	92.0	6.5	0.9	0.8	1.8	325	4.67
TK550－14/1430	550	6000	62.6	0.9	92.0	6.0	0.8	0.7	1.8	250	4.59
TK550－14/1430	550	10000	37.6	0.9	92.0	6.5	0.8	0.7	1.8	250	4.92
TK550－14/1430A	550	6000	62.6	0.9	92.0	6.0	0.8	0.7	1.8	250	6.83
TK550－14/1430C	550	10000	38.4	0.9	92.0	6.5	0.9	0.8	1.8	325	6.89
TK600－14/1430	600	6000	69.0	0.9	93.0	6.0	0.9	0.8	1.8	325	5.04
TK600－14/1430	600	10000	41.8	0.9	92.0	6.5	0.9	0.8	1.8	325	5.14
TK630－14/1430	630	6000	72.4	0.9	93.0	6.0	0.9	0.8	1.8	250	4.86
TK630－14/1430	630	10000	43.9	0.9	92.0	6.5	0.9	0.8	1.8	325	5.14
TK1250－14/2150A	1250	6000	141.5	0.9	94.0	6.0	1.0	0.8	1.8	750	15.10
TK350－16/1430	350	3300	74.8	0.9	91.0	6.0	1.0	0.5	1.8	265	3.89
TK450－16/1430A	450	10000	31.7	0.9	92.0	6.5	0.9	0.8	1.8	250	4.88
TK450－16/1430	450	10000	31.0	0.9	91.5	6.5	0.9	0.8	1.8	260	7.14
TK600－16/1430	600	6000	67.6	0.9	93.0	6.0	0.8	0.7	1.8	300	5.34
TK630－14/1730	630	10000	43.9	0.9	92.0	6.5	0.9	0.8	1.8	600	5.62
TK500－16/1730	500	3300	105.7	0.9	92.0	6.0	0.7	0.8	1.8	525	5.52
TK500－16/1730	500	6000	58.1	0.9	92.0	6.0	0.7	0.8	1.8	525	5.48
TK500－16/1730	500	10000	34.9	0.9	92.0	6.0	0.7	0.8	1.8	525	5.60
TK550－16/1730	550	6000	62.9	0.9	92.0	6.5	0.9	0.8	1.8	525	5.35
TK550－16/1730A	550	6000	63.9	0.9	92.0	6.0	0.7	0.8	1.8	525	5.47
TK550－16/1730	550	10000	37.5	0.9	92.0	6.5	0.7	0.8	1.8	600	6.03
TK600－16/1730	600	6000	68.0	0.9	92.0	6.5	0.7	0.8	1.8	525	5.42
TK630－16/1730	630	10000	42.8	0.9	92.0	6.5	0.7	0.8	1.8	600	6.51
TK800－16/1730	800	6000	92.5	0.9	92.5	6.0	0.9	0.7	1.8	750	10.99
TK800－16/2150	800	10000	54.9	0.9	92.5	7.0	0.7	0.8	1.8	1450	14.51
TK1250－16/2150	1250	6000	141.5	0.9	94.5	6.0	1.1	0.9	1.8	750	14.60
TK350－18/1730	350	10000	24.7	0.9	91.0	6.5	0.9	0.7	1.8	500	5.99
TK420－18/1730	420	10000	29.5	0.9	91.5	6.0	0.9	0.7	1.8	450	8.53
TK800－18/1730	800	6000	90.5	0.9	92.5	6.5	0.7	0.8	1.8	875	7.95
TK450－20/1730	450	10000	31.4	0.9	92.0	6.5	0.9	0.7	1.8	600	6.07
TK630－20/1730	630	6000	72	0.9	92.0	6.5	0.7	0.8	1.8	875	7.05
TK630－20/1730A	630	6000	72	0.9	93.0	6.5	0.9	0.8	1.8	875	11.50

C.2.6　YVF 系列变频调速三相异步电动机

1. YVF 系列变频调速三相异步电动机简介

YVF 系列变频调速三相异步电动机由笼型变频调速电动机与尾部独立风机组成，适用于各种需要调速的传动装置。

电动机外壳防护等级为 IP44。

电动机冷却方法为 IC416。

电动机额定电压 380V、额定频率 50Hz；风机额定电压 380V、额定频率 50Hz，风机罩上附有独立接线盒，其电源由工频电网直接供给，不能由变频器供给。

电动机采用 F 极绝缘。

电动机定子绕组接线，功率在 55kW 及以下采用Y联结，功率在 55kW 以上采用△联结。

> 虽然普通三相异步电动机的端部也有散热风扇，但它与变频器配合运行时，变频器输出频率降低时，散热风扇的转速也会相应降低，影响散热效果。而变频电动机散热风扇有独立的接线盒，由工频电压直接供电，风扇转速不受变频器输出频率变化的影响，散热效果具有可靠保障。

2. 额定使用条件

海拔不超过 1000m。

环境空气温度最高不超过 40℃，最低不低于 -15℃。

相对湿度不超过 90%。

YVF 系列变频调速三相异步电动机技术参数见表 C-7。

表 C-7　YVF 系列变频调速三相异步电动机技术参数

型　　号	标称功率/kW	额定转矩/N·m	恒转矩变频范围/Hz	恒功率调频范围/Hz
YVF801-4	0.55	3.50	5~50	50~100
YVF802-4	0.75	4.70		
YVF90S-4	1.10	7.00		
YVF90L-4	1.50	9.50		
YVF100L1-4	2.20	14.0		
YVF100L2-4	3.00	19.0		
YVF112M-4	4.00	25.4		
YVF132S-4	5.50	35.0		
YVF132M-4	7.50	47.7		
YVF160M-4	11.0	70.0		
YVF160L-4	15.0	95.5		

（续）

型　号	标称功率/kW	额定转矩/N·m	恒转矩变频范围/Hz	恒功率调频范围/Hz
YVF180M－4	22	140.9	5～50	
YVF200L－4	30	190.9		
YVF225S－4	37	235.5		
YVF225M－4	45	286.4		
YVF250M－4	55	350.1	3～50	50～100
YVF280S－4	75	477.7		
YVF280M－4	90	572.9		
YVF315S－4	110	700.2		
YVF315M－4	132	840.3		
YVF315L1－4	160	1018.5		
YVF315L2－4	200	1273.2		

C.2.7　YKE4 系列超超高效率三相异步电动机

YKE4 系列超超高效率三相异步电动机是生产企业专门设计制造的空压机用电动机，能效限定值不低于 GB18613—2012《中小型三相异步电动机能效定值及能效等级》标准中规定的 1 级能效指标，可以有效提高空压机类产品自身的用电效率。在电动机轴上输出 1.3 倍额定功率时，具有优良的电气性能。

GB18613—2012《中小型三相异步电动机能效定值及能效等级》中的 4.3 条款有强制性规定，“电动机能效限定值在额定输出功率的效率应不低于表 1 中 3 级的规定。”4.4 条款的推荐性要求是，“电动机目标能效限定值在额定输出功率的效率应不低于表 1 中 2 级的规定。”而这里的 YRE4 系列电动机，其能效限定值已经不低于 GB18613—2012《中小型三相异步电动机能效定值及能效等级》标准中规定的 1 级能效指标，可见电源效率很高。

YKE4 系列电动机的型号编制说明如下。

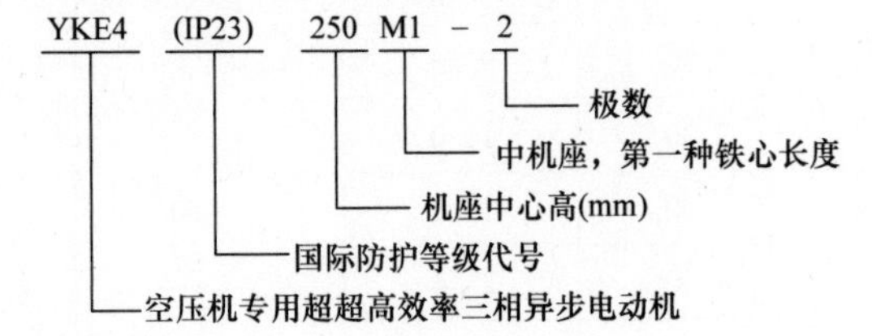

该型号系列电动机的主要技术参数见表 C-8。

表 C-8　YKE4 系列超超高效率三相异步电动机主要技术参数

<table>
<tr><th>极数</th><th>型号</th><th>功率/kW</th><th>电流/A</th><th>转速/(r/min)</th><th>效率(%)</th><th>功率因数cosφ</th><th>最大转矩/额定转矩</th><th>堵转电流/额定电流</th><th>重量/kg</th></tr>
<tr><td rowspan="12">2</td><td>YKE4－200L－2</td><td>55</td><td>98.4</td><td rowspan="3">2972</td><td>95.4</td><td rowspan="3">0.89</td><td rowspan="3">2.5</td><td rowspan="3">7.2</td><td>355</td></tr>
<tr><td>YKE4－255M1－2</td><td>75</td><td>133.9</td><td>95.6</td><td>447</td></tr>
<tr><td>YKE4－225M2－2</td><td>90</td><td>160.4</td><td>95.8</td><td>460</td></tr>
<tr><td>YKE4－250M－2</td><td>110</td><td>193.4</td><td>2975</td><td>96.0</td><td>0.90</td><td>2.5</td><td>7.2</td><td>599</td></tr>
<tr><td>YKE4－280M1－2</td><td>132</td><td>231.6</td><td rowspan="8">2975</td><td>96.2</td><td rowspan="8">0.90</td><td rowspan="8">2.5</td><td rowspan="8">7.0</td><td>765</td></tr>
<tr><td>YKE4－280M2－2</td><td>160</td><td>280.5</td><td>96.3</td><td>801</td></tr>
<tr><td>YKE4－280M3－2</td><td>185</td><td>324.3</td><td>96.3</td><td>850</td></tr>
<tr><td>YKE4－315M1－2</td><td>200</td><td>350.0</td><td>96.5</td><td>982</td></tr>
<tr><td>YKE4－315M2－2</td><td>250</td><td>437.4</td><td>96.5</td><td>1096</td></tr>
<tr><td>YKE4－315L1－2</td><td>280</td><td>489.8</td><td>96.5</td><td>1237</td></tr>
<tr><td>YKE4－315L2－2</td><td>315</td><td>550.5</td><td>96.5</td><td>1315</td></tr>
<tr><td>YKE4－315L3－2</td><td>355</td><td>620.4</td><td>96.6</td><td>1407</td></tr>
<tr><td rowspan="11">4</td><td>YKE4－255M1－4</td><td>45</td><td></td><td rowspan="11">1488</td><td>95.4</td><td>0.87</td><td rowspan="6">2.2</td><td rowspan="6">7.5</td><td>460</td></tr>
<tr><td>YKE4－225M2－4</td><td>55</td><td></td><td>95.7</td><td rowspan="10">0.88</td><td>510</td></tr>
<tr><td>YKE4－250M1－4</td><td>75</td><td>134.9</td><td>96.0</td><td>550</td></tr>
<tr><td>YKE4－250M2－4</td><td>90</td><td>161.5</td><td>96.2</td><td>630</td></tr>
<tr><td>YKE4－280M1－4</td><td>110</td><td>197.0</td><td>96.4</td><td>774</td></tr>
<tr><td>YKE4－280M2－4</td><td>132</td><td>236.2</td><td>96.5</td><td>880</td></tr>
<tr><td>YKE4－315S－4</td><td>160</td><td>286.3</td><td>96.5</td><td rowspan="5">2.2</td><td rowspan="5">7.2</td><td>998</td></tr>
<tr><td>YKE4－315M1－4</td><td>185</td><td>330.7</td><td>96.6</td><td>1102</td></tr>
<tr><td>YKE4－315M2－4</td><td>200</td><td>357.1</td><td>96.7</td><td>1190</td></tr>
<tr><td>YKE4－315L1－4</td><td>220</td><td>392.8</td><td>96.7</td><td>1425</td></tr>
<tr><td>YKE4－315L2－4</td><td>250</td><td>446.4</td><td>96.7</td><td>1438</td></tr>
</table>

参 考 文 献

[1] 许翏. 电机与电气控制技术 [M]. 2版. 北京: 机械工业出版社, 2008.

[2] 叶水音. 电机学 [M]. 北京: 中国电力出版社, 2009.

[3] 全国旋转电机标准化技术委员会. 旋转电机整体结构的防护等级（IP代码） 分级: GB/T 4942.1—2006 [S]. 北京: 中国标准出版社, 2006.

[4] 许实章. 电机学 [M]. 北京: 机械工业出版社, 1980.

[5] 阎国华, 阎恩刚. 三相异步电动机经济运行速查表 [M]. 北京: 机械工业出版社, 1993.

[6] 陈丕璋, 周明定, 俞鑫昌. 电动机节能技术 [M]. 北京: 科学出版社, 1989.

[7] 郭汀. 新旧电气简图用图形符号对照手册 [M]. 北京: 中国电力出版社, 2004.

[8] 郭汀. 电气图形符号文字符号便查手册 [M]. 北京: 化学工业出版社, 2010.

[9] 杨德印. 电动机的起动控制与变频调速 [M]. 北京: 机械工业出版社, 2010.

[10] 杨德印. 电动机的控制与变频调速原理 [M]. 北京: 机械工业出版社, 2012.

[11] 许继电器公司. WOB-150N微机电机保护装置操作手册 [Z].